高等院校应用型人才培养规划教材——数学类
甘肃省省级精品课程配套教材

数 学 建 模

夏鸿鸣　　魏艳华　　王丙参　**编著**

U0205632

西南交通大学出版社
·成　都·

内容简介

本书为甘肃省省级精品课程配套教材，较全面地介绍了数学建模的主要内容、方法及软件实现. 全书共 10 章. 第 1 章为数学建模概述；第 2 章系统讲解了几个常见的初等模型；第 3 章为数据初步处理，包括描述统计、参数估计和假设检验，插值和拟合以及灰色预测等；第 4 章为微分方程模型；第 5 章为数学规划模型，包括线性规划模型、整数线性规划模型及非线性规划模型；第 6 章为离散模型，包括层次分析模型和差分模型；第 7 章为概率模型及计算机仿真；第 8、9 章为统计建模，包括回归模型、时间序列模型与多元统计分析模型；第 10 章为图论模型. 附录中给出了 MATLAB 简明教程和数学建模竞赛获奖论文，供读者参考. 阅读本书仅需高等数学、线性代数与概率统计的基础知识.

本书内容新颖，理论联系实际，侧重数据分析，将建模方法与上机操作相结合，通过详尽的典型实例分析，加深读者对相关理论的理解，增加其实用性. 本书案例主要运用国内流行的 MATLAB、SPSS、SAS 软件完成，线性规划部分主要用 Lingo 软件完成，所讲述的方法都结合实例介绍软件的实施过程，为广大研究人员和师生对相关理论的应用提供借鉴.

本书可作为高等院校数学与应用数学等专业的本科生教材和数学建模竞赛培训教材，也可作为相关专业和研究人员的参考用书，对数学建模竞赛具有很高的参考价值.

图书在版编目（ＣＩＰ）数据

数学建模 / 夏鸿鸣，魏艳华，王丙参编著. —成都：西南交通大学出版社，2014.8（2015.6 重印）
高等院校应用型人才培养规划教材. 数学类
ISBN 978-7-5643-3281-5

Ⅰ. ①数… Ⅱ. ①夏… ②魏… ③王… Ⅲ. ①数学模型－高等学校－教材 Ⅳ. ①0141.4

中国版本图书馆 CIP 数据核字（2014）第 190636 号

高等院校应用型人才培养规划教材——数学类

数学建模

夏鸿鸣　魏艳华　王丙参　编著

＊

责任编辑　张宝华
封面设计　何东琳设计工作室
西南交通大学出版社出版发行
成都市金牛区交大路 146 号　邮政编码：610031　发行部电话：028-87600564
http://www.xnjdcbs.com
成都蓉军广告印务有限责任公司印刷

＊

成品尺寸：185 mm × 260 mm　　印张：17.75
字数：445 千字
2014 年 8 月第 1 版　　2015 年 6 月第 2 次印刷
ISBN 978-7-5643-3281-5
定价：36.00 元

前　言

一提到数学，人们首先想到的是它的抽象和精确，严密的推理和证明，但不可否认，数学还具有广泛的应用性．数学的很多重大发现都是为了实际运用而产生的，当然，也有大量数学成果来源于对数学自身提出的问题，尽管这些成果在当时没有直接转化为生产力，但多年以后同样体现出巨大的应用价值．当今世界，随着社会的发展、科学技术的进步，数学越来越广泛地应用在众多科学与社会领域，特别是计算机的飞速发展和广泛应用，使我们已经不能按照传统模式进行数学教育．数学教学要理论联系实际，学生也要自己动手，借助计算机，尝试数学的应用，以便今后能够更好、更快地适应社会的需要．数学建模与数学实验课程的开设，数学建模竞赛活动的开展，就是为了适应这一社会需求应运而生的．

"数学建模"课程是全国普通高等院校数学与应用数学专业必修的专业基础课，它以丰富的背景、巧妙的思维和有趣的结论吸引着读者，使学生在浓厚的兴趣下学习和掌握基本的概念、理论和方法．为了提高高校学生对数学的应用能力，中国每年都要举办全国大学生数学建模竞赛，以考察大学生运用数学、计算机的知识解决具有一定专业背景的实际问题的能力和水平．随着社会的发展，数据量日渐庞大，使人类进入了数据时代，甚至有人说人类已进入大数据时代，手工计算已完全跟不上时代发展，也不可能实现，只能借助数学软件和统计软件进行处理．目前市场上许多《数学建模》教材偏重理论分析，知识系统化、抽象化，非常完美，但却忽视了软件实现，使学生一旦参加数学建模竞赛或遇到实际问题，才发现无从下手，可见其实用性不强．为了适应培养应用型人才的要求，针对本科院校的数学与应用数学等专业的培养目标，有必要编写理论知识要求不高而实用性较强的数学建模教材．

2010 年，天水师范学院"数学建模"课程被评为甘肃省省级精品课程．自此，我校数学建模教育迈上了一个新台阶．学院组建了数学建模创新教育教学团队，该团队由校内外若干专家和多名指导教师组成，提出了多层次数学建模创新人才培养模式，取得了可喜的成绩．为了总结近年来课程建设中的成功经验及存在的问题，教学团队在多次使用的本课程讲稿的基础上，结合同行专家的优秀成果及对本课程的研究，经过多次修订和补充，编著了本教材．

本书简要介绍了数学建模所需的数学理论和统计方法，突出了建模思想和方法的介绍，强调了计算过程的软件实现，其中数值计算和计算机仿真部分侧重 MATLAB 软件实现，优化理论建模侧重 Lingo 和 MATLAB 软件处理，描述统计侧重 Excel 软件，统计分析侧重 SPSS 和 SAS 软件实现．本教材实用性强，可读性高，对全国大学生数学建模竞赛具有较高的指导价值．本教材注重基本理论、概念、方法的叙述，关注学生数学应用能力的培养．运用数学工具力求准确、简洁，尽量使读者系统地掌握运用较为简单的数学工具做数学建模的基本理论和方法．

全书共 10 章，第 1 章为数学建模概述，使读者对数学建模及数学建模竞赛有大致了解；第 2 章较为系统、详尽地介绍了几个常见的初等数学模型；第 3 章为数据的初步处理，包括描述统计、参数估计和假设检验，插值和拟合以及灰色预测等；第 4 章介绍微分方程模型；第 5 章为数学规划模型；第 6 章为离散模型，包括层次分析法和差分模型；第 7 章为概率模型与计算机仿真；第 8、9 章为统计建模，包括回归模型、时间序列模型与多元统计分析模型；第 10 章为图论模型，主要介绍最短路径与算法. 附录 A 给出了 MATLAB 简明教程，方便读者查阅；附录 B 是作者指导的学生参加大学生数学建模竞赛的一篇获奖论文，以供读者作为数学建模竞赛时的模板参考. 每一章既有相关理论的基本介绍，也有经典、实用的案例分析，理论与实践紧密结合，尤其是所选的案例，既可以作为学习资料，使读者扩宽视野、提高分析能力，也可以作为基本思路与方法，应用于解决实际问题.

本书由天水师范学院夏鸿鸣、魏艳华、王丙参共同编著，具体分工为：第 1、5、7 章和附录 A 由王丙参编著，第 2、4、6、10 章和附录 B 由夏鸿鸣编著，第 3、8、9 章由魏艳华编著. 我们多次商讨、切磋教材结构，选择模型与例题，相互补充，经过反复讨论和修改后由作者共同定稿. 在本书的编著过程中得到了天水师范学院数学与统计学院的大力支持，很多同事为本书提供了宝贵的建议，统计专业学生为本书提供了大量数据和题材，如 2004 统计王俊爱，2007 统计李玉玲，2008 统计毛增祥、张丽媛，2009 统计任丽君、文婉君等，也得到西南交通大学出版社及有关各方同仁的大力支持，在此一并致以诚挚的谢意！

本书可作为高等院校数学与应用数学等专业的本科生教材及数学建模竞赛培训教材，也可作为相关研究人员的参考用书. 本书可以在 90 学时左右全部讲完，也可根据需求选择部分内容组织教学，大致 54 学时讲完，各章学时根据需求自行安排，建议先修常微分方程、概率论与数理统计、运筹学课程. 为了达到预期效果，尽量安排上机课，采用 3+1 模式比较合适，即 3 次讲授，1 次上机. 由于每章既有理论简介，又有软件实现，故本书融合了"数学建模"与"数学实验"课程内容，学习完本书即可达到两门课程的要求.

虽然我们希望编写出一本质量较高、适合当前教学实际需要的教材，但由于编者水平有限，书中难免存在不妥之处，恳请读者批评、指正，使本教材得以不断完善. 为方便广大读者，提供电子邮箱 wangbingcan2000@163.com，读者可通过该邮箱与作者取得联系，获取技术支持和教学资料.

作者

2014 年 3 月

目　录

1　**数学建模概述** ··· 1

　1.1　从现实现象到数学模型 ··· 1

　1.2　数学建模方法、步骤、特点与分类 ··· 2

　1.3　怎样学习数学建模及组织数学建模竞赛 ·· 6

　　习题 1 ··· 8

2　**初等数学模型** ·· 10

　2.1　名额分配问题 ··· 10

　2.2　投入产出模型 ··· 14

　2.3　量纲分析法建模 ·· 20

　　习题 2 ·· 25

3　**数据初步处理** ·· 27

　3.1　数据的统计描述与分析 ·· 27

　3.2　插值与拟合 ··· 40

　3.3　灰色预测及 MATLAB 实现 ··· 47

　　习题 3 ·· 53

4　**微分方程模型** ·· 54

　4.1　人口增长模型 ··· 54

　4.2　传染病模型 ··· 59

　4.3　微分方程相关知识简介 ·· 65

　　习题 4 ·· 68

5　**数学规划模型** ·· 69

　5.1　线性规划基本理论与软件求解 ·· 69

　5.2　奶制品的生产与销售 ··· 78

　5.3　投资的收益与风险 ··· 83

　5.4　整数线性规划模型 ··· 87

　5.5　非线性规划基本理论与软件求解 ·· 94

　5.6　非线性无约束优化模型 ··· 100

　5.7　原料供应与料场选择 ·· 104

　　习题 5 ·· 108

6　**离散模型** ·· 109

　6.1　层次分析法建模 ··· 109

6.2　差分方程建模 ·· 118

习题 6 ·· 129

7　**概率模型与计算机模拟** ··· 130

7.1　马氏链模型 ·· 130

7.2　$M|M|c|\infty$ 排队模型及其在超市管理中的应用 ·················· 134

7.3　计算机仿真 ·· 140

习题 7 ·· 150

8　**回归与时间序列模型** ··· 151

8.1　统计回归模型 ·· 151

8.2　自变量的选择与逐步回归 ·· 166

8.3　基于 ARIMA 模型的天水市粮食产量预测与决策 ··················· 174

习题 8 ·· 182

9　**多元统计模型** ··· 184

9.1　聚类分析 ·· 184

9.2　主成分分析 ·· 193

9.3　因子分析 ·· 199

9.4　土壤重金属污染状况的综合分析 ··· 211

习题 9 ·· 219

10　**图论模型** ·· 220

10.1　图论相关知识 ·· 220

10.2　最短路径问题及其算法 ·· 224

10.3　最优截断切割问题 ··· 232

习题 10 ··· 234

附录 A　MATLAB 简明教程 ··· 235

1　MATLAB 概况 ·· 235

2　基本使用方法 ·· 236

3　数值计算功能 ·· 244

4　符号运算 ·· 250

5　MATLAB 与概率统计 ·· 254

6　MATLAB 程序设计 ·· 256

7　MATLAB 图形功能 ·· 259

附录 B　2012 年 A 题　葡萄酒的评价 ·· 264

参考文献 ·· 277

1 数学建模概述

随着科学技术的发展，特别是计算机技术的飞速发展，数学建模作为一门用数学方法解决实际问题的学科越来越受到人们的重视．对于广大科技人员和应用数学工作者来说，数学模型是搭起摆在他们面前的实际问题与所掌握的数学工具之间联系的一座必不可少的桥梁．其实，"所谓高科技就是一种数学技术"，几乎所有学科发展到高级阶段都要引入数学，进行量化处理，甚至几乎所有科学理论都可看作数学模型．马克思说过"一门科学只有成功地运用数学时，才算达到了完善的地步"．当今，数学以空前的广度和深度向一切领域渗透，可以从以下几方面来看数学建模在现实世界中的重要意义：

（1）在一般工程技术领域，数学建模仍然大有用武之地，如机械、电机、土木、水利等．

（2）在高新技术领域，数学建模几乎是必不可少的工具，如通信、微电子、航天、自动化等．

（3）数学已进入一些新领域，诸如经济、人口、生态、地质等．所谓非物理领域也为数学建模开辟了处女地，如计量经济学、人口控制论、数学生态学等．

本章为数学建模概述，主要讨论建立数学模型的意义、方法和步骤，使读者全面的、初步的了解数学建模，最后给出几点关于数学建模竞赛的建议，以供读者参考．

1.1 从现实现象到数学模型

现实世界丰富多彩，变化万千．人们无时无刻不在运用自己的智慧和力量去认识、利用、改造世界，从而创造出更加多彩的物质文明和精神文明．博览会是集中展示这些成果的场所之一．工业展厅上，豪华、舒适的新型汽车令人赞叹不已；农业展厅上，硕大、娇艳的各种水果令人流连忘返；科技展厅上，大型水电站模型雄伟壮观，人造卫星模型高高耸立，讲解员深入浅出地介绍原子结构模型的运行机理；电影演播室里播放着一部现代化炼钢厂自动化生产的影片，其中既有火花四溅的炼钢情形，也有控制的框图、公式和程序．参加博览会，既有汽车、水果这些从现实照搬到展厅的实物，也有各种实物模型、照片、图表、公式……这些模型在短短几个小时所起的作用，恐怕置身于现实世界很久也无法达到．

与形形色色的模型相对应，它们在现实世界的原始参照物统称为**原型**，它们是人们现实世界里关心、研究或者从事生产、管理的实际对象．本书所述的现实对象、研究对象、实际问题等均指原型．**模型**是为了某个特定目的将原型的某一部分信息简缩、抽象、提炼而构成的原型替代物，也是所研究的系统、过程、事物或概念的一种表达形式，也可指根据实验、图样放大或缩小而制作的样品，一般用于展览或实验或铸造机器零件等用的模子．这里特别强调构造模型的目的性，即强调模型不要完全的复制．由于原型有各个方面和各个层次的特征，因而模型只要求反映与某种目的有关的方面和层次．一个原型，为了不同的目的可以有许多模型，如放在展厅里的飞机模型应该在外形上逼真，但不一定会飞，而参加航模竞赛的模型飞机要具有良好的飞行性能.

模型可以分为**物质模型**和**理想模型**，前者包括**直观模型**、**物理模型**，后者包括**思维模型**、**符号模型**、**数学模型**等.

（1）**直观模型**指那些供展览用的实物模型，以及玩具、照片等，通常把原型的尺寸按比例放大或缩小，主要追求外观上的逼真.

（2）**物理模型**主要指科技工作者为了一定目的，根据相似原理构造的模型，它不仅可以显示原型的外形或某些特征，而且还可以用来进行模拟实验，间接研究原型的某些规律. 物理模型可分为实物模型和类比模型. **实物模型**是指根据相似性理论制造的按原系统比例缩小（也可以是放大或与原系统尺寸一样）的实物，例如，风洞实验中的飞机模型、水力系统的实验模型、建筑模型、船舶模型等. **类比模型**是指在不同的物理学领域（力学的、电学的、热学的、流体力学的等）系统中各自的变量有时服从相同的规律，根据这个共同规律可以制出物理意义完全不同的比拟和类推的模型.

（3）**思维模型**指通过人们对原型的反复认识，将获取的知识以经验的形式直接储存在大脑中，从而可以根据思维或直觉做出相应的决策，如汽车司机对方向盘的操作.

（4）**符号模型**指在一些约定或假设下借助于专门的符号、线条等，按一定的形式组合起来的描述模型，如地图、电路图等，具有简明、方便、目的性强及非量化等特点.

（5）**数学模型**是对现实世界的一个特定对象，为了一个特定目的，根据特有的内在规律，并做出一些必要假设简化，进而运用适当的数学工具得到的一个数学结构. 简单地说就是系统某种特征本质的数学表达式，或是用数学术语对部分现实世界的描述，即用数学式子（如函数、图形、方程等）来描述所研究的客观对象或系统在某一方面存在的规律.

数学建模是利用数学方法解决实际问题的一种实践，即通过抽象、简化、假设、引进变量等处理过程后，将实际问题用数学式表达，建立起数学模型，然后运用先进的数学方法及计算机技术进行求解. 需要强调的是，衡量一个模型的优劣全在于它的应用效果，而不是采用了多么高深的数学方法. 如果对某个实际问题，我们可以用初等方法和高深方法建立两个模型，而应用效果相差不大，那么受欢迎的一定是前者，而不是后者.

数学建模与计算机技术的关系密不可分，一方面，像对新型飞机设计、石油勘探、天气预报等数学模型中的数据处理，当然离不开巨型计算机，而微型计算机的普及使数学建模更快地进入人们的日常生活中. 另一方面，以数字化为特征的信息正以爆炸之势涌入计算机，去伪存真，归纳整理，分析现象，显示结果……计算机需要人们给它以思维的能力，这些当然要求助于数学模型，所以把计算机技术与数学建模在知识经济中的作用比喻为如虎添翼，是恰如其分的.

1.2 数学建模方法、步骤、特点与分类

数学建模其实并不是什么新东西，可以说有了数学并需要用数学去解决实际问题时，就需要用数学的语言、方法去近似刻画该实际问题，这种刻画的数学表述就是一个数学模型，其过程就是数学建模的过程. 数学模型一经提出，就要用一定的技术手段（计算、证明等）来求解并验证，其中大量的计算往往是必不可少的，高性能计算机的出现使数学建模方法得

到了飞速发展，计算和建模是数学科学技术转化为生产力的主要途径．数学建模将各种知识综合应用于解决实际问题中，可以培养和提高同学们应用所学知识分析问题、解决问题的能力，那么，怎样才能建立一个理想的数学模型呢？

1.2.1 数学建模的一般方法

（1）**机理分析方法**：根据对现实对象特性的认识，分析其因果关系，找出反映内部机理的规律，所建立的模型常有明确的物理或现实意义．

（2）**测试分析方法**：将研究对象视为一个"黑箱"系统，内部机理无法直接寻求，通过测量系统的输入、输出数据，并以此为基础运用统计分析方法，按照事先确定的准则在某一类模型中选出一个数据拟合得最好的模型．测试分析方法也叫做**系统辨识**．

（3）将这两种方法结合起来使用，即用机理分析方法建立模型的结构，用系统测试方法来确定模型的参数，也是常用的建模方法．

在实际过程中用哪一种方法建模主要是根据我们对研究对象的了解程度和建模目的来决定．一般而言，如果对研究对象了解深刻，并掌握了一些机理知识，模型也要求具有反映内在特征的物理意义，一般可以以机理分析方法为主．而如果对象的内在规律基本上不清楚，模型也不需要反映内在特性，如仅对于输出做预报，那么可以尝试用测试分析．

1.2.2 数学建模的一般步骤

在实际生活中发现问题，就需要对问题进行分析，进而解决问题，一种常用的方法就是建立数学模型．建模经过哪些步骤并没有一定的模式，通常与问题的性质、建模目的等有关．

测试分析方法是一套完整的数学方法，以动态系统为主的测试分析称为系统辨识，主要表现为：动态数据对应的分析方法为时间序列分析；横截面数据对应的分析方法为多元统计分析．本书介绍了大量测试分析方法，如回归分析、时间序列分析、聚类分析、主成分分析与因子分析，这也是本书的特色之一．

图 1.2.1 给出的是机理方法建立数学模型的一般过程：

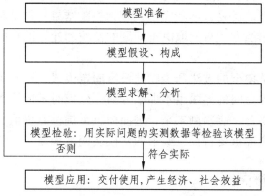

图 1.2.1 机理方法建立数学模型的一般过程

（1）**模型准备**：首先要了解问题的实际背景，明确建模目的，搜集建模必需的各种信息，如现象、数据等，尽量弄清对象的特征，由此初步确定用哪一类模型，总之是做好建模的准备工作．情况明才能方法对，这一步一定不要忽视，碰到问题要虚心向从事实际工作的同志请教，尽量掌握第一手资料．

（2）**模型假设、构成**：根据对象特征和建模目的，对问题进行必要的、合理的简化．用精确的语言做出假设是建模的关键一步．一般来说，一个实际问题不经过简化假设就很难翻译成数学问题，即使可能，也很难求解．不同的简化假设会得到不同的模型．假设作得不合理或过分简单，就会导致模型失败或部分失败，这样就应该修改和补充假设；假设作得过分详细，试图把复杂对象的各方面因素都考虑进去，可能会使你很难甚至无法继续下一步工作．作为假设的依据，一是出于对问题内在规律的认识，二是来自对数据或现象的分析，也可以是二者的综合．作假设时既要运用与问题相关的物理、化学、生物、经济等方面的知识，又要充分发挥想象力、洞察力和判断力，善于辨别问题的主次，果断地抓住主要因素，舍弃次要因素，尽量将问题线性化、均匀化，经验在这里也常常起着重要作用．写出假设时，语言要精确，就像做习题时写出已知条件那样．根据所作的假设分析对象的因果关系，利用对象的内在规律和适当的数学工具，构造各个量（常量和变量）之间的等式（或不等式）关系或其他数学结构．这里除需要一些相关学科的专门知识外，还常常需要较广阔的应用数学方面的知识，以开拓思路，当然不能要求对数学学科门门精通，而是要知道这些学科能解决哪一类问题以及大体上怎样解决．根据不同对象的某些相似性，借用已知领域的数学模型，也是构造模型的一种方法．建模时还应遵循的一个原则是，尽量采用简单的数学工具，因为所建立的模型总是希望能有更多的人了解和使用，而不是只供少数专家欣赏．

（3）**模型求解、分析**：可以采用解方程、画图形、证明定理、逻辑运算、数值计算等各种传统的和近代的数学方法，特别是利用计算机技术．对模型解答进行数学上的分析，有时要根据问题的性质分析变量间的依赖关系或稳定状况，有时要根据所得结果给出数学上的预报，有时则可能要给出数学上的最优决策或控制，不论哪种情况都可能要进行误差分析、模型对数据的稳定性或灵敏性分析等．

（4）**模型检验**：把数学上分析的结果"翻译"到实际问题，并用实际的现象、数据与之比较，检验模型的合理性和适用性．这一步对于建模的成败是非常重要的，要以严肃认真的态度来对待．当然，有些模型如核战争模型就不可能要求接受实际的检验了．模型检验的结果如果不符合或者部分不符合实际，问题通常出在模型假设上，应该修改、补充假设，重新建模．有些模型要经过几次反复，不断完善，直到检验结果获得某种程度上的满意．

（5）**模型应用**：应用的方式自然取决于问题的性质和建模的目的，这方面内容不是本书讨论的范围．

严格来说，建立数学模型的方法和步骤并没有固定模式，即并不是所有建模过程都要经过这些步骤，有时各步骤之间的界限也不那么分明，建模时不应拘泥于形式上的按部就班，只要建立的模型与现实吻合，能预测未来，进而为决策提供有价值的参考即可，但一个理想的模型应能反映系统的全部重要特征，本书的建模实例就采取了灵活的表述方式．

1.2.3　数学模型的特点

数学建模是利用数学工具解决实际问题的重要手段，得到的模型有很多优点，也有很多

缺点. 下面归纳数学模型的若干特点, 以期读者在学习中慢慢体会:

（1）**模型的逼真性和可行性**: 一般来说, 总是希望模型尽可能地逼近研究对象, 但一个非常逼真的模型在数学上往往难于处理, 即实际上不可行. 另一方面, 越逼真的模型, 越复杂, 即使数学上可以处理, 但所需要的"费用"也是相当高的, 而高的费用不一定与复杂模型产生的收益匹配, 所以实际建模时, 往往在逼真性和可行性, "费用"和效益之间做出合理的选择.

（2）**模型的非预制性**: 虽然现在已有很多模型供大家使用, 但实际问题千差万别, 不可能要求把各种模型做成预制品供你在建模时使用, 因此建模本身常常事先没有答案, 在建模过程中甚至会伴随新的数学方法或数学概念而产生.

（3）**模型的渐进性**: 稍微复杂一些的实际问题的建模通常不可能一次成功, 要经过上一节描述建模过程的反复迭代, 包括由简到繁, 也包括删繁就简, 以获得越来越满意的模型. 在科学发展过程中随着人们认识和实践能力的提高, 各门学科中的数学模型也存在着一个不断完善或者推陈出新的过程.

（4）**模型的条理性**: 从建模的角度考虑问题可以促使人们对现实对象的分析更全面、更深入、更具条理性, 这样即使建立的模型由于种种原因尚未达到实用的程度, 对问题的研究也是有利的.

（5）**模型的稳定性**: 模型的结构和参数常常是由对象的信息如观测数据确定的, 而观测数据是允许有误差的. 一个好的模型应该具有下述意义的稳定性（强健性）: 当观测数据（或其他信息）有微小改变时, 模型结构和参数只有微小变化, 并且一般也应导致模型求解的结果有微小变化.

（6）**模型的技艺性**: 建模的方法与其他一些数学方法如方程解法、规划解法等是根本不同的, 无法归纳出若干条普遍适用的准则和技巧, 而经验、想象力、洞察力、判断力以及直觉、灵感等起的作用往往比一些具体的数学知识更大.

（7）**模型的可转移性**: 模型是现实对象抽象化、理想化的产物, 它不为对象的所属领域所独有, 可以转移到另外的领域. 在生态、经济、社会等领域内建模就常常借用物理领域中的模型, 模型的这种性质显示了其应用的极端广泛性.

（8）**模型的局限性**:

① 由于模型是现实对象简化、理想化的产物, 所以一旦将模型的结论应用于实际问题, 就回到了现实世界, 那些被忽视、简化的因素必须考虑, 于是结论的通用性和精确性只是相对的和近似的.

② 由于人们的认识能力和科学技术, 包括数学本身发展水平的限制, 还有不少实际问题很难得到有实用价值的数学模型.

③ 有些领域中的问题今天尚未发展到用建模方法寻求数量规律的阶段, 如中医诊断过程, 目前所谓计算机辅助诊断也是属于总结著名中医的丰富临床经验的专家系统.

1.2.4　数学模型的分类

依据不同的标准, 数学模型可分为不同的类型.

（1）按研究方法和对象的数学特征可分为几何模型、优化模型、微分方程模型、图论模型、概率模型、统计模型等.

（2）按研究对象的实际领域（或所属学科）可分为人口模型、交通模型、环境模型、生态模型、城镇规划模型、污染模型、经济模型、社会模型等.

（3）按照某些的表现特征又可分为：

① 确定性模型与随机性模型，取决于是否考虑随机因素的影响；

② 静态模型与动态模型，取决于是否考虑时间因素引起的变化；

③ 线性模型与非线性模型，取决于某些基本关系，如微分方程是否是线性的；

④ 离散模型和连续模型，指模型中的变量取为离散还是连续的.

虽然从本质上说大多数实际模型是随机的、动态的、非线性的，但由于确定性、静态、线性模型容易处理，且往往可作为初步的近似来解决问题，所以在建模的时候时常先考虑确定性、静态、线性模型.连续模型便于利用数学理论做理论分析，而离散模型便于计算机做数值计算，所以用哪种模型要看具体问题而定.

（4）按建模目的可分为预报模型、优化模型、决策模型、控制模型等.

（5）按了解程度可分为白箱、灰箱、黑箱模型.

白色系统是指一个系统的内部特征是完全已知的，即系统的信息是完全充分的，如自由落体运动.**灰色系统**的一部分信息是已知的，另一部分信息是未知的，系统各因素间具有不确定关系.**黑色系统**是指一个系统的内部信息对外界来说是一无所知的，只能通过同外界的联系加以观察研究.对它们建立的模型，分别称为白箱、灰箱、黑箱模型.白箱主要包括用力学、热学、电学等一些机理相当清楚的学科描述的现象以及相应的工程技术问题，这方面的模型大多已经基本确定，还需深入研究的主要是优化设计和控制等问题了.灰箱主要指生态、气象、经济、交通等领域中机理尚不十分清楚的现象，在建立和改善模型方面都还不同程度地有许多工作要做.至于黑箱则主要指生命科学和社会科学等领域中一些机理(数量关系方面)很不清楚的现象.有些工程技术问题虽然主要基于物理、化学原理，但由于因素众多、关系复杂和观测困难等原因也常作为灰箱或黑箱模型处理.当然，白、灰、黑之间并没有明显的界限，而且随着科学技术的发展，箱子的"颜色"必然是逐渐由暗变亮的.

1.3　怎样学习数学建模及组织数学建模竞赛

用数学建模解决实际问题，首先是用数学语言表述问题即构造模型，其次才是用数学工具求解构成的模型.数学建模不仅需要广博的知识和足够的经验，还特别需要丰富的想象力、洞察力、判断力及创造力.**想象力**是人在已有形象的基础上，在头脑中创造出新形象的能力.比如当说起汽车，会马上想象出各种各样的汽车形象就是这个道理.A. Einstein 有一句名言：想象力比知识更重要，因为知识是有限的，而想象力包括世界的一切，推动着进步，并且是知识的源泉.**洞察力**是指人们在充分占有资料的基础上，经过初步分析能迅速抓住主要矛盾，舍弃次要因素，简化问题的层次，对可以用哪些方法解决面临的问题以及不同方法的优劣做出判断，通俗地讲，洞察力就是透过现象看本质.

数学建模与其说是一门技术，不如说是一门艺术，技术大致有章可循，艺术无法归纳成普遍适用的准则，那怎样才能学好数学建模呢？

（1）掌握基本数学理论与计算机软件，数学理论主要有：概率与统计、运筹学、常微分方程等；计算机软件主要有：MATLAB、Excel、SPSS、SAS 及 Lingo 软件.当然，术业有专攻，我们可结合自己的特长，主攻某些方面. 比如，对于统计专业人士，重点学习 SPSS 和 SAS 软件，尽量精通必备的统计学理论和随机模拟，了解优化理论和微分方程；对于其他专业，重点学习 MATLAB 和 SPSS 软件.

（2）博学，具有一定的背景知识，比如物理、生物、交通等.

（3）学习、分析、评价、改进别人做过的模型，并亲自动手作几个实际题目.

（4）实战是最好的学习过程，相信自己，积极参加数学建模竞赛. 如果是指导老师，则有机会多次参加数学建模竞赛.

目前，数学建模竞赛题目的数据量越来越大，对数据处理的能力要求越来越高. 如果参加全国大学生数学建模竞赛，建议组建的团队要有互补性，即三个参赛学生中，**最好一个擅长数据分析，一个擅长理论分析，一个擅长写作**，而指导老师也要能力全面且具有实战经验. 以作者为例，虽然统计专业毕业，但求学阶段主要进行理论推导，所以刚开始指导数学建模时，虽然熟悉统计理论，也知道用什么方法分析，但不会软件操作. 不过经过几年的学习，现在基本可以运用软件分析数据，胜任数学建模的指导工作了. 作者建议数学建模指导教师平时要结合自己专业进行知识积累，尤其要重试软件操作，最好任教"数学建模"，或"运筹学"，或"常微分方程"，或统计专业课，如"多元统计分析"、"时间序列分析". 作为数学建模任课老师或竞赛指导老师要平时加强对参赛学生的培训，不要平时不努力，到时抱佛脚，同时学院领导应从宏观上规划教学大纲，尽量不要将"数学建模"开在"运筹学"、"概率与统计"及"常微分方程"之前，在讲这些课程时尽量开设上机课，以增强学生的软件实现能力.

对于某些院校，指导老师和参赛学生为了各自利益，踊跃参加，结果使参赛队伍水平参差不齐，大大降低了获奖概率. 作为学校主管领导，一定要严格选拔参赛学生和指导老师，控制参赛队数，采用强强联合模式，即不要指导老师水平高，而参赛学生水平低. 不客气地说，就是参赛学生可有可无，竞赛题基本由指导老师分析，竞赛论文由老师代笔！作为校方主管部门，怎么才能更好地组织学生呢？下面提供几个具有可操作性的建议：

（1）加强"数学建模"课程建设. 比如，组织学院有经验的老师编著适合自己的《数学建模》教材，尽量反映竞赛试题的实用处理方法，突出软件分析，因为虽然目前市场上的《数学建模》教材类型繁多，各有特点，但很多教材陈旧，甚至是 20 世纪 90 年代编写的，实用性不强.

（2）参赛学生尽量必修或选修"数学建模"课程，尤其是刚升入大四的学生. 当然为了培养新人，每个参数队伍可选取一位优秀的大三学生. 任课老师尽量具有数学建模竞赛实战经验.

（3）组织学生进行选拔考试，成绩优秀者可参加数学建模竞赛.

（4）对参赛学生进行赛前针对性培训，这应由学院有经验的获奖作者组织实施. 例如，MATLAB 软件基本操作，利用 Excel 软件进行数据初步处理，统计建模及软件实现，优化理论及 Lingo 实现，微分方程建模及软件实现，图论建模等.

（5）加大奖励力度.

数学建模竞赛最终体现的是数学建模论文，而论文又是评价小组建模工作的唯一依据，况且竞赛要求在三天时间内完成建模的所有工作，包括论文写作，所以说时间是非常紧迫的，那么怎样才能撰写出理想的数学建模论文呢？在写作论文时，建模小组成员应齐心协力，既要各司其职，又要通力合作，要做好这一点，必须对整个建模工作加以分工，理清各部分工作的并行或先后顺序关系以及在整个工作中的地位和作用. 负责各部分工作的成员，应将自己的工作完整地记录下来. 小组内应有一个主笔人，负责对文章的整体把握，包括拟定写作提纲和论文书写. 论文写出后，小组内的其他成员必须参与论文的检查和修订工作，通过检查和修订可使每位成员检验自己的工作是否准确无误地表达出来了，另一方面出于惯性思维，主笔人很难检查出自己的错误.

虽然数学建模论文没有固定的格式，但根据作者多年的参加数学建模竞赛的经验，在附录中给出了往年数学建模竞赛获奖作品以供读者参考. 数学建模论文的一般格式如下：

（1）**题目**：论文题目是一篇论文的第一个重要信息，要求简短精练，高度概括，准确得体，恰如其分.

（2）**摘要**：摘要是非常重要的一部分，主要包括：**问题、模型、方法、结果以及模型的检验和推广**. 论文摘要语言要简练、概括，尤其要突出论文优点，如巧妙的建模方法，快速有效的算法和合理的推广.

（3）**问题重述**：撰写这部分内容时，不要照抄原题，应把握问题的实质，再用精练的语言论述.

（4）**模型假设**：要根据问题的特征和建模的目的，抓住问题的本质，忽略次要因素，对问题进行必要的简化，做一些合理假设. 假设不合理或太简单，会导致错误或无用的模型；假设太详细，会导致工作很难或无法继续下去.

（5）**分析与建立模型**：尽量采用简单的数学工具，使建立的模型易于理解，对所用的变量、符号、计量单位做解释. 特定的变量和参数在整篇论文中应保持一致，可借助适当的图形、表格来描述问题和数据.

（6）**模型求解**：使用各种数学方法和软件求解模型，包括公式的推导、算法步骤和计算结果，计算机程序应尽量放在附录中.

（7）**模型检验**：将求解和分析结果"翻译"到实际问题，与实际现象、数据比较，检验模型的合理性和适用性. 如果结果与实际不符，应重新建立模型.

（8）**模型推广**：将该模型推广到更多类似的问题，或讨论一般情况下的解法，或指出可能深化、推广及进一步研究的建议.

（9）**参考文献**.

（10）**附录**：附录是正文的补充，与正文有关而又不便编入正文的内容都收集在这里，包括：计算机程序、比较重要但数据较大的中间结果等.

思考：据了解，在某些院校，数学建模竞赛题基本上由指导老师做，可以说参赛学生可有可无. 请问，在数学建模竞赛中，指导老师与参赛学生的作用各是什么？为什么有些指导老师会替参赛学生做题呢？怎么才能保证指导老师不越位？作为参赛组织方，怎么区分试题是指导老师和参赛学生做的呢？普通院校与重点院校的学生能一起参加比赛么？

.

习题 1

1. 举出两个例子，说明数学建模的必要性. 包括实际问题的背景、建模目的，需要大体上建立什么样的模型以及怎样利用这种模型等.

2. 怎样解决下面的实际问题，包括需要哪些数据资料，要做些什么观察、试验及建立什么样的数学模型.

（1）估计一池塘内鱼的数量.

（2）估计一批日光灯的寿命.

（3）决定十字路口黄灯亮的时间.

3. 为了培养想象力、洞察力和判断力，考虑对象时除了从正面分析外，还常常需要从侧面或反面思考. 请尽快回答下面问题.

（1）甲早上 8：00 从山上旅店出发，沿一条路径上山，下午 5：00 到达山顶并留宿，次日早上 8：00 沿同一路径下山，下午 5：00 回到旅店. 乙说：甲必须在两天中的同一时刻经过路径中的同一点. 为什么？

（2）一男孩和一女孩分别在离家 2 km 和 1 km 且方向相反的两所学校上学，每天同时放学后分别以 4 km/h 和 2 km/h 的速度步行回家. 一小狗以 6 km/h 的速度由男孩奔向女孩，又从女孩奔向男孩，如此往返直至回到家中，问小狗奔波了多远？

2　初等数学模型

2.1　名额分配问题

1）问题的提出

名额分配问题是西方所谓的民主政治问题. 美国宪法第一条第二款指出："众议院议员名额……将根据各州的人口比例分配……." 美国宪法从 1788 年生效以来 200 多年间，关于"公平合理"地实现宪法中所规定的分配原则，美国的政治家和科学家们展开了激烈的讨论，并提出了多种方法，但没有一种方法能够得到普遍的认同. 下面就日常生活中的实际问题，考虑合理的分配方案问题.

某学院有甲、乙、丙三个系，1999—2002 年各系学生人数如表 2.1.1 所示. 学校每年都要给各系分配学生会委员的名额，委员总数为 20 人.

（1）试给出分配方案，将 20 个名额分配各系，使分配结果尽可能公平.

（2）如果总名额增加了一个，应将该名额分给哪个系？

表 2.1.1　1999—2002 年各系学生人数

年份	甲系	乙系	丙系	总人数
1999	100	60	40	200
2000	107	59	34	200
2001	104	62	34	200
2002	103	63	34	200

2）问题分析

上述问题是要将名额尽可能公平地分配到各系，因此，首先需要将"公平"量化. 所谓公平，就是每个学生的名额占有率都相等. 这样，基于名额占有率相等的分配方案就是公平的. 在名额占有率不相等时，应要求差距尽可能地小，才能使分配方案尽量达到公平. 其次，再计算出各系的名额占有量，这样就确定了公平的分配方案. 但是，通常计算得出的名额占有量有可能是小数，而名额只能正整数分配，这就需要将小数变成正整数. 解决小数变整数的问题通常采用四舍五入法.

3）定义与说明

$$名额占有率 = \frac{总名额数}{总人数}.$$

$$名额占有量 = 名额占有率 \times 学生数.$$

4）模型建立与求解

模型一　按照名额占有率分配.

根据问题分析，可以计算出全院学生的名额占有率 $= \dfrac{20}{200} = 10\%$，即每 10 人拥有一个名额. 由此建立分配方案（见表 2.1.2）.

表 2.1.2 按照名额占有率进行分配的方案

年份	甲系学生份额	乙系学生份额	丙系学生份额	名额总数
1999	10	6	4	20
2000	10.7	5.9	3.4	20
2001	10.4	6.2	3.4	20
2002	10.3	6.3	3.4	20

由表 2.1.2 可知，1999 年各系分得的名额恰好为整数，但是 2000 年及其以后各年分得的名额出现了小数. 由于名额不能以小数分配，说明按照名额占有率进行分配是有缺陷的，因此需要使用其他方法.

模型二 按照四舍五入法分配.

小数取整的常用方法是四舍五入法. 现将表 2.1.2 中的小数用四舍五入法取整，重新分配名额，如表 2.1.3 所示.

表 2.1.3 按照四舍五入法进行分配的方案

年份	甲系		乙系		丙系		名额总数
	名额数	占有率 (%)	名额数	占有率 (%)	名额数	占有率 (%)	
1999	10	10	6	10	4	10	20
2000	11	10.28	6	10.17	3	8.82	20
2001	10	9.62	6	9.68	3	8.82	19
2002	11	10.48	6	10	4	11.43	21

由表 2.1.3 可知，2000 年丙系学生的名额占有率小于 10%，这对丙系学生是不公平的. 此外，2001 年的名额总数缺 1 个，2002 年的名额总数多 1 个，都不符合要求. 这说明四舍五入法依然存在缺陷，需要改进这种方法.

模型三 Hamilton 方法.

1790 年，美国乔治·华盛顿时代的财政部长亚历山大·哈密尔顿（Hamilton）提出了一种解决名额分配问题的方法，并于 1792 年被美国国会通过. Hamilton 方法的操作过程如下：

（1）先让各州获得份额 q_i 的整数部分 $[q_i]$；

（2）令 $r_i = q_i - [q_i]$，按照 r_i 由大到小的顺序将剩余的名额分配给相应的各州，直到名额分配完为止.

按照 Hamilton 方法对 20 个名额分配如表 2.1.4 所示.

表 2.1.4 按照 Hamilton 方法进行分配的方案

年份	甲系		乙系		丙系		名额总数
	学生份额	名额数	学生份额	名额数	学生份额	名额数	
1999	10	10	6	6	4	4	20
2000	10.7	10+1	5.9	5+1	3.4	3	20
2001	10.4	10	6.2	6	3.4	3	20
2002	10.3	10	6.3	6	3.4	3+1	20

按照 Hamilton 分配 2001 年的名额时，名额只剩余一个，而甲系和丙系的小数部分相等. 如果都不增加，总名额就有剩余；如果都增加，就会超出预定名额. 因此，Hamilton 方法依然存在缺陷. 当然，问题本身的学生总数较小，当学生数量很大时，小数部分相等的可能性还是比较小的. 此外，考虑到 20 个委员在表决时可能会出现 10∶10 的结果，委员的名额通常为奇数. 现在再增加一个名额，按照 Hamilton 方法分配的方案如表 2.1.5 所示.

表 2.1.5　增加一个名额按照 Hamilton 方法进行分配的方案

年份	甲系		乙系		丙系		名额总数
	学生份额	名额数	学生份额	名额数	学生份额	名额数	
1999	10.5	10+1	6.3	6+1	4.2	4	21
2000	11.235	11	6.195	6	3.57	3+1	21
2001	10.92	10+1	6.51	6	3.57	3+1	21
2002	10.815	10+1	6.615	6+1	3.57	3	21

对比表 2.1.4 和表 2.1.5，可以发现，2002 年名额总数增加了一个，丙系的学生数没有变化，但是名额由 4 名反而减少为 3 名，这就出现了矛盾. 这个矛盾史称亚拉巴马悖论，它是在实践中产生的，而不是逻辑的产物.

以上三个模型，模型一过于理想化，模型二和模型三的分配方案都产生了不公平现象. 那么，各系之间的不公平程度到底有多大呢？这里需要量化名额分配的公平程度.

模型四　按照 Q 值方法分配.

为讨论方便，首先假设只有 A, B 两个单位分配名额的情形.

设两个单位的人数分别 p_1 和 p_2，占有名额数为 n_1, n_2，$\dfrac{p_i}{n_i}$ $(i=1,2)$ 表示第 i 个单位每个名额所代表的人数. 显然，当且仅当 $\dfrac{p_1}{n_1} = \dfrac{p_2}{n_2}$ 时，名额分配是公平的，而当 $\dfrac{p_1}{n_1} \neq \dfrac{p_2}{n_2}$ 时，名额分配是不公平的. 如果 $\dfrac{p_1}{n_1} > \dfrac{p_2}{n_2}$，对 A 是不公平的，反之，对 B 是不公平的. 不公平的程度是多少呢？一种直观的想法就是用 $\left| \dfrac{p_1}{n_1} - \dfrac{p_2}{n_2} \right|$ 作为衡量分配不公平程度（称为**绝对不公平度**）的指标. 但是，这种衡量指标同样存在着缺陷，请看表 2.1.6 的例子.

表 2.1.6

组别	单位	p（人数）	n（名额）	$\dfrac{p}{n}$（不公平度）	$\dfrac{n}{p}$（名额占有率：%）	$\left\| \dfrac{p_1}{n_1} - \dfrac{p_2}{n_2} \right\|$（绝对不公平度）	$\left\| \dfrac{n_1}{p_1} - \dfrac{n_2}{p_2} \right\|$
第一组	A	120	10	12	8.33	12−10=2	10%−8.3%−1.7%
	B	100	10	10	10		
第二组	C	1020	10	102	0.98	102−100=2	1%−0.98%=0.2%
	D	1000	10	100	1		

这个例子说明，A，B 之间与 C，D 之间具有相同的绝对不公平度. 但是，第一组的名额占有率大于第二组的名额占有率，说明 A 相对 C 更不公平.

为了弥补这种缺陷，可以考虑用相对标准. 下面定义"相对不公平度"的概念.

如果 $\dfrac{p_1}{n_1} > \dfrac{p_2}{n_2}$，则称 $r_A(n_1, n_2) = \dfrac{\dfrac{p_1}{n_1} - \dfrac{p_2}{n_2}}{\dfrac{p_2}{n_2}} = \dfrac{p_1 n_2}{p_2 n_1} - 1$ 为**对 A 的相对不公平度**. 类似地，如果

$\dfrac{p_1}{n_1} < \dfrac{p_2}{n_2}$，则称 $r_B(n_1, n_2) = \dfrac{\dfrac{p_2}{n_2} - \dfrac{p_1}{n_1}}{\dfrac{p_1}{n_1}} = \dfrac{p_2 n_1}{p_1 n_2} - 1$ 为**对 B 的相对不公平度**.

再次考虑只有 A，B 两个单位公平分配名额的情形. 现在分配第 $n_1 + n_2 + 1$ 个名额时，应该给哪个单位？

不失一般性，不妨设 $\dfrac{p_1}{n_1} > \dfrac{p_2}{n_2}$，即对 A 单位不公平，显然应该给 A 单位. 则当 A 单位再增加一个名额时，有以下两种情形：

（1）$\dfrac{p_1}{n_1 + 1} > \dfrac{p_2}{n_2}$，这表明即使 A 单位再增加一个名额，依然对 A 单位是不公平的，因此，这个名额当然应该给 A 单位；

（2）$\dfrac{p_1}{n_1 + 1} < \dfrac{p_2}{n_2}$，这表明在 A 单位增加一个名额之后，对 B 单位不公平了，此时对 B 的相对不公平度为 $r_B(n_1 + 1, n_2) = \dfrac{p_2(n_1 + 1)}{p_1 n_2} - 1$.

如果 $\dfrac{p_1}{n_1} > \dfrac{p_2}{n_2}$ 时，将第 $n_1 + n_2 + 1$ 个名额给 B 单位，显然有 $\dfrac{p_1}{n_1} > \dfrac{p_2}{n_2 + 1}$，这表明 B 单位再增加一个名额，对 A 单位更加不公平. 此时，对 A 的相对不公平度为 $r_A(n_1, n_2 + 1) = \dfrac{p_1(n_2 + 1)}{p_2 n_1} - 1$.

制定名额分配方案的原则是**应该使相对不公平度尽可能小**.

若 $r_B(n_1 + 1, n_2) < r_A(n_1, n_2 + 1)$，则增加的名额应该给 A 单位；反之，则应该给 B 单位. 由于
$$r_B(n_1 + 1, n_2) < r_A(n_1, n_2 + 1)$$
等价于
$$\frac{p_2^2}{n_2(n_2 + 1)} < \frac{p_1^2}{n_1(n_1 + 1)}, \tag{2.1.1}$$
并且情形（1）也可以推出（2.1.1）式，因此，结论是：当（2.1.1）式成立时，第 $n_1 + n_2 + 1$ 个名额应该给 A 单位，反之，应该给 B 单位.

上述方法可以推广到 m 个单位的情形.

设第 i 个单位的人数为 p_i，已占有名额 n_i 个（$i = 1, 2, \cdots, m$）. 当分配下一个名额时，计算
$$Q_i = \frac{p_i^2}{n_i(n_i + 1)}, \quad i = 1, 2, \cdots, m,$$
这个名额分给 Q 值最大的那个单位.

模型求解:

首先, 计算出名额占有率为 $\frac{21}{200} = 10.5\%$, 计算各系名额占有量如表 2.1.7 所示.

表 2.1.7 各系名额占有量

	甲系	乙系	丙系	总数
p（学生数）	103	63	34	200
n（名额占有量）	10.815	6.615	3.57	21
$[n]$（n 的整数部分）	10	6	3	19

这样, 就先把 19 个名额分配到了各系. 接下来, 第 20 个和第 21 个名额用 Q 值方法进行分配.

对于第 20 个名额, 计算得

$$Q_1 = \frac{103^2}{10 \times 11} = 96.4 \ , \quad Q_2 = \frac{63^2}{6 \times 7} = 94.5 \ , \quad Q_3 = \frac{34^2}{3 \times 4} = 96.3 \ .$$

比较可知, Q_1 最大, 第 20 个名额应该给甲系.

对于第 21 个名额, 计算得

$$Q_1 = \frac{103^2}{11 \times 12} = 80.4 \ , \quad Q_2 = \frac{63^2}{6 \times 7} = 94.5 \ , \quad Q_3 = \frac{34^2}{3 \times 4} = 96.3 \ .$$

由于 Q_3 最大, 第 21 个名额应该给丙系.

分配的最终结果是: 甲系 11 个名额, 乙系 6 个名额, 丙系 4 个名额. 从而消除了亚拉巴马悖论.

【评注】

（1）名额分配问题的关键在于建立既合理又简明的衡量公平程度的指标. 占有率相等是一种理想化的状态, 在实际问题中是十分罕见的. 在不公平的情况下, 相对不公平度比绝对不公平度能够更加准确地反映不公平的实质. Q 值方法以相对不公平度为前提, 将名额分给 Q 值最大的一方, 是相对公平的.

（2）1982 年, 巴林斯基和扬在关于名额分配的诸如 "人口单调性"、"无偏性"、"名额单调性" 等五条公理的基础上, 证明了名额分配的不可能性定理, 即不存在同时满足这五条公理的分配方法, 也就是说, 没有绝对公平的分配方法.

2.2　投入产出模型

1) 问题的提出

现代经济理论指出, 国民经济各部门必须按比例、保持其协调发展, 社会再生产各环节应该达到平衡. 1929—1931 年世界范围的经济危机, 证实了亚当·斯密的 "看不见的手" 的自由放任的经济理论的失败. 因此, 国家宏观调控保证社会再生产协调发展的必要条件. 然而，国家宏观调控必须以遵循经济规律为前提，有目的、有计划地制订与实施，这就要求计划制订者研究现实经济结构和社会再生产过程，了解经济运行的情况．看下面的问题．

有三个企业，分别是煤矿、发电厂和地方铁路．煤矿开采 1 元钱的煤需要支付 0.25 元的电费和 0.25 元的运输费；发电厂生产 1 元钱的电力，需要支付 0.65 元的燃料（煤）费和 0.05 元的运输费，自用 0.05 元的电费．铁路提供 1 元钱的服务，需要支付 0.55 元的燃料（煤）费和 0.10 元的电费．某星期内煤矿接到外界 50000 元原煤订货，发电厂接到外界 25000 元的电力订货，地方铁路没有接到外界要求．

（1）试制订三个企业本周的生产计划；

（2）如果因为加班等原因，三个企业的固定成本分别增加了 6%，5% 和 4%，应该如何调整生产计划？

（3）如果煤的价格上浮 10%，电价和运输价格将受到怎样的影响？

2）问题分析

由问题可知，产品在生产过程中，一方面各企业互相消耗产品，一方面又互相提供产品，为了保证生产过程的正常进行，某产品的总产量应该与其他企业（包括自己）总消耗量相等．据此建立方程，以确定各企业的生产计划．

3）定义与说明

投入是指生产（包括货物生产与服务生产）过程中对各种生产要素的消耗与使用，包括对原材料等物质产品的使用、对劳动力的消耗与使用、对各种生产资源的消耗与使用．投入分为中间投入和最初投入，两者之和为总投入．

产出是指生产出来的产品及其分配使用的去向．产出分为中间产品（继续投入当前生产过程的产品）和最终产品（退出生产过程用于消费、积累和调出等的产品），两者之和为总产品．

4）模型假设

（1）每个部门只生产一种产品，不联合生产．

（2）产出量是投入的线性函数．

（3）不存在生产滞后或其他外来因素的影响．

（4）采用使用价值计量产品．

5）模型建立

为了具体反映各部门的产品作为中间产品自用和分配给其他部门以及作为最终产品的使用去向，同时也为了反映各部门为了生产一定的产品消耗本部门和其他部门的产品以及工资、税收等最初投入的情况，由

$$中间产品 + 最终产品 = 总产品，$$

$$中间投入 + 最初投入 = 总投入，$$

$$总投入 = 总产出 = 总产品，$$

编制投入产出表（见表 2.2.1）．

表 2.2.1　投入产出表

投入＼产出		中间产品				最终产品	总产品
		部门 1	部门 2	$\cdots$	部门 n		
中间投入	部门 1	x_{11}	x_{12}	$\cdots$	x_{1n}	f_1	q_1
	部门 2	x_{21}	x_{22}	$\cdots$	x_{2n}	f_2	q_2
	$\cdots$	$\cdots$	$\cdots$	$\cdots$	$\cdots$	$\cdots$	$\cdots$
	部门 n	x_{n1}	x_{n2}	$\cdots$	x_{nn}	f_n	q_n
最初投入		y_1	y_2	$\cdots$	y_n		
总产出		q_1	q_2	$\cdots$	q_n		

其中 q_i 和 f_i 分别表示第 i 部门生产的总产品和最终产品；q_j，y_j 分别表示 j 部门创造的总产出和最初投入；x_{ij} 表示第 i 部门提供给第 j 部门的中间产品，也表示第 j 部门消耗第 i 部门的中间投入.

表 2.2.1 的各行表示任何部门的总产品等于它向各部门提供的中间产品与最终产品之和，由此可以建立如下线性方程组：

$$\begin{cases} x_{11}+x_{12}+\cdots+x_{1n}+f_1=q_1, \\ x_{21}+x_{22}+\cdots+x_{2n}+f_2=q_2, \\ \cdots\cdots\cdots \\ x_{n1}+x_{n2}+\cdots+x_{nn}+f_n=q_n, \end{cases} \tag{2.2.1}$$

其中每个方程都称为**产品平衡方程**.

类似地，表 2.2.1 的各列表示各部门的总产出等于该部门中间消耗与最初投入之和，由此可以建立如下线性方程组：

$$\begin{cases} x_{11}+x_{21}+\cdots+x_{n1}+y_1=q_1, \\ x_{12}+x_{22}+\cdots+x_{n2}+y_2=q_2, \\ \cdots\cdots\cdots \\ x_{1n}+x_{2n}+\cdots+x_{nn}+y_n=q_n, \end{cases} \tag{2.2.2}$$

其中每个方程都称为**价值平衡方程**.

在生产过程中，为生产某种产品，将对其他产品（包括自身）产生消耗，称为**完全消耗**. 完全消耗包括直接消耗和间接消耗，直接消耗是指生产过程中为生产某种产品对有关各种产品的第一轮消耗；间接消耗是指一种产品通过媒介产品对有关产品的消耗. 直接消耗通过与直接消耗相对应的生产技术系数（即直接消耗系数）反映. 直接消耗系数的计算公式如下：

$$a_{ij}=\frac{x_{ij}}{q_j},\ i,j=1,2,\cdots,n, \tag{2.2.3}$$

它表示 j 部门的单位总产品对 i 产品的直接消耗量. 令

$$A = \begin{pmatrix} a_{11} & a_{12} & \cdots & a_{1n} \\ a_{21} & a_{22} & \cdots & a_{2n} \\ \vdots & \vdots & & \vdots \\ a_{n1} & a_{n2} & \cdots & a_{nn} \end{pmatrix}, \quad X = \begin{pmatrix} x_{11} & x_{12} & \cdots & x_{1n} \\ x_{21} & x_{22} & \cdots & x_{2n} \\ \vdots & \vdots & & \vdots \\ x_{n1} & x_{n2} & \cdots & x_{nn} \end{pmatrix}, \quad \hat{q}^{-1} = \begin{pmatrix} q_1^{-1} & 0 & \cdots & 0 \\ 0 & q_2^{-1} & \cdots & 0 \\ \vdots & \vdots & & \vdots \\ 0 & 0 & \cdots & q_n^{-1} \end{pmatrix},$$

则有

$$A = X \cdot \hat{q}^{-1},$$

其中 A 为直接消耗系数矩阵；X 为中间产品流量矩阵.

由公式（2.2.3）可知，$x_{ij} = a_{ij} q_j$，代入方程组（2.2.1），可得

$$\begin{cases} a_{11} q_1 + a_{12} q_2 + \cdots + a_{1n} q_n + f_1 = q_1, \\ a_{21} q_1 + a_{22} q_2 + \cdots + a_{2n} q_n + f_2 = q_2, \\ \cdots\cdots\cdots\cdots \\ a_{n1} q_1 + a_{n2} q_2 + \cdots + a_{nn} q_n + f_n = q_n. \end{cases}$$

移项整理后用矩阵表示，则有

$$\begin{pmatrix} (1-a_{11}) & -a_{12} & \cdots & -a_{1n} \\ -a_{21} & (1-a_{22}) & \cdots & -a_{2n} \\ \vdots & \vdots & & \vdots \\ -a_{n1} & -a_{n2} & \cdots & (1-a_{nn}) \end{pmatrix} \begin{pmatrix} q_1 \\ q_2 \\ \vdots \\ q_n \end{pmatrix} = \begin{pmatrix} f_1 \\ f_2 \\ \vdots \\ f_n \end{pmatrix}.$$

令 I 为 $n \times n$ 单位矩阵，$q = (q_1, q_2, \cdots, q_n)^{\mathrm{T}}$，$f = (f_1, f_2, \cdots, f_n)^{\mathrm{T}}$，则上式可写成

$$(I - A)q = f. \tag{2.2.4}$$

当 $|I - A| \neq 0$，时，方程组（2.2.4）有解

$$q = (I - A)^{-1} f. \tag{2.2.5}$$

方程组（2.2.4）和式（2.2.5）称为投入产出产品模型.

同理，将 $x_{ij} = a_{ij} q_j$ 代入方程组（2.2.2），可得

$$\begin{cases} a_{11} q_1 + a_{21} q_1 + \cdots + a_{n1} q_1 + y_1 = q_1, \\ a_{12} q_2 + a_{22} q_2 + \cdots + a_{n2} q_2 + y_2 = q_2, \\ \cdots\cdots\cdots\cdots \\ a_{1n} q_n + a_{2n} q_n + \cdots + a_{nn} q_n + y_n = q_n. \end{cases}$$

移项整理得

$$\begin{cases} (1 - \sum_{i=1}^{n} a_{i1}) q_1 = y_1, \\ (1 - \sum_{i=1}^{n} a_{i2}) q_2 = y_2, \\ \cdots\cdots\cdots \\ (1 - \sum_{i=1}^{n} a_{in}) q_n = y_n. \end{cases} \tag{2.2.6}$$

当 $(1 - \sum_{i=1}^{n} a_{ij}) \neq 0(j = 1, 2, \cdots n)$ 时，方程组（2.2.6）有解

$$q = \left(\frac{y_1}{1 - \sum_{i=1}^{n} a_{i1}}, \frac{y_2}{1 - \sum_{i=1}^{n} a_{i2}}, \cdots, \frac{y_n}{1 - \sum_{i=1}^{n} a_{in}} \right)^{\mathrm{T}}. \qquad （2.2.7）$$

方程组（2.2.6）和式（2.2.7）称为投入产出价值模型.

设 Q_j 和 q_{ij} 分别表示第 j 部门总产品数量和它所消耗的第 i 部门产品的数量，p_i 和 p_j 分别表示第 i 部门和第 j 部门产品的价格，由"产出 = 价格 × 产品数量"，方程组（2.2.2）变形为

$$\begin{cases} q_{11}p_1 + q_{21}p_2 + \cdots + q_{n1}p_n + y_1 = Q_1 p_1, \\ q_{12}p_1 + q_{22}p_2 + \cdots + q_{n2}p_n + y_2 = Q_2 p_1, \\ \qquad \cdots\cdots \\ q_{1n}p_1 + q_{2n}p_2 + \cdots + q_{nn}p_n + y_n = Q_n p_1. \end{cases}$$

移项整理后，用矩阵表示，则有

$$\begin{pmatrix} (1 - \overline{a}_{11}) & -\overline{a}_{21} & \cdots & -\overline{a}_{n1} \\ -\overline{a}_{12} & (1 - \overline{a}_{22}) & \cdots & -\overline{a}_{n2} \\ \vdots & \vdots & & \vdots \\ -\overline{a}_{1n} & -\overline{a}_{2n} & \cdots & (1 - \overline{a}_{nn}) \end{pmatrix} \begin{pmatrix} p_1 \\ p_2 \\ \vdots \\ p_n \end{pmatrix} = \begin{pmatrix} \overline{y}_1 \\ \overline{y}_2 \\ \vdots \\ \overline{y}_n \end{pmatrix}.$$

其中 $\overline{a}_{ij} = \dfrac{q_{ij}}{Q_j}$，$\overline{y}_j = \dfrac{y_j}{Q_j}$. 令

$$\overline{A} = \begin{pmatrix} \overline{a}_{11} & \overline{a}_{12} & \cdots & \overline{a}_{1n} \\ \overline{a}_{21} & \overline{a}_{22} & \cdots & \overline{a}_{2n} \\ \vdots & \vdots & & \vdots \\ \overline{a}_{n1} & \overline{a}_{n2} & \cdots & \overline{a}_{nn} \end{pmatrix}, \quad p = (p_1, p_2, \cdots, p_n)^{\mathrm{T}}, \quad \overline{y} = (\overline{y}_1, \overline{y}_2, \cdots, \overline{y}_n)^{\mathrm{T}},$$

则上式可写成

$$(I - \overline{A}^{\mathrm{T}})p = \overline{y}. \qquad （2.2.8）$$

当 $\left| I - \overline{A}^{\mathrm{T}} \right| \neq 0$ 时，方程组（2.2.8）有解

$$p = (I - \overline{A}^{\mathrm{T}})^{-1} \overline{y}. \qquad （2.2.9）$$

方程组（2.2.8）和式（2.2.9）称为产品价格模型. 另外可得 $a_{ij} = \overline{a}_{ij} \dfrac{p_i}{p_j}$.

设第 i 部门的产品提高了 Δp_i，为了简化运算，不妨设 $a_{ij} = \overline{a}_{ij}$，则有 $\overline{y} = y$. 根据产品价格方程，有

$$\begin{cases} a_{11}(p_1+\Delta p_1)+a_{21}(p_2+\Delta p_2)+\cdots+a_{n1}(p_n+\Delta p_n)+y_1=p_1+\Delta p_1, \\ a_{12}(p_1+\Delta p_1)+a_{22}(p_2+\Delta p_2)+\cdots+a_{n2}p_n+\Delta p_n+y_2=p_2+\Delta p_2, \\ \quad\cdots\cdots \\ a_{1n}(p_1+\Delta p_1)+a_{2n}(p_2+\Delta p_2)+\cdots+a_{nn}p_n+\Delta p_n+y_n=p_n+\Delta p_n. \end{cases}$$

将上式整理，用矩阵表示为

$$(I-A)^{\mathrm{T}}\cdot\Delta p=0,\tag{2.2.10}$$

其中 $\Delta p=(\Delta p_1,\Delta p_2,\cdots,\Delta p_n)^{\mathrm{T}}$. 由于 Δp_i 已知，利用分块矩阵的乘法法则，式（2.2.10）可化为

$$\begin{pmatrix} \Delta p_1 \\ \vdots \\ \Delta p_{i-1} \\ \Delta p_{i+1} \\ \vdots \\ \Delta p_n \end{pmatrix}=\begin{pmatrix} t_{i1} \\ \vdots \\ t_{i,i-1} \\ t_{i,i+1} \\ \vdots \\ t_{i,n} \end{pmatrix}\times\frac{1}{t_{ii}}\times\Delta p_i,\tag{2.2.11}$$

其中 t_{ij} 表示矩阵 $(I-A)^{-1}$ 的第 i 行第 j 列元素.

6）模型求解

设煤矿的产值为 q_1 元、发电厂产值为 q_2 元和地方铁路产值为 q_3 元，由题意知，三个企业的直接消耗系数矩阵 $A=\begin{pmatrix} 0 & 0.65 & 0.55 \\ 0.25 & 0.05 & 0.10 \\ 0.25 & 0.05 & 0 \end{pmatrix}$，最终产品 $f=\begin{pmatrix} 50000 \\ 25000 \\ 0 \end{pmatrix}$，编制投入产出表（见表 2.2.2）.

表 2.2.2 投入产出表　　　　　单位：元

投入＼产出		中间产品			最终产品	总产品
		煤矿	发电厂	地方铁路		
中间投入	煤矿	0	$0.65q_2$	$0.55q_3$	50000	q_1
	发电厂	$0.25q_1$	$0.05q_2$	$0.10q_3$	25000	q_2
	地方铁路	$0.25q_1$	$0.05q_2$	0	0	q_3
最初投入		y_1	y_2	y_3		
总产值		q_1	q_2	q_3		

对于问题（1），根据产品模型（2.2.5），得

$$q_1=102087\text{元},\quad q_2=56163\text{元},\quad q_3=28330\text{元}.$$

即煤矿、发电厂和地方铁路的生产产值计划分别为 102087 元、56163 元和 28330 元.

对于问题（2），由"总产品＝总产值"，求出

$$y_1=50143.5\text{元},\quad y_2=14040.75\text{元},\quad y_3=9915.5\text{元}.$$

由于固定成本的增加，最初投入分别增加到

$$y_1 = 53152.11 \ \text{元}, \quad y_2 = 14742.79 \ \text{元}, \quad y_3 = 10132.12 \ \text{元}.$$

根据价值模型（2.2.7），得

$$q_1 = 106304.22 \ \text{元}, \quad q_2 = 58971.16 \ \text{元}, \quad q_3 = 28948.91 \ \text{元},$$

即煤矿、发电厂和地方铁路新增生产产值计划分别为 4217.22 元、2808.16 元和 618.91 元.

对于问题（3），计算出 $(I-A)^{-1} = \begin{pmatrix} 1.5031 & 1.0775 & 0.9344 \\ 0.4374 & 1.3717 & 0.3777 \\ 0.3976 & 0.3380 & 1.2525 \end{pmatrix}$，代入公式（2.2.11），有

$$\begin{pmatrix} \Delta p_2 \\ \Delta p_3 \end{pmatrix} = \begin{pmatrix} t_{12} \\ t_{13} \end{pmatrix} \times \frac{1}{t_{11}} \times \Delta p_1 = \begin{pmatrix} 1.0775 \\ 0.9344 \end{pmatrix} \times \frac{1}{1.5031} \times 10\% = \begin{pmatrix} 0.072 \\ 0.062 \end{pmatrix}.$$

计算结果表明，当煤价上浮 10%时，电价和运输价格分别上浮 7.2%和 6.2%.

【评注】

投入产出模型是在投入产出具有线性关系的假设之下，以生产为中心，对生产与消费之间的关系的定量描述，这个模型使得问题得到简化.

建立投入产出模型的基础是投入产出表，构建投入产出表的前提是以"同质性"为标准，解决部门分类问题. 所谓同质性是指经济用途相同，消耗结构也相同的产品群.

投入产出模型主要用于进行经济分析、政策模拟、计划论证和经济预测等. 针对不同的问题，可以建立诸如"产品模型"或者"价值模型"等不同的模型.

2.3　量纲分析法建模

1）问题的提出

在客观世界中，物体的属性与存在方式的特性之间具有某种联系，这种联系是有规律的. 通过这种规律性，我们可以探索、了解和研究物体的未知世界. 考虑下面的问题.

已知质量为 m 的小球系在长度为 l 的线的一端，稍偏离平衡位置后小球在重力作用下做往复摆动，忽略阻力. 求摆动周期 t 的表达式.

2）问题分析

小球的质量和线的长度都是有单位的量，它们分别反映了小球和线的某种属性. 在物理上，它们称为量纲. 反映物理量内在联系的物理定律通常用数学公式表示，这些公式的两端必须保持量纲的一致性，即**量纲齐次原则**. 利用量纲齐次原则即可寻求小球质量、线的长度和摆动周期等物理量之间的关系.

3）模型假设

（1）不考虑小球运动过程中的空气阻力.

（2）不考虑可能存在的摩擦力作用.

（3）单摆作平面往复运动.

（4）摆线在运动过程中不发生形变，且忽略摆线的质量.

4）定义与说明

物理学中，度量物体属性或者描述运动状态及其变化过程的量称为**物理量**. 长度、质量、时间、热力学温度、电流强度、光强度和物质的量等 7 种独立于其他物理量的物理量称为基本物理量，简称基本量；由基本量通过自然规律导出的量称为导出物理量，简称导出量.

导出量与基本量之间的某种规定关系，称为该量的量纲，记为[q]. 这种规定关系通常以基本量的幂指乘积的形式表示，即

$$Q = L^{\alpha_1} M^{\alpha_2} T^{\alpha_3} I^{\alpha_4} \Theta^{\alpha_5} J^{\alpha_6} N^{\alpha_7},$$

其中 L, M, T, I, Θ, J, N 分别为长度、质量、时间、电流强度、热力学温度、光强度和物质的量等基本量的量纲. 导出量的量纲则由基本量纲根据其定义或者某些物理定律推导出来. 例如，根据定义，速度 v 的量纲为 $[v] = LT^{-1}$；加速度 a 的量纲为 $[a] = LT^{-2}$；再由牛顿第二定律 $F = ma$，力 f 的量纲为 $[f] = MLT^{-2}$. 此外，某些物理常数也有量纲，如万有引力常数 k 的量纲为 $[k] = L^3 M^{-1} T^{-2}$. 但是，也有一些物理量是没有量纲的，称为无量纲量，记作 $[Q] = 1$. 常用的无量纲量有角度（弧度）、圆周率（π）、欧拉常数（e）、黄金分割率（φ）等.

测量某个物理量时用来进行比较的标准量称为**单位**.

量纲和单位都反映了物理量的特征，反映了该物理量与基本物理量间的关系. 但是，物理量的量纲只依赖于基本量的选择，独立于单位的确定，是唯一的，而单位可以有多个. 例如：长度 l 的量纲为 $[l] = L$，长度单位却有公里、米、尺等，质量 m 的量纲为 $[m] = M$，质量单位有千克、克、磅等（见表 2.3.1 和表 2.3.2）.

表 2.3.1 国际单位制的基本量

物理量	量纲	单位	符号
长度	L	米	m
质量	M	千克	kg
时间	T	秒	s
电流强度	I	安培	A
热力学温度	Θ	开尔文	K
光强度	J	坎德拉	cd
物质的量	N	摩尔	mol

表 2.3.2 一些物理量的量纲与单位

物理量	量纲	单位	符号
力	MLT^{-2}	牛顿	N（kgms^{-2}）
能量	ML^2T^{-2}	焦耳	J（kgm^{2}s^{-2}）
功率	ML^2T^{-3}	瓦特	W（kgm^{2}s^{-3}）
频率	T^{-1}	赫兹	Hz（s^{-1}）
压强	$ML^{-1}T^{-2}$	帕斯卡	Pa（kgm^{-1}s^{-2}）

5）模型的建立与求解

由上述假设可知，与单摆运动有关的物理量有：摆球的质量 m、摆线的长度 l、重力加速度 g 和运动周期 t. 设它们之间有关系式

$$t = \lambda m^{\alpha_1} l^{\alpha_2} g^{\alpha_3} , \qquad (2.3.1)$$

其中 $\alpha_1, \alpha_2, \alpha_3$ 为待定常数；λ 为无量纲的比例系数. 取式（2.3.1）的量纲表达式即

$$[t] = [m]^{\alpha_1} [l]^{\alpha_2} [g]^{\alpha_3} . \qquad (2.3.2)$$

将 $[t] = T$，$[l] = L$，$[m] = M$，$[g] = LT^{-2}$ 代入式（2.3.2），得

$$T = M^{\alpha_1} L^{\alpha_2 + \alpha_3} T^{-2\alpha_3} . \qquad (2.3.3)$$

由量纲齐次原则，有

$$\begin{cases} \alpha_1 = 0, \\ \alpha_2 + \alpha_3 = 0, \\ -2\alpha_3 = 1. \end{cases} \qquad (2.3.4)$$

解方程组（2.3.4），得 $\alpha_1 = 0$，$\alpha_2 = \dfrac{1}{2}$，$\alpha_3 = -\dfrac{1}{2}$. 代入式（2.3.1），得

$$t = \lambda \sqrt{\frac{l}{g}} . \qquad (2.3.5)$$

6）模型检验

表 2.3.3 给出了质量为 237 g 和 390 g 的两个不同的摆球交替在 276 cm 和 226 cm 的两条摆线上做单摆运动时观测到的运动周期. 结果表明，相同摆长的单摆运动的周期随摆球质量的变化没有明显的差异，而不同摆长的单摆运动的周期随摆线长度的变化有明显的差异. 进一步计算发现，同一摆球的两个周期与它们对应的摆线的平方根的比都近似等于 1.1. 这就验证了式（2.3.5）的正确性.

表 2.3.3　四个不同的单摆实验的周期观测结果　　单位：秒（s）

摆线 ＼ 摆球	$m_1 = 390$ g	$m_2 = 237$ g
$l_1 = 276$ cm	3.372	3.350
$l_2 = 226$ cm	3.058	3.044

表 2.3.4 给出了摆线长度为 $l = 276$ cm，质量为 $m = 390$ g 的摆球在在不同振幅下的单摆周期.

表 2.3.4　单摆的周期与振幅的关系

振幅（度）	8.34	13.18	18.17	23.31	28.71	33.92	39.99	46.62
振幅（弧度）	0.1456	0.2300	0.3171	0.4068	0.5011	0.5920	0.6980	0.8137
周期（秒）	3.368	3.368	3.372	3.372	3.390	3.400	3.434	3.462
$t\sqrt{g/l}$	6.346	6.346	6.354	6.354	6.388	6.388	6.471	6.524

由表 2.3.5 可知，当单摆的振幅较小时，周期近似于一个常数 2π，即 $t = 2\pi\sqrt{\dfrac{g}{l}}$，这与式（2.3.5）是一致的．但是，当振幅较大（>25°）时，上述关系式的误差就比较大了，这需要建立单摆的周期对振幅的动态模型，本书不再深入讨论．

7）模型的推广

将模型的求解过程一般化，就是著名的 Buckingham Pi 定理．

定理 2.3.1　设有 m 个物理量 $q_1, q_2, \cdots, q_m$，且

$$f(q_1, q_2, \cdots, q_m) = 0 \tag{2.3.6}$$

是与量纲单位的选取无关的物理定律，$X_1, X_2, \cdots, X_n$ 是基本量纲，$n \leqslant m$，则 $q_1, q_2, \cdots, q_m$ 的量纲可表示为

$$[q_j] = \prod_{i=1}^{n} X_i^{a_{ij}}, \; j = 1, 2, \cdots, m. \tag{2.3.7}$$

令 $A = (a_{ij})_{n \times m}$，称之为量纲矩阵．设 A 的秩为 r，齐次线性方程组 $Ay = 0$ 的 $(m-r)$ 个线性无关解为 $y_s = (y_1, y_2, \cdots, y_m)^{\mathrm{T}} (s = 1, 2, \cdots, m-r)$，则

$$\pi_s = \prod_{j=1}^{m} q_j^{y_{sj}} \tag{2.3.8}$$

为 $m-r$ 个相互独立的无量纲量，且

$$F(\pi_1, \pi_2, \cdots, \pi_{m-r}) = 0 \tag{2.3.9}$$

与式（2.3.6）等价．其中 F 为待定的 $(m-r)$ 元函数．

这个定理的叙述过程描述了建立物理模型的一种方法，称之为量纲分析．

8）模型的应用

下面考虑轮船的航行阻力问题．一艘长为 l、吃水深度为 h 的轮船以速度 v 航行，航船受到的阻力 f 与船的长度、吃水深度和速度等因素有关，还与水的密度 ρ、黏性系数 μ 以及重力加速度 g 有关，忽略风的影响．试确定阻力 f 与这些物理量之间的关系．

由题意知，该问题中涉及的物理量有：阻力 f、船的长度 l、吃水深度 h、速度 v、水的密度 ρ、黏性系数 μ、重力加速度 g．设它们之间的关系式为

$$\varphi(f, l, h, v, \rho, \mu, g) = 0. \tag{2.3.10}$$

这是一个力学问题，基本量纲选为 L, M, T．上述各物理量的量纲分别为

$$[f] = LMT^{-2}, \; [l] = L, \; [v] = LT^{-1}, \; [\rho] = L^{-3}M, \; [\mu] = L^{-1}MT^{-1}, \; [g] = LT^{-2}.$$

其中 μ 的量纲可由基本关系 $p = \mu\dfrac{\partial v}{\partial x}$ 得到．这里 p 为压强（单位面积受到的力）．因此，

$$[p] = LMT^{-2} \cdot L^{-2} = L^{-1}MT^{-2}.$$

又 v 为流速，x 为尺度，故

$$\left[\frac{\partial v}{\partial x}\right] = LT^{-1} \cdot L^{-1} = T^{-1}.$$

由于 $n = 3 < m = 7$，可以得到量纲矩阵

$$A = \begin{pmatrix} 1 & 1 & 1 & 1 & -3 & -1 & 1 \\ 1 & 0 & 0 & 0 & 1 & 1 & 0 \\ -2 & 0 & 0 & -1 & 0 & -1 & -2 \end{pmatrix} \begin{matrix} (L) \\ (M) \\ (T) \end{matrix},$$

$$(f)\ (l)\ (h)\ (v)\ \ (\rho)\ \ (\mu)\ \ (g)$$

并且 A 的秩为 3，故齐次线性方程组 $Ay = 0$ 的基础解系有 $m - r = 7 - 3 = 4$（个）线性无关的解向量. 取

$$y_1 = (0\ \ 1\ \ -1\ \ 0\ \ 0\ \ 0\ \ 0)^T,\quad y_2 = (0\ \ 1\ \ 0\ \ -2\ \ 0\ \ 0\ \ 1)^T,$$

$$y_3 = (0\ \ 1\ \ 0\ \ 1\ \ 1\ \ -1\ \ 0)^T,\quad y_4 = (1\ \ -2\ \ 0\ \ -2\ \ -1\ \ 0\ \ 0)^T,$$

则确定了 4 个相互独立的无量纲量：

$$\pi_1 = lh^{-1},\ \pi_2 = lv^{-2}g,\ \pi_3 = lv\rho\mu^{-1},\ \pi_4 = fl^{-2}v^{-2}\rho^{-1}. \tag{2.3.11}$$

由 Pi 定理，式（2.3.11）与

$$\Phi(\pi_1, \pi_2, \pi_3, \pi_4) = 0 \tag{2.3.12}$$

等价，其中 Φ 为待定函数. 由式（2.3.12）与式（2.3.11）中的 π_4，可得

$$f = l^2 v^2 \rho\varphi(\pi_1, \pi_2, \pi_3), \tag{2.3.13}$$

其中 φ 为待定函数. 在流体力学中，无量纲量 $\dfrac{v}{\sqrt{lg}}$（$= \pi_2^{-\frac{1}{2}}$）称为 Froude 数. $\dfrac{lv\rho}{\mu}$（$= \pi_3$）称为 Reynold 数，分别记为

$$Fr = \frac{v}{\sqrt{lg}},\quad Re = \frac{lv\rho}{\mu}, \tag{2.3.14}$$

则式（2.3.13）又表示为

$$f = l^2 v^2 \rho\phi\left(\frac{l}{h}, Fr, Re\right). \tag{2.3.15}$$

为了确定式（2.3.15）中的待定函数 ϕ，我们对量纲分析的方法进行深入研究，发现这种方法实际上给出了在建模过程中利用与模型有关的物理量的量纲提供的信息建立数学模型的一条途径. 具体来说，就是在量纲转换的过程中，不同量纲的量之间存在着一定的比例关系. 例如，由描述单摆运动的模型 $t = 2\pi\sqrt{\dfrac{l}{g}}$ 可知，单摆的周期和摆长之间存在着比例关系 $t \propto l^{\frac{1}{2}}$. 再如，由描述自由落体运动的模型 $s = \dfrac{gt^2}{2}$ 可知，下落的距离和下落的时间具有比例关系 $s \propto t^2$. 由量纲分析还可以得到，在同一规律中，如果两个量 Y_1 和 Y_2 分别有量纲 $[Y_1] = X^{\alpha}$ 和

$[Y_2] = X^\beta$ ，则这两个量之间具有比例关系 $Y_1 \propto Y_2^{\frac{\beta}{\alpha}}$.

基于以上讨论，为了确定轮船的阻力，可以先建造一个轮船模型. 由于轮船模型和轮船在水中所受到的阻力的规律是一致的，由两个量之间的比例关系，通过测量轮船模型的阻力（当速度不高时，可以忽略 Reynold 数 Re 的影响），即可得到轮船的阻力.

设轮船模型的阻力、长度、吃水深度、速度以及水的密度、黏性系数分别表示为 f' ，l' ，h' ，v' ，ρ' ，μ' ，由式（2.3.15），略去 Re，可得

$$f = l^2 v^2 \rho \phi \left(\frac{l}{h}, \frac{v}{\sqrt{lg}} \right) . \tag{2.3.16}$$

$$f' = l'^2 v'^2 \rho' \phi \left(\frac{l'}{h'}, \frac{v'}{\sqrt{l'g'}} \right) . \tag{2.3.17}$$

由于轮船模型与轮船的形状是相似的，则有 $\frac{l}{h} = \frac{l'}{h'}$ 成立，且 $\frac{v}{\sqrt{lg}} = \frac{v'}{\sqrt{l'g'}}$. 由于 $g = g'$ ，因此 $\frac{v}{v'} = \sqrt{\frac{l}{l'}}$. 由于水的密度和黏性系数是一致的，即 $\rho = \rho'$ ，故

$$\frac{f}{f'} = \left(\frac{l}{l'} \right)^3 ,$$

即

$$f = f' \left(\frac{l}{l'} \right)^3 .$$

由上式可知，如果确定了 $l : l'$ ，并测得了轮船模型的阻力 f' ，就能够确定轮船的阻力 f .

【评注】

基于量纲齐次原则和 Pi 定理的量纲分析法是物理上建立数学模型的常用方法之一，正确确定模型中包含的物理量并且合理选择基本量纲，是运用这种方法的两个关键因素.

针对一个实际问题，确定基本关系式 $f(\cdot) = 0$ 中包含哪些物理量，对最终结果的合理性十分重要. 例如，上述问题中如果忽略了水的密度 ρ 或者黏性系数 μ ，将不能得到正确的结果. 物理量的确定主要依靠经验和知识，没有一般的方法可以保证其结果是正确的或者有效的.

基本量纲类似于线性代数中有限维空间的基的作用. 基本量纲选择过少，就无法表示各物理量；选择过多则会使问题复杂化. 通常情况下，力学定律选取 L, M, T 为基本量纲，热学问题再加上温度量纲 Θ .

量纲分析法也有局限性，$F(\cdot) = 0$ 中会包含一些未定函数和参数，这为建模问题提出了新的问题，最终解决还需要运用其他方法.

习题 2

1. 设某校有 5 个系共 2500 名学生，各系学生人数见表 2.1. 现有 25 个学生代表的名额，应如何分配较为合理？

表 2.1　5 个系的学生人数　　　　　　　　　　　　单位：人

系　别	一	二	三	四	五	总和
人　数	1105	648	362	248	137	2500

2. 设某地国民经济有农业、工业、其他等三个企业部门. 已知某年度的生产情况如下：

（1）农业部门生产的总产品为 200 单位，其中农产品 170 单位，工业产品 20 单位，其他产品 10 单位. 生产中消耗部门产品 15 单位，工业产品 35 单位，其他产品 15 单位.

（2）工业企业部门生产的总产品为 400 单位，其中农产品 30 单位，工业产品 350 单位，其他产品 20 单位. 生产中消耗本部门产品 185 单位，农产品 25 单位，其他产品 30 单位.

（3）其他企业部门生产的总产品为 160 单位，其中农产品 10 单位，工业产品 10 单位，其他产品 140 单位. 生产中消耗本部门产品 16 单位，农产品 8 单位，工业产品 40 单位. 要求：

① 根据所给资料，编制投入产出表，并计算部门消耗系数.

② 设农产品、工业产品和其他产品的价格分别为 20 单位、30 单位和 40 单位. 当农产品的价格上浮 10% 时，将对工业产品和其他产品的价格产生怎样的影响？

3. 原子弹爆炸时巨大的能量从爆炸点以冲击波形式向四周传播. 据分析在时刻 t 冲击波达到的半径 r 与释放的能量 e、大气的密度 ρ、大气压强 p 有关（设 $t=0$ 时，$r=0$）. 试用量纲分析法确定冲击波的半径 r 与 e, ρ, p 之间的关系.

4. 本章所讨论的单摆模型如果考虑到空气的阻力，如何建模描述它的运动？

（1）假设这个阻力与 v^2 成正比，比例常数的值 k 与单摆的形状有关. 令 t 为单摆到达初始幅角之半所需要的时间，试用量纲分析法给出这个单摆的运动模型.

（2）如果空气阻力与 v 成正比，试给出类似的结果.

（3）利用得到的结果设计一个实验，以决定上述关于空气阻力的假设中哪一个（或者两个）是正确的.

3 数据初步处理

数据处理是数学建模的基础. 在数学建模中, 我们通常遇到的问题是对采集数据进行处理、分类和显示, 从而得到这些数据所反映的信息. 从数学建模角度看, 将数据反映出来的信息转化为数学表达式是建模的基础, 所以对数据处理就是趋势分析和将数据转化为函数表达式.

本章主要给出数据的初步处理方法, 包括描述统计、参数估计、假设检验、插值、拟合及灰色预测. 关于数据的进一步处理, 我们会在第 8、9 章中详细讲解.

3.1 数据的统计描述与分析

统计学是以概率论为基础, 从实际观测数据出发, 研究如何合理地搜集资料来对随机变量的分布函数、数字特征等进行估计、分析和推断. 更具体地说: 统计学是研究从总体中随机抽出样本的某些性质, 并对所研究的总体性质做出推测性的判断. 本节主要论述数据的初步统计描述和分析, 并运用 Excel 和 SPSS 软件进行实例分析.

3.1.1 描述统计

直观来说, 所研究对象的全体称为**总体**, 构成总体的每个元素称为**个体**. 对于实际问题, 总体中的个体是一些实在的人或物, 比如要研究某大学的学生身高情况, 则该大学的全体学生构成了问题的总体, 而每个学生就是个体. 切记该大学的全体学生包括已经毕业及将要录取的同学, 一般可认为具有无限个. 事实上, 每一个学生有许多特征: 性别、年龄、身高、体重等, 而在该问题中, 我们关心的只是该校学生的身高如何, 对其他特征暂不考虑. 这样每个学生（个体）所具有的数量指标——身高就是个体, 而所有的身高则看成总体. 这样, 抛开实际背景, 总体就是一堆数, 这堆数中有大有小, 有的出现机会大, 有的出现机会小, 因此用概率分布去描述和归纳总体是合适的. 从这个意义上说, 总体就是一个概率分布, 而其数量指标就是服从这个分布的随机变量, 个体就是总体对应随机变量的一次观察值.

为了了解总体的分布, 就必须从总体中进行抽样观察, 即从总体 X 中随机地抽取 n 个个体, 记为 $X_1, \cdots, X_n$, 称为总体的一个**样本**, n 称为**样本容量**, 简称**样本量**.

样本具有二重性: 一方面, 由于样本是从总体中随机抽取的, 抽取前无法预知它们的数值, 因此样本也是随机变量, 用大写字母 $X_1, \cdots, X_n$ 表示; 另一方面, 样本在抽取以后就有确定的观测值, 称为**样本观测值**, 用小写字母 $x_1, \cdots, x_n$ 表示.

从总体中抽取样本的方法很多, 为了能对总体作较可靠的推断, 总希望样本能很好地代表总体, 即要求抽取的样本能很好地反映总体的特征且便于处理. 这就需要对抽样方法提出一些要求, 最常用的是**简单随机抽样**, 简称为**样本**, 且满足:

（1）**随机性**: 每一个个体都有同等机会被选入样本, 即每一样本 X_i 与总体 X 具有相同的分布;

（2）**独立性**：每一样本的取值都不影响其他样本的取值，即 $X_1, \cdots, X_n$ 相互独立.

根据样本来估计和推断总体 X 的分布函数 $F(x)$ 是数理统计要解决的一个重要问题，为此，引入经验分布函数的概念.

设 $X_1, \cdots, X_n$ 是取自总体分布函数为 $F(x)$ 的样本，若将样本观测值从小到大进行排列为 $X_{(1)}, X_{(2)}, \cdots, X_{(n)}$，则 $X_{(1)} \leqslant X_{(2)} \leqslant \cdots \leqslant X_{(n)}$ 为有序样本，函数

$$F_n(x) = \begin{cases} 0, & \text{当} x < X_{(1)} \\ \dfrac{k}{n}, & \text{当} X_{(k)} \leqslant x < X_{(k+1)}, \ (k = 1, 2, \cdots, n-1) \\ 1, & \text{当} x \geqslant X_{(n)} \end{cases}$$

称为**经验分布函数**.

容易验证，经验分布函数 $F_n(x)$ 的观测值满足分布函数的三条性质，即它是分布函数. 对于固定的 n，经验分布函数 $F_n(x)$ 是样本中事件" $X_i \leqslant x$ "发生的频率. 当 n 固定时，它是样本的函数，是一个随机变量，由伯努利大数定律可知，当 $n \to \infty$ 时，$F_n(x)$ 依概率收敛到 $F(x)$. 更进一步有，$F_n(x)$ 依概率 1 收敛到 $F(x)$. 我们还能得到更深刻的结论，这就是格里纹科（Glivenko）定理：

设 $X_1, \cdots, X_n$ 是取自总体 $F(x)$ 的样本，$F_n(x)$ 是其经验分布函数，有

$$P\left(\lim_{n \to \infty} \sup_{-\infty < x < +\infty} \left| F_n(x) - F(x) \right| = 0 \right) = 1.$$

格里纹科定理表明，当 n 相当大时，经验分布函数 $F_n(x)$ 是分布函数 $F(x)$ 的一个良好估计. 经典统计学中的一切统计推断都以样本为依据，其理论依据就在于此. 经验分布函数是一种在大样本条件下估计变量分布形态的重要工具. 经验分布函数图形与累积频率折线图在性质上是一致的，它们的主要区别在数据的分组上，经验分布函数处理得更为细腻.

经验分布函数图形 MATLAB 的绘图指令为 cdfplot，其输入的参数为样本数据向量，有两个可选输出参数：第一个是图形句柄；第二个是关于样本数据的几个重要统计量，包括样本最小值、最大值、均值、中值和标准差.

样本来自总体，含有总体各方面的信息，但这些信息较为分散，有时不能直接利用，为将这些分散的信息集中起来以反映总体的各种特征，我们就需要对样本进行加工，其中最常用的加工方法是构造样本的函数，不同的函数反映总体的不同特征. 设 $X_1, \cdots, X_n$ 为来自某总体的样本，若样本函数 $T = T(X_1, \cdots, X_n)$ 中不含有任何未知参数，则称 T 为**统计量**，统计量的分布称为**抽样分布**.

下面给出几个常用的统计量：

（1）表示位置的统计量：**平均值** $\overline{X} = \dfrac{1}{n} \sum_{i=1}^{n} X_i$；**众数**是一组数据中出现次数最多的数值；**中位数**是将数据由小到大排序后位于中间位置的那个数值.

（2）表示变异程度的统计量：**标准差** $S = \left[\dfrac{1}{n-1} \sum_{i=1}^{n} (X_i - \overline{X})^2 \right]^{\frac{1}{2}}$ 是各个数据与均值偏离程度的度量；**方差**是标准差的平方；**极差**是样本中最大值与最小值之差，即 $R = X_{\max} - X_{\min}$.

（3）表示分布形状的统计量：**偏度** $r = \frac{1}{s^3} \sum_{i=1}^{n} (X_i - \bar{X})^3$ ；**峰度** $k = \frac{1}{s^4} \sum_{i=1}^{n} (X_i - \bar{X})^4$.

偏度系数可以描述分布的形状特征：当 $r > 0$ 时，分布为正偏或右偏；当 $r = 0$ 时，分布关于均值对称；当 $r < 0$ 时，分布为负偏或左偏. 峰度是对分布密度为平峰或尖峰程度的度量. 可以证明，标准正态分布的峰值为 3，若 $k > 3$ 说明分布比正态分布更尖，为尖峰分布；若 $k < 3$ 说明分布比正态分布更平，为平峰分布.

（4）**k 阶原点矩**：$V_k = \frac{1}{n} \sum_{i=1}^{n} X_i^k$ ；**k 阶中心矩**：$U_k = \frac{1}{n} \sum_{i=1}^{n} (X_i - \bar{X})^k$.

通过各种渠道将统计数据收集上来之后，就要对数据进行加工整理，使之系统化、条理化，以符合分析的需要，同时用图表展示出来. 数据预处理是数据整理的先前步骤，内容包括：

（1）**数据审核**：对于通过直接调查取得的原始数据，应主要从完整性和准确性两方面去审核，对于审核中发现的错误应尽可能纠正.

（2）**数据筛选**：在调查结束后，如果对发现的错误不能纠正，或有些数据不符合调查要求而又无法弥补时，就要对数据进行筛选，将不符合要求的数据或明显错误的数据予以剔除，并将符合某种特定条件的数据筛选出来.

（3）**数据排序**：按一定规则对数据进行整理、排列，以便于研究者通过浏览数据发现一些明显特征或趋势，找到解决问题的线索. 另外还有助于数据错误检查，以及重新归类或分组，为数据的进一步处理做好准备.

数据经过预处理后，可进一步做分类或分组整理. 在对数据进行整理时，首先要弄清面对的是什么类型的数据，因为不同类型的数据采用的处理方法是不一样的.

（1）**分类数据的整理与显示**.

分类数据是离散数据，分类属性具有有限个不同值，值之间无序，比如地理位置、工作类别和商品类型. 分类数据本身就是对事物的一种分类，如人按性别分为男、女两类，因此在整理时除了列出所分的类别外，还要计算每一类别的频数、频率或比例、比率，同时选择适当的图形进行显示.

① **条形图**，是用宽度相同的条形的高度来表示数据变动的图形，可一横置或纵置，纵置时也称为柱形图，高度表示各类数据的频数或频率.

② **饼图**也称圆形图，是用圆形及圆内的扇形面积来表示数值大小的图形. 饼图主要用于表示总体中各组成部分所占的比例，对研究结构性问题十分有用.

③ **环形图**与饼形图类似，但又有区别. 环形图中间有一个空洞，总体中的每一部分数据用环中一段表示. 饼图只能显示一个总体各部分所占的比例，而环形图则可以显示多个总体各部分所占的相应比例，从而有利于比较.

（2）**顺序数据的整理与显示**.

顺序数据的整理和显示方法也可采用上述方法，还可以使用累积频数. **累积频数**就是将各类别的频数逐级累加起来. 通过累积频数，可以很容易地看出某一类别（或数值）以下及以上的频数之和. **累积频率**就是将个类别的百分比逐级累加起来.

累积频数分布或频率图根据累积频数或累积频率绘制.

（3）**数值型数据的整理和显示**.

上面介绍的分类与顺序数据的整理和图示方法，都适用于数值型数据的整理和显示，但数值型数据还有一些特定的整理和图示方法.

数值型数据均表现为数字, 因此在整理时通常进行数据分组. **数据分组**是根据统计研究的需要, 将原始数据按照某种标准化分成不同的组别, 再计算出各组中数据出现的频数, 这样就形成了一张**频数分布表**. 数据分组的主要目的是观察数据的分布特征. 采用组距分组时, 需要遵循不重不漏的原则, 分组步骤主要有:

① 确定组数. 组数的多少应适中, 如果组数太少, 数据分布就会过于集中, 组数太多, 数据分布就会过于分散, 这都不便于观察数据分布的特征和规律. 一般情况下, 一组数据所分的组数应不少于 5 组且不多于 15 组.

② 确定各组的组距. 每组区间长度可以相等, 也可以不等, 实用中常选用长度相同的区间以便进行比较, 此时各组区间长度称为组距. **组距**是一个组的上限与下限的差, 可根据全部数据的最大值和最小值及所分的组数来确定, 即

$$组距 = \frac{最大值 - 最小值}{组数}.$$

③ 根据分组整理成**频数分布表**.

对数值型数据还有下面一些特殊图示方法.

（1）**分组数据: 直方图和折线图**.

① **直方图又称柱状图**, 由一系列高度不等的纵向条纹或线段表示频数分布的情况, 一般用横轴表示数据类型, 纵轴表示频数或频率. 它在组距相等场合常用宽度相等的长条矩形表示, 矩形的高低表示频数的大小. 在图形上, 横坐标表示所关系变量的取值区间, 纵坐标表示频数, 这样就得到了**频数直方图**. 若把纵轴改成频率就得到**频率直方图**. 为使各个长条矩形的面积和为 1, 可将纵轴取为 $\frac{频率}{组距}$, 如此得到的直方图称为**单位频率直方图**, 或简称**频率直方图**.

② **折线图**, 就是把直方图顶部的中点用直线连接起来, 再将原来的直方图抹掉. 折线图可以显示随时间而变化的连续数据, 因此非常适用于显示在相等时间间隔下数据的趋势.

（2）**未分组数据: 茎叶图和箱线图**.

① **茎叶图**由 "茎" 和 "叶" 两部分构成, 其图形是由数字组成的. 绘制茎叶图的关键是设计好树茎, 通常是以该组数据的高位数值作为树茎, 后面部分作为叶. 树茎一经确定, 树叶就自然地长在相应的树茎上了.

② **箱线图**: 五数概括的图形表示为箱线图, 其做法如下: 画一个箱子, 其两侧为四分之一分位数和四分之三分位数, 在中位数位置上画一条竖线, 它在箱子内, 这个箱子包含了样本中 50% 的数据. 在箱子左右两侧各引出一条水平线分别到最小值和最大值为止, 每条线段包含了样本 25% 的数据.

③ **时间序列数据——线图**: 如果定距数据和定比数据是在不同时间上取得的, 即时间序列数据, 还可以绘制线图 (时序图).

Microsoft Excel 主要以电子表格的形式对数据进行计算、分析和管理, 帮助用户从基本数据中提出更有说服力的结论, 广泛地应用于管理、统计财经、金融等众多领域. Excel 还可帮助用户创建图表, 从不同角度直观的表现数据. 但要注意, 有时在安装 Office 时没有加载 "数据分析" 的功能, 必须加载后才能使用.

例 3.1.1 （利用 Excel 对考试成绩进行统计分析）为分析某班考试成绩，抽取某高中某班学生的考试成绩，数据如下：

表 3.1.1 某高中某班学生考试成绩

考生编号	姓名	语文	数学	化学	生物	英语	总分
1	刁宁	75	84	98	93	87	437
2	康红	84	85	95	80	87	431
3	胡明	82	86	88	83	81	420
4	杨明	82	85	86	82	83	418
5	董俊家	78	78	94	81	77	408
6	宋旭	78	77	95	89	88	427
7	范军	79	78	95	86	80	418
8	常毅	74	87	92	78	85	416
9	鲜啸	77	82	89	82	80	410
10	温红	77	87	89	75	85	413
11	邵欣	77	77	98	83	77	412
12	张兴	77	74	86	86	75	398
13	潘琪	76	88	83	72	83	402
14	黄正	79	92	81	89	72	413
15	曹辉	68	81	90	81	67	387
16	邓忠	76	86	91	81	80	414
17	刘轩	72	84	88	79	69	392
18	缑刚	74	84	89	77	78	402
19	张东	84	69	77	74	75	379
20	李丹	78	76	86	77	85	402
21	魏佳	74	61	89	78	87	389
22	何雪	75	75	87	78	75	390
23	郭静	71	75	88	72	74	380
24	陈耀	72	91	87	79	69	398
25	苟文	73	68	93	74	76	384
26	张君	75	74	82	85	74	390
27	苏琦	76	66	78	77	80	377
28	赵琳	84	73	83	76	78	394
29	陈昊	72	76	84	75	85	392
30	丁亮	75	65	87	77	70	374

（1）用 Excel 进行数据筛选的操作步骤：

第 1 步：选定单元格区域 A1：G31.

第 2 步：选择【数据】菜单，并选择【筛选】命令，如果要筛选出给定条件的数据，如语文成绩 77 分的同学，可使用【自动筛选】命令，这时会在第一行出现下拉箭头. 在下拉箭头方框内选出语文成绩为 77 分的同学，得到如下结果.

表 3.1.2　自动筛选结果

考生编号	姓　名	语文	数学	化学	生物	英语	总分
9	鲜　啸	77	82	89	82	80	410
10	温　红	77	87	89	75	85	413
11	邵　欣	77	77	98	83	77	412
12	张　兴	77	74	86	86	75	398

第 3 步：如果要筛选出某门课成绩最高的前 3 名学生，可选择【前 10 个】即得结果. 若要选出 5 门课程成绩都大于 80 分的学生，因设定的条件比较多，故可使用【高级筛选】命令. 首先建立条件区域，在数据清单 A1 处右击选择【插入】，至少插入 3 行作为条件区域，然后在【列表区域】中选中要筛选的数据清单A4：G34，在【条件区域】中选择匹配的条件A1：G2，点击【确定】，可得表 3.1.3.

表 3.1.3　高级筛选结果

考生编号	姓　名	语文	数学	化学	生物	英语	
		>80	>80	>80	>80	>80	
考生编号	姓　名	语文	数学	化学	生物	英语	总分
3	胡　明	82	86	88	83	81	420
4	杨　明	82	85	86	82	83	418

（2）用 Excel 对数据进行描述性分析的操作步骤：

第 1 步：选择【工具】下拉菜单，并选择【数据分析】选项中的【描述统计】.

第 2 步：在【描述统计】对话框中进行设置. 将"输入区域"设置为"D2：D31"，"分组方式"设置为默认的"逐列"，选中"标志位于第一行"和"汇总统计"两个复选框，将"输出区域"设置为"J1"，单击【确定】，得表 3.1.4.

表 3.1.4　数学成绩描述性统计结果

平均	标准误差	中位数	众数	标准差	方差
78.8	1.452228	78	84	7.954179	63.26897
峰度	偏度	区域	最小值	最大值	求和
−0.49251	−0.40105	31	61	92	2364

求出五门科目成绩的平均分，见表 3.1.5.

表 3.1.5　五门科目成绩的平均分

	语文	数学	化学	生物	英语
班平均分	76.46667	78.8	88.26667	79.96667	78.73333

（3）用 Excel 对数据创建频数分布表和直方图的操作步骤.

① **对样本分组.** 首先确定组数 k，根据实际情况，我们分为 5 组.

② **确定每组组限.** 采用不等区间长度，分组区间为 $(-0.5, 59.5), (59.5, 69.5), (69.5, 79.5), (79.5, 89.5), (89.5, 100.5)$. 为保证数据全落在分组区间且不落在分界点，取左端点小于最小观测值，右端点大于最大观测值，且精度提高一位.

③ 统计样本数据落入每个区间的个数——频数，并列出频数分布表.

④ 画出直方图、累积频率分布图.

在分析数据的旁边一列输入分组间隔点，$59.5, 69.5, 79.5, 89.5$，不妨输入\$K\$2：\$K\$5 单元格，选择【数据分析|直方图】命令，在直方图对话框中，依次选择输入区域为"原始数据区域"；接收区域为"数据接收序列"；如分别选入\$C\$2：\$C\$31 和\$K\$2：\$K\$5，即数据行及分组间隔点的起始点. 输出选项选中【累计百分率】和【图表输出】复选框，单击【确定】按钮. 输出如表 3.1.6，图 3.1.1，图 3.1.2 所示.

表 3.1.6　语文成绩频数与累积频率分布表

范围	接收	频率	累积%
不合格	59.5	0	0.00%
60~69	69.5	1	3.33%
70~79	79.5	24	83.33%
80~89	89.5	5	100.00%
90 以上	其他	0	100.00%

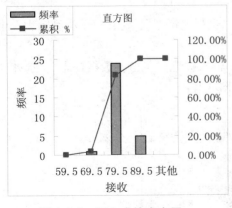

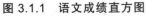

图 3.1.1　语文成绩直方图

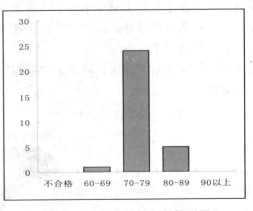

图 3.1.2　语文成绩频数柱形图

同理求出数学成绩频数表，与语文成绩频数表组数据集，见表 3.1.7.

表 3.1.7　语文与数学成绩频数表

范围	语文	数学
不合格	0	0
60～69	1	5
70～79	24	11
80～89	5	12
90 以上	0	2

（4）用 Excel 对数据创建柱形图、饼形图和折线图的操作步骤.

① 画柱形图.

第 1 步：选定意愿数据所在的单元格区域，若希望数据的行列标题也显示在图表中，则选定区域也应包括含有标题的单元格.

第 2 步：单击【插入】菜单中的【图表】选项，在图表向导步骤 1 对话框"图表类型"列表中选择"柱形图"，在"子图表类型"列表中选择"三维簇状柱形图"，然后单击"下一步"进入"源数据"对话框. 单击"完成"（见图 3.1.3）.

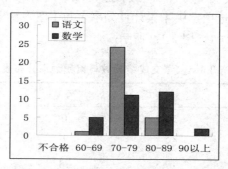

图 3.1.3　语文数学成绩频数柱形图

② 画饼形图.

第 1 步：选定数据单元格；

第 2 步：选择【插入】菜单中的【图表】项；

第 3 步：在图表向导对话框的"图表类型"中选择"饼图"，并在"子类型图表"中选择"三维饼图"，单击"下一步"；

第 4 步：如果想输入标题，可单击"标题"，输入标题，单击"数据标志"，选择"百分比及类别名称"，预览满意后，选择"完成"（见图 3.1.4）.

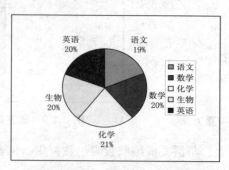

图 3.1.4　五门科目平均分的饼形图

从饼形图可以看出，各科成绩组成总成绩的比例相差不大，学生偏科现象不是很严重，学习状态良好.

Excel 功能众多，我们不可能一一讲解，关键在于读者自己摸索，多尝试一下不同的选项，细细品味各个选项的含义. 但 Excel 也存在缺陷，例如，如果想进一步做数据分析，比如画茎叶图和箱线图等，则需要采用高级统计软件 SPSS. SPSS 英文的全称为"统计产品与服务解决方案"（Statistical Product and Service Solutions），它是世界上最早采用图形菜单驱动界面的统计软件，最突出的特点就是操作界面极为友好，输出结果美观漂亮. 它将几乎所有的功能都以统一、规范的界面展现出来，使用 Windows 的窗口方式展示各种管理和分析数据方法的功能，对话框展示出各种功能选择项. SPSS 数据接口较为通用，能方便地从其他数据库中读入数据. 在国际学术交流中，凡是用 SPSS 软件完成的计算和统计分析，可以不必说明算法，由此可见其影响之大和信誉之高.

（1）**数据输入**：当数据是新数据时，可以直接由数据表输入，首先定义变量名称，SPSS 自动产生的变量名为 var00001, var00002, var00003. 切换到 Variable View 窗口，在 Name 字段输入变量名称，比如分数、编号. 在 Label 字段输入变量备注说明. 在 Values 字段输入数值备注，单击"Add"按钮和"OK"按钮. 在 Decimals 字段调整小数位数，在 Measure 字段可修改变量查看和尺度变量.

当数据是原有的数据（如 Excel 数据、数据库或 ASCII 数据），SPSS 可以直接读取这些数据. 现在介绍 Excel 数据的读取方法：选择【文件（File）|打开（Open）|数据（Data）】命令. 在打开的数据（Open file）对话框，输入文件名，选择文件类型为 Excel(*.xls)，然后单击打开按钮，在显示的对话框中单击"确定（OK）"按钮.

（2）**描述统计**：选择【分析（Analyze）|描述统计（Descriptive）|探索】命令. 将左侧列表中【数序】移入因变量分析表文本框，单击绘制按钮，选中茎叶图、直方图、带检验的正态图复选框，点击【继续|确定】. 部分输出结果如表 3.1.8，图 3.1.5 ~ 3.1.7 所示.

表 3.1.8 正态检验*

Tests of Normality						
	Kolmogorov-Smirnov[a]			Shapiro-Wilk		
	Statistic	df	Sig.	Statistic	df	Sig.
数学	.143	30	.118	.964	30	.391
a. Lilliefors Significance Correction						

```
Frequency     Stem &  Leaf
     1.00        6 .  1
     4.00        6 .  5689
     3.00        7 .  344
     8.00        7 .  55667788
     5.00        8 .  12444
     7.00        8 .  5566778
     2.00        9 .  12
 Stem width:        10
 Each leaf:     1 case(s)
```

图 3.1.5 数学成绩茎叶图

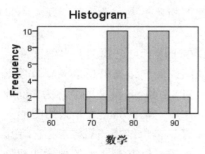

图 3.1.6　数学成绩直方图

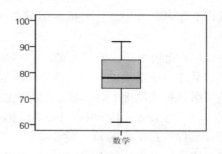

图 3.1.7　数学成绩箱线图

3.1.2　参数估计

一般场合，常用 θ 表示参数，参数 θ 的所有可能取值组成的集合称为**参数空间**，常用 Θ 表示．设 $X_1, X_2, \cdots, X_n$ 是来自总体 X 的一个样本，用一个统计量 $\hat{\theta} = \hat{\theta}(X_1, \cdots, X_n)$ 的取值作为 θ 的估计值，$\hat{\theta}$ 称为 θ 的点估计量，简称估计．

在不致混淆的情况下，统称估计量和估计值为估计，并都简记为 $\hat{\theta}$．由于估计量是样本的函数，因此对于不同的样本值，θ 的估计值一般不相同，因此估计量是一种估计方法，而估计值是此方法的一次实现，二者不可混淆．如何构造 $\hat{\theta}$ 并没有明确的规定，只要它满足一定的合理性即可．

矩估计是由英国统计学家皮尔逊（K. Pearson）在 1894 年提出的，其理论依据是**替换原理**：用样本矩去替换总体矩（矩可以是原点矩也可以是中心矩），用样本矩的函数去替换总体矩的函数．

设总体 X 为连续型随机变量，其概率密度函数为 $f(x; \theta_1, \cdots, \theta_k)$，或 X 为离散型随机变量，其联合分布列为 $P(X = x) = p(x; \theta_1, \cdots, \theta_k)$，其中 $(\theta_1, \cdots, \theta_k) \in \Theta$ 是未知参数，$X_1, X_2, \cdots, X_n$ 是总体 X 的样本．若 k 阶原点矩 $\mu_k = EX^k$ 存在，则 $\forall j < k$，EX^j 存在．一般来说，它们是未知参数 $\theta_1, \cdots, \theta_k$ 的函数．

设 $\mu_j = EX^j = v_j(\theta_1, \cdots, \theta_k), j = 1, 2, \cdots, k$，如果 $\theta_1, \cdots, \theta_k$ 也能够表示成 $\mu_1, \cdots, \mu_k$ 的函数 $\theta_j = \theta_j(\mu_1, \cdots, \mu_k), j = 1, 2, \cdots, k$，则可给出 θ_j 的矩估计量：

$$\hat{\theta}_j = \hat{\theta}_j(A_1, \cdots, A_k), j = 1, 2, \cdots, k,$$

其中 $A_j = \dfrac{1}{n} \sum_{i=1}^{n} X_i^j \ (j = 1, 2, \cdots, k)$．

进一步，我们要估计 $\theta_1, \cdots, \theta_k$ 的函数 $\eta = g(\theta_1, \cdots, \theta_k)$，可直接得到 η 的矩估计：$\hat{\eta} = g(\hat{\theta}_1, \cdots, \hat{\theta}_k)$．当 $k = 1$ 时，我们通常用样本均值出发对未知参数进行估计；如果 $k = 2$，我们可以由一阶、二阶原点矩（或中心矩）出发估计未知参数．

矩估计法简单直观，特别在对总体的数学期望及方差等数字特征做估计时，不一定知道总体的分布函数，只需知道它们存在便可运用矩估计．总之，矩估计简单易行，又具有良好性质，故此方法经久不衰．其实最简单、最直接的方法往往也是最有效的方法．

最大（极大）似然估计法由高斯在 1821 年提出，但一般将之归功于费希尔（R. A. Fisher），因为费希尔在 1922 年再次提出这一想法并证明了它的一些性质，从而使最大似然法得到了广泛应用. 其基本思想是：**样本来自使样本出现可能性最大的那个总体**.

  例 3.1.2 某种类型的保险单,它的每份保单在有效年度发生索赔次数如表 3.1.9 所示. 假设索赔次数服从泊松分布 $P(\lambda)$, 试求索赔频率的最大似然估计.

表 3.1.9 每份保单索赔次数分布

索赔次数	0	1	2	3	>4
保单数目	6895	534	205	75	0

  解 样本出现的概率为

$$L(\lambda) = P(X_1 = x_1, \cdots, X_n = x_n; \lambda) = \prod_{i=1}^{n} p(x_i; \lambda) = \mathrm{e}^{-n\lambda} \lambda^{n\bar{x}} \prod_{i=1}^{n} \frac{1}{x_i!}.$$

取对数并令偏导数等于 0 可得

$$\frac{\partial \ln L(\lambda)}{\partial \lambda} = -n + \frac{n\bar{x}}{\lambda} = 0 ,$$

即 $\hat{\lambda} = \bar{x} = 0.1516$.

  如果重复观测样本数据为：

$$2\ 0\ 1\ 2\ 4\ 2\ 1\ 2\ 0\ 2\ 1\ 5\ 1\ 1\ 3\ 1\ 1\ 1\ 5\ 5$$

则运行如下程序：

   x = [2 0 1 2 4 2 1 2 0 2 1 5 1 1 3 1 1 1 5 5];

   a = poissfit(x)

   a = 2，表明泊松分布的极大似然估计为 2.

   mean(x) = 2，表明样本数据均值为 2，即矩估计为 2.

  可见，对于离散总体，设有样本观测值 $x_1, \cdots, x_n$ ，则样本观测值出现的概率一般依赖于某个或某些参数，用 θ 表示. 将该概率看作 θ 函数，用 $L(\theta)$ 表示，即

$$L(\theta) = P(X_1 = x_1, \cdots, X_n = x_n; \theta).$$

  最大似然估计就是找 θ 的估计值使得 $L(\theta)$ 最大.

  定义 3.1.1 设总体 X 的概率函数 $f(x; \theta), \theta \in \Theta$ 是一个未知参数或几个未知参数组成的参数向量，$X_1, \cdots, X_n$ 为来自总体 X 的样本，将样本的联合概率函数看成 θ 的函数，用 $L(\theta; x_1, \cdots, x_n)$ 表示，简记为 $L(\theta)$ ，称为样本的似然函数，即

$$L(\theta) = L(\theta; x_1, \cdots, x_n) = \prod_{i=1}^{n} f(x_i, \theta).$$

如果某统计量 $\hat{\theta} = \hat{\theta}(X_1, \cdots, X_n)$ 满足 $L(\hat{\theta}) = \max_{\theta \in \Theta} L(\theta)$ ，则称 $\hat{\theta} = \hat{\theta}(X_1, \cdots, X_n)$ 是 θ 的**最大似然估计**，简记为 MLE.

  由于 $\ln x$ 是 x 的单调增函数，因此对数似然函数 $\ln L(\theta)$ 达到最大与似然函数 $L(\theta)$ 达到最大是等价的. 当 $L(\theta)$ 是可微函数时，$L(\theta)$ 的极大值点一定是驻点，从而求最大似然估计往往

借助于求下列似然方程（组）$\frac{\partial \ln L(\theta)}{\partial \theta} = 0$ 的解得到，然后利用最大值点的条件进行验证.

最大似然估计的本质是样本来自使样本出现可能性最大的那个总体，而似然函数可以衡量样本出现概率 $P(X_1 = x_1, \cdots, X_n = x_n)$ 的大小，即

$$\prod_{i=1}^{n} f(x_i, \theta) \mathrm{d}x_i = P(X_1 = x_1, \cdots, X_n = x_n; \theta).$$

因此需找出未知参数的估计值，使得似然函数达到最大，即样本出现的概率最大.

设 θ 是总体的一个参数，其参数空间为 Θ，给定一个 $\alpha(0 < \alpha < 1)$，若有两个统计量 $\hat{\theta}_L, \hat{\theta}_U$，对任意的 $\theta \in \Theta$，有

$$P(\hat{\theta}_L \leqslant \theta \leqslant \hat{\theta}_U) \geqslant 1 - \alpha,$$

则称随机区间 $[\hat{\theta}_L, \hat{\theta}_U]$ 为 θ 的置信水平为 $1-\alpha$ 的**置信区间**，$\hat{\theta}_L, \hat{\theta}_U$ 分别称为**置信下限**和**置信上限**.

若 $P(\hat{\theta}_L \leqslant \theta \leqslant \hat{\theta}_U) = 1 - \alpha$，则称 $[\hat{\theta}_L, \hat{\theta}_U]$ 为 θ 的置信水平为 $1-\alpha$ 的同等置信区间.

为便于计算，在实际中我们常用同等置信区间. 置信水平 $1-\alpha$ 的频率解释为：在大量重复使用 θ 的置信区间 $[\hat{\theta}_L, \hat{\theta}_U]$ 时，由于每次得到的样本观测值不同，从而每次得到的区间估计也不一样，对每次观察，θ 要么落进 $[\hat{\theta}_L, \hat{\theta}_U]$，要么没落进 $[\hat{\theta}_L, \hat{\theta}_U]$. 就平均而言，进行 n 次观测，大约有 $n(1-\alpha)$ 次观测值落在区间 $[\hat{\theta}_L, \hat{\theta}_U]$.

3.1.3　假设检验

假设检验问题是统计推断的另一类重要问题. 如何利用样本对一个具体的假设进行检验？其基本原理就是人们在实际问题中经常采用的实际推断原理："一个小概率事件在一次试验中几乎是不可能发生的，如果发生了，矛盾，否定原假设".

在假设检验中，常把一个被检验的假设称为**原假设**，用 H_0 表示，通常将不应轻易加以否定的假设作为原假设. 当 H_0 被否定时而接受的假设称为**备择假设**，用 H_1 表示. 由样本对原假设进行判断总是通过一个统计量完成的，该统计量称为**检验统计量**. 当检验统计量取某个区域 W 中的值时，我们拒绝原假设 H_0，则称区域 W 为**拒绝域**，拒绝域的边界点称为**临界点**.

假设检验的依据是小概率事件在一次试验中很难发生，但很难发生不等于不发生，因而假设检验所作出的结论有可能是错误的，错误有两类：

（1）当原假设 H_0 为真，观测值却落入拒绝域，而作出了拒绝 H_0 的判断，称做**第一类错误**，又叫**弃真错误**，犯第一类错误的概率记为 α.

（2）当原假设 H_0 不真，而观测值却落入接收域，而作出了接收 H_0 的判断，称做**第二类错误**，又叫**存伪错误**，犯第二类错误的概率记为 β.

当样本容量 n 一定时，若减少犯第一类错误的概率，则犯第二类错误的概率往往增大. 若要使犯两类错误的概率都减小，除非增加样本容量. 只对犯第一类错误的概率加以控制，而不考虑犯第二类错误的概率的检验，称为**显著性检验**.

假设检验的一般步骤为：

（1）由实际问题提出原假设 H_0（与备择假设 H_1），通常将不应轻易加以否定的假设作为

原假设，为了简单起见，可省略 H_1.

（2）构造检验统计量，与构造枢轴量的方法一致.

（3）根据问题要求确定显著性水平 α，进而得到拒绝域，即构造小概率事件.

（4）由样本观测值计算统计量的观测值，看是否属于拒绝域，即判断小概率事件在一次试验中是否发生，从而对 H_0 作出判断：若小概率事件发生，则否定 H_0，反之则否.

定义 3.1.2　在一个假设检验问题中，利用观测值能够做出拒绝原假设的最小显著水平称为检验的 p 值（probability value）.

引进检验的 p 值概念好处有：

（1）结论客观，避免了事先确定显著水平.

（2）由检验的 p 值与人们心目中的显著水平 α 进行比较，可以很容易地检验结论：如果 $p \leqslant \alpha$，则在显著水平 α 下拒绝 H_0；如果 $p > \alpha$，则在显著水平 α 下应保留 H_0.

p 值法比临界值法给出了有关拒绝域的更多信息. 基于 p 值，研究者可以使用任意希望的显著性水平做计算. 现在的统计软件中对假设检验问题一般都会给出检验的 p 值，我们只需将 p 与 α 比较大小即可确定是否拒绝 H_0. p 值表示反对原假设 H_0 的依据的强度，p 值越小，反对 H_0 的依据越强，越充分.

例 3.1.3　甲、乙两卷烟厂分别生产两种香烟，现对两种烟的尼古丁含量作 6 次测量，结果为：

甲厂：25 28 23 26 29 22

乙厂：28 23 30 35 21 27

若香烟中尼古丁的含量服从正态分布且方差相等，问这两种香烟中尼古丁含量有无显著差异？（$\alpha = 0.05$）

（1）利用 Excel 软件进行统计分析.

① 选择"数据分析"→"t-检验：双样本等方差假设". 在打开的对话框中，"假设平均差"输入：0，"变量 1 的区域"输入：A2：A7，"变量 2 的区域"输入：B2：B7，如图 3.1.8.

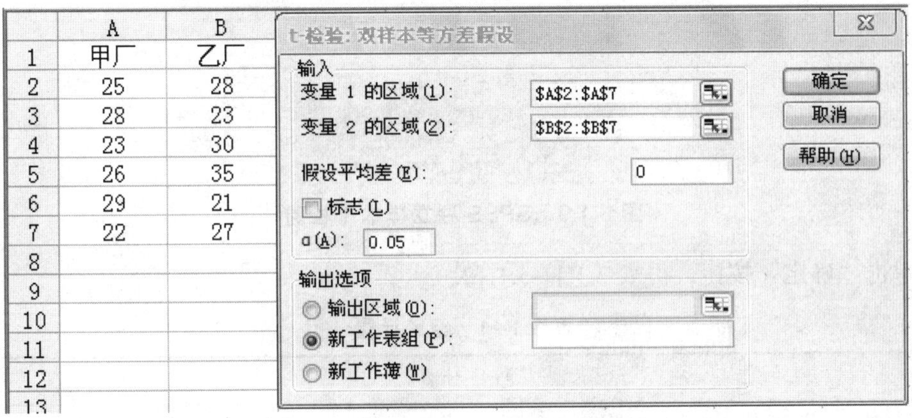

图 3.1.8　Excel 双样本等方差 t 检验

② 单击"确定"按钮，得表 3.1.10.

表 3.1.10　双样本等方差 t-检验结果

t-检验: 双样本等方差假设		
	变量 1	变量 2
平均	25.5	27.33333333
方差	7.5	25.06666667
观测值	6	6
合并方差	16.28333333	
假设平均差	0	
df	10	
t Stat	-0.786919678	
$P(T<=t)$ 单尾	0.224788104	
t 单尾临界	1.812461102	
$P(T<=t)$ 双尾	0.449576207	
t 双尾临界	2.228138842	

结果分析:

这是双边检验，因此需对 t Stat 与 t 双尾临界的大小进行比较，由于 0.786919678 小于 2.228138842，故以 0.05 的显著性水平接受原假设.

由于双边检验的 p 值 = 0.449576207 > 0.05，故接受原假设，即认为两种香烟中尼古丁含量无显著差异.

（2）利用 SPSS 软件进行统计分析.

① 选择"分析（Analyze）"→"比较均值（Compare Means）"→"独立样本 T 检验"命令. 将右边列表框内的"含量"选项移入右边"检验变量（Test Variables）"列表框，"组别"移入右边"分组变量"列表框. 如图 3.1.9.

图 3.1.9　SPSS 独立样本 T 检验

② 单击"确定"按钮，得表 3.1.11-3.1.12.

表 3.1.11　组统计量

组统计量					
	组别	N	均值	标准差	均值的标准误
含量	0	6	25.50	2.739	1.118
	1	6	27.33	5.007	2.044

表 3.1.12 独立样本 T 检验

		独立样本检验							
		方差齐性的 Levene 检验		均值差值的 t 检验					
								差分的 95% 置信区间	
		F	Sig.	t	df	Sig.(双侧)	均值差值	标准误差值	下限	上限
含量	假设方差相等	1.250	.290	−.787	10	.450	−1.833	2.330	−7.024	3.358
	假设方差不相等			−.787	7.746	.455	−1.833	2.330	−7.237	3.570

由表 3.1.12 可知，方差齐性的 Levene 检验（非参数检验）Sig.= 0.290 > 0.05，故接受原假设，认为两组样本方差相等. 由于"假设方差相等"的双侧检验 Sig.= 0.450 > 0.05，故接受原假设，认为两种香烟中尼古丁含量无显著差异.

3.2 插值与拟合

在大量的应用领域中，经常面临给定一批数据点，我们需确定满足特定要求的曲线或曲面（解析函数）：

（1）若要求所求曲线（面）通过所给的所有数据点，就是**插值问题**.

（2）若不要求曲线（面）通过所有数据点，而是要求它反映对象整体的变化趋势，最佳拟合数据，这就是**数据拟合**，又称为**曲线拟合**或**曲面拟合**.

在数据较少的情况下，插值能取得较好的效果，但如果数据较多，插值函数是一个次数很高的函数，比较复杂. 同时给定的数据一般由观测所得，带有一定的随机误差，因而要求曲线通过所有数据点既不现实也不必要，故在某些场合下数据拟合更优. 函数插值与曲线拟合都是要根据一组数据构造一个函数作为近似，由于近似的要求不同，二者在数学方法上是完全不同的. 本节主要介绍插值和拟合的数学原理及软件实现.

3.2.1 插 值

1）插值基本理论

插值定义为对数据点之间函数的估值方法，这些数据点由某些集合给定. 当人们不能很快地求出所需中间点的函数值时，插值就是一个有价值的工具. 例如，当数据点是某些实验测量的结果或过长的计算过程时，就有这种情况.

一般地，若已知 $y = f(x)$ 在互异的 $n+1$ 个点 $x_0, x_1, \cdots, x_n$ 处的函数值 $y_0, y_1, \cdots, y_n$，可以构造一个过 $(x_k, y_k), k = 0, 1, \cdots, n$ 这 $n+1$ 个点的次数不超过 n 的多项式 $y = L_n(x)$，使其满足

$$L_n(x_k) = y_k, k = 0, 1, \cdots, n \tag{3.2.1}$$

然后用 $L_n(\xi)$ 作为准确值 $f(\xi)$ 的近似值. 此方法就叫作**插值法**，这样构造出来的多项式 $y = L_n(x)$ 称为 $f(x)$ 的 **n 次拉格朗日插值多项式**或**插值函数**. 称点 $x_k, k = 0, 1, \cdots, n$ 为**插值结点**；

称式（3.2.1）为**插值条件**；含 $x_k, k = 0, 1, \cdots, n$ 的最小区间 $[a, b]$（$a = \min\limits_{0 \le i \le n} \{x_i\}, b = \max\limits_{0 \le i \le n} \{x_i\}$）叫作**插值区间**.

定理 3.2.1   满足插值条件（3.2.1）的次数不超过 n 的多项式是存在且唯一的.

（1）**线性插值**.

或许最简单插值的例子就是 MATLAB 作图，按缺省，MATLAB 用直线连接所用的数据点以作图. 当 $n = 1$ 时，称 $L_1(x)$ 为**线性插值函数**或**一次插值多项式**. **线性插值是猜测中间值落在数据点之间的直线上**. 当然，当数据点个数增加和它们之间距离减小时，线性插值就更精确.

（2）**抛物线插值**.

当 $n = 2$ 时，称 $L_2(x)$ 为**抛物线插值函数**或**二次插值多项式**.

（3）**一般情形**.

在数学上，光滑程度的定量描述是：函数（曲线）的 k 阶导数存在且连续，则称该曲线具有 k **阶光滑性**. 光滑性的阶次越高，则越光滑. 若不采用直线连接数据点，我们可采用某些更光滑的曲线来拟合数据点. 一般的 n 次插值问题是构造满足条件（3.2.1）的次数不超过 n 的多项式 $L_n(x)$.

记 $r_n(x) = f(x) - L_n(x)$，称为 n 次插值多项式的**截断误差**，或称为**插值余项**.

多项式历来都被认为是最好的逼近工具之一. 用多项式做插值函数，在一般情况下，似乎可以靠增加插值节点的数目来改善插值的精度，但插值多项式的次数会随着节点个数的增加而升高，可能会造成插值函数的收敛性和稳定性变差，逼近效果往往不理想，甚至会发生龙格（Runge）振荡现象. 若插值的范围较小，用低次插值往往就能奏效. 这种增加节点，用分段低次多项式插值的化整为零的处理方法称为**分段插值法**. 也就是说，不是去寻求整个插值区间上的一个高次多项式，而是把插值区间划分成若干个小区间，在每个小区间上用低次多项式进行插值，在整个插值区间上就得到一个分段插值函数，区间的划分是可以任意的. 分段插值法通常有较好的收敛性和稳定性，算法稳定，克服了龙格现象，但插值函数不如拉格朗日插值多项式光滑.

分段插值函数在节点的一阶导数一般不存在，光滑性不高，这就导致了样条插值的提出. 已知一些数据点 $(x_k, y_k), k = 0, 1, \cdots, n$，如何通过这些数据点做一条比较光滑（如二阶导数连续）的曲线呢？绘图员解决这一问题往往是先把数据点描绘在平面上，在把一条富有弹性的细直线弯曲，使其一边通过数据点，用压铁固定细直线的形状，沿样条边沿绘出一条光滑的曲线. 往往需求几根样条，分段完成上述工作，这时应当让连接点也保持光滑. 对绘图员用样条画出的曲线，进行数学模拟，就导出了样条函数的概念. 即用 3 次多项式来对相继数据点之间的各段建模，每个 3 次多项式的头两个导数与该数据点相一致. 这种类型的插值被称为 3 **次样条**或简称为**样条**.

二维插值是基于与一维插值同样的基本思想. 然而，正如名字所隐含的，二维插值是对两变量的函数 $z = f(x, y)$ 进行插值，分为网格节点插值和散乱数据插值. 网格节点插值适用数据点比较规范，即在所给数据点范围内，数据点要落在一些平行的直线组成的矩形网格的每个顶点上. 散乱数据插值适用于一般数据点，多用于不太规范的情形.

2）用 MATLAB 作插值计算

一维插值函数：

    yi = interp1(x, y, xi, 'method'),

其中 x, y 为插值节点，xi 为被插值节点，method 为插值方法. nearest：最邻近点插值；linear：线性插值；spline：三次样条插值；cubic：立方插值；缺省时，默认分段线性插值. 所有的插值方法都要求 x 是单调的，并且 xi 不能够超过 x 的范围.

二维插值函数：针对网格节点插值函数

$$z = interp2(x0, y0, z0, x, y, 'method'),$$

其中 x0, y0, z0 为插值节点，x0, y0 是自变量，分别表示数据网格点的横坐标和纵坐标，取值要求单调递增，z0 为矩阵，标明相应于所给数据网格点的函数值. x, y 为被插值节点，method 为插值方法；x, y 应是方向不同的向量，即 x 取行向量，y 取为列向量，x, y 的值分别不能超出 x0, y0 的范围. 函数返回网格 (x, y) 处的函数值 z. method 为插值方法, 同一维插值函数 interp1().

针对散乱节点插值函数

$$z = griddata(x0, y0, z0, x, y, 'method'),$$

参数同上.

表 3.2.1 总结了在 MATLAB 中所具有的曲线拟合和插值函数的部分命令.

表 3.2.1   曲线拟合和插值函数

polyfit(x, y, n)	对描述 n 阶多项式 $y = f(x)$ 的数据进行最小二乘曲线拟合
interp1(x, y, x0)	1 维线性插值
interp1(x, y, xo, 'spline')	1 维 3 次样条插值
interp1(x, y, xo, 'cubic')	1 维 3 次插值
interp2(x, y, Z, xi, yi)	2 维线性插值
interp2(x, y, Z, xi, yi, 'cubic')	2 维 3 次插值
interp2(x, y, Z, xi, yi, 'nearest')	2 维最近邻插值
griddata(x0, y0, z0, x, y, 'method')	2 维散乱节点插值函数

例 3.2.1   从 1 点至 12 点的 11 小时内, 每隔 1 小时测量一次温度, 测得的温度的数值依次为：

$$5 \quad 8 \quad 9 \quad 15 \quad 25 \quad 29 \quad 31 \quad 30 \quad 22 \quad 25 \quad 27 \quad 24$$

试估计在 3.2 h, 6.5 h, 7.1 h 时及每隔 $\frac{1}{10}$ 小时的温度值.

MATLAB 程序如下：

```
hours = 1:12;
temps = [5 8 9 15 25 29 31 30 22 25 27 24];
t1 = interp1(hours, temps, [3.2 6.5 7.1])    %线性插值
t2 = interp1(hours, temps, [3.2 6.5 7.1], 'spline')    %3 次样条插值
h = 1:0.1:12;
t = interp1(hours, temps, h, 'spline');       %三次样条插值
plot(hours, temps, '+', h, t, hours, temps, 'r: ');       %作图
xlabel('Hour');
ylabel('Degrees Celsius');       %添加坐标轴标签
```

计算结果：

t1 = 10.2000   30.0000   30.9000

t2 = 9.6734   30.0427   31.1755

比较发现，样条插值和线性插值的结果不同，因为插值是一个估计和猜测的过程，应用的不同估计规则将导致不同的结果.

当估计的数据点太多，最好用图形表示，如图 3.2.1 所示.

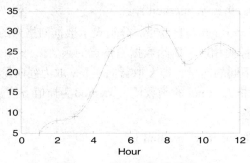

图 3.2.1   样条插值效果图

例 3.2.2   测得平板表面 3×5 网格点处的温度分别为：

　　82　81　80　82　84；79　63　61　65　81；84　84　82　85　86.

试作出平板表面的温度分布曲面 $z = f(x, y)$ 的图形.

（1）先在三维坐标画出原始数据，画出粗糙的温度分布曲线图，如图 3.2.2 所示.

x = 1:5；

y = 1:3；

temps = [82 81 80 82 84；79 63 61 65 81；84 84 82 85 86]；

subplot(1, 2, 1),

mesh(x, y, temps)；

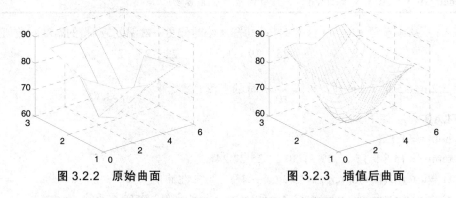

图 3.2.2   原始曲面　　　　　　　　图 3.2.3   插值后曲面

（2）以平滑数据在 x, y 方向上每隔 0.2 个单位的地方进行插值，如图 3.2.3 所示.

xi = 1:0.2:5；

yi = 1:0.2:3；

zi = interp2(x, y, temps, xi', yi, 'cubic')；

%画出插值后的温度分布曲面图.

subplot(1, 2, 2),

mesh(xi, yi, zi)；

3.2.2 拟 合

曲线拟合涉及两个基本问题：**最佳拟合**意味着什么？应该用什么样的曲线？我们可用许多不同方法定义**最佳拟合**，并存在无穷数目的曲线．当**最佳拟合**被解释为在数据点的误差平方和最小，且所用的曲线限定为多项式时，曲线拟合是相当简捷的，在数学上称为多项式的最小二乘曲线拟合．使误差平方和尽可能小的曲线就是**最佳拟合**．

曲线拟合问题是指：已知一组二维数据，即平面上 n 个点 (x_i, y_i), $i = 1, 2, \cdots, n$，寻求一个函数（曲线）$y = f(x)$，使 $f(x)$ 在某种准则下与所有数据点最为接近，即曲线拟合得最好．

曲线拟合问题最常用的解法是线性最小二乘法．其基本思路是，令

$$f(x) = a_1 r_1(x) + \cdots + a_m r_m(x),$$

其中 $r_k(x)$ 是事先选定的一组函数，a_k 为待定系数，$k = 1, 2, \cdots, m, m < n$．寻求 $a_1, \cdots, a_m$ 使误差平方和最小，即 $\min\limits_{f(x)} \left\{ J(a_1, \cdots, a_m) = \left[\sum\limits_{i=1}^{n} (y_i - f(x_i))^2 \right] \right\}$．

为求 $a_1, \cdots, a_m$ 使 J 达到最小，只需利用极值条件 $\dfrac{\partial J}{\partial a_k} = 0, k = 1, \cdots, m$，得超定方程

$$R^{\mathrm{T}} R A = R^{\mathrm{T}} y,$$

其中
$$R = \begin{pmatrix} r_1(x_1) & r_2(x_1) & \cdots & r_m(x_1) \\ r_1(x_2) & r_2(x_2) & \cdots & r_m(x_2) \\ \vdots & \vdots & & \vdots \\ r_1(x_n) & r_2(x_n) & \cdots & r_m(x_n) \end{pmatrix}, \quad A = \begin{pmatrix} a_1 \\ \vdots \\ a_m \end{pmatrix}, \quad y = \begin{pmatrix} y_1 \\ \vdots \\ y_m \end{pmatrix}.$$

当 $\{r_1(x), \cdots, r_m(x)\}$ 线性无关，即 $R^{\mathrm{T}} R$ 可逆时，可得唯一解，在 MATLAB 中，此解为 $A = R / y$．

对一组数据用线性最小二乘法做曲线拟合时，关键是恰当选取 $r_1(x), \cdots, r_m(x)$，如通过机理分析，知道 y 和 x 之间应该有什么样的函数关系，则很容易确定．若无法知道 y 和 x 之间关系，通常可以将数据做图，直观判断应该用什么样的曲线去做拟合，常用直线、多项式、双曲线、指数曲线等．实际操作中，可以在直观判断的基础上，选几种曲线分别拟合，然后比较，看哪条曲线的最小二乘指标 J 最小．特别地，若令 $f(x) = a_1 x^m + a_2 x^{m-1} + \cdots + a_m x + a_{m+1}$，则线性最小二乘拟合称为**多项式拟合**．

（1）用 MATLAB 作线性最小二乘拟合．

作多项式 $f(x) = a_1 x^m + \cdots + a_m x + a_{m+1}$ 拟合，可利用已有程序：

    a = polyfit(x, y, m),

其中 a 是拟合多项式的系数 $[a_1, \cdots, a_m, a_{m+1}]$；$x, y$ 是同长度的数组；m 为拟合多项式的次数．如果我们选择 $m = 1$ 作为阶次，得到最简单的线性近似，通常称为**线性回归**．相反，如果我们选择 $m = 2$ 作为阶次，得到一个 2 阶多项式．

多项式在 x 处的值 y 可用以下命令计算：

    y = polyval(a, x).

（2）用 MATLAB 作非线性最小二乘拟合．

在最小二乘拟合中，若要寻求的函数 $f(x)$ 是任意的非线性函数，则称为**非线性最小二乘**

拟合. 在 MATLAB 中，也可以用用户自定义的函数进行拟合，MATLAB 提供了两个求非线性最小二乘拟合的函数：

　　　　lsqcurvefit 和 lsqnonlin.

两个命令都要先建立 M 文件 fun.m，在其中定义函数 $f(x)$，但两者定义 $f(x)$ 的方式是不同的.

　　　例 3.2.3　对下面一组数据作二次多项式拟合：

x	0.1	0.2	0.3	0.4	0.5	0.6	0.7	0.8	0.9	1.0	1.1
y	−0.447	1.978	3.28	6.16	7.08	7.34	7.66	9.56	9.48	9.30	11.2

　　　输入以下命令：

　　　x = 0:0.1:1;

　　　y = [−0.447 1.978 3.28 6.16 7.08 7.34 7.66 9.56 9.48 9.30 11.2];

　　　A = polyfit(x, y, 2),

　　　z = polyval(A, x);

　　　plot(x, y, 'k+', x, z, 'r')　　　%作出数据点和拟合曲线的图形

　　　xlabel(' x '),

　　　ylabel(' y = f(x) '),

　　　title(' Second Order Curve Fitting ');

　　　计算结果：

　　　A = −9.8108　20.1293　−0.0317,

即 $y = -9.8108x^2 + 20.1293x - 0.0317$.

　　　其拟合效果图如图 3.2.4 所示.

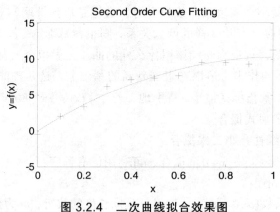

图 3.2.4　二次曲线拟合效果图

　　　实线和标志的数据点之间的垂直距离是在该点的误差. 对各数据点距离求平方，并把平方距离全加起来，就是误差平方和. 这条实线是使误差平方和尽可能小的曲线，就是最佳拟合. 切记，随着拟合阶数的增加，拟合曲线会出现波浪状，即多项式次数不是越大越好. 高阶多项式有很差的数值特性，人们不应该选择比所需的阶次高的多项式. 此外，随着多项式阶次的提高，近似变得不够光滑，因为较高阶次多项式在变零前，可多次求导.

例 3.2.4 用下面一组数组拟合 $c(t) = a + b\exp(0.02kt)$ 中的参数 a, b, k.

t	100	200	300	400	500	600	700	800	900	1000
$1000c$	4.54	4.99	5.35	5.65	5.90	6.10	6.26	6.39	6.50	6.59

该问题的最优解就是：$\min F(a, b, k) = \sum\limits_{j=1}^{10} \left[a + b\mathrm{e}^{-0.02kt_j} - c_j \right]^2$.

用命令 lsqcurvefit，此时

（1）编写 M 文件 sxjm324.m

　　　function f = sxjm324(x, t)

　　　f = x(1)+x(2)*exp(-0.02*x(3)*t); %其中 x(1) = a；x(2) = b；x(3) = k；

（2）输入命令.

　　　t = 100:100:1000；

　　　x0 = [0.2, 0.05, 0.05]；

　　　c = 1e-03*[4.54, 4.99, 5.35, 5.65, 5.90, 6.10, 6.26, 6.39, 6.50, 6.59]；

　　　x = lsqcurvefit('sxjm324', x0, t, c),

　　　f = sxjm324(x, t)

注意：向量 t, c 都是行向量. 当 t 为多维向量时，向量相乘，维数一定要匹配.

运行结果：

　　　x = 0.0063　　−0.0034　0.2542，

即 $a = 0.0063$，$b = -0.0034$，$k = 0.2542$.

用命令 lsqnonlin，此时

$$f(x) = f(x, \text{tdata}, \text{cdata}) = (a + b\mathrm{e}^{-0.02kt_1} - c_1, \cdots, a + b\mathrm{e}^{-0.02kt_{10}} - c_{10})^{\mathrm{T}}, \quad x = (a, b, k).$$

（1）编写 M 文件 curvefun2.m

　　　function f = curvefun2(x)

　　　tdata = 100:100:1000；

　　　cdata = 1e−03*[4.54, 4.99, 5.35, 5.65, 5.90, 6.10, 6.26, 6.39, 6.50, 6.59]；

　　　f = x(1)+x(2)*exp(-0.02*x(3)*tdata) − cdata；

（2）输入命令：

　　　x0 = [0.2, 0.05, 0.05]；

　　　x = lsqnonlin('curvefun2', x0),

　　　f = curvefun2(x)

运行结果：

　　　x = 0.0063　　−0.0034　0.2542

　　　f = 1.0e −003*

　　　−0.2322　0.1243　0.2495　0.2413　0.1668　0.0724　−0.0241　−0.1159　−0.2030　−0.2792

注意：如果拟合结果不理想，可改变初值多运行几次，而初值的选择在很大程度上依经验，尝试而定.

3.3　灰色预测及 MATLAB 实现

灰色模型（Gray model）有严格的理论基础，其最大优点就是实用. 灰色系统内的一部分信息是已知的，另一部分信息是未知的，系统内各因素具有不确定的关系. 灰色预测法是一种对灰色系统进行预测的方法，预测结果比较稳定，它不仅适用于大量数据，在数据较少时（数据只要多于 3 个即可）预测结果依然较准确.

3.3.1　GM(1, 1)模型

灰色系统理论认为：**系统的行为现象尽管是朦胧的，数据是复杂的，但它毕竟是有序的，是有整体功能的**. 灰色系统是介于白色系统和黑色系统之间的一种系统. **灰色预测法**是对在一定范围内变化的、与时间有关的灰色过程进行预测. 尽管灰色预测过程中所显示的现象是随机的，但毕竟是有序的，因此这一数据集合具有潜在的规律. 灰色预测通过鉴别系统因素之间发展趋势的相异程度，即进行相关分析，并对原始数据进行生成处理来寻找系统变动的规律，生成有较强规律性的数据序列，然后建立相应的微分方程模型，从而预测事物未来的发展趋势. 灰色预测数据是通过生成数据的模型所得到的预测值的逆处理. 灰色系统常用的数据处理方式有累加和累减两种，通常用累加方法. 对于非负数据，累加次数越多，则对随机性弱化越多，当累加次数足够大时，可认为时间序列已由随机序列变为非随机序列了. 一般随机序列累加都可用指数曲线逼近.

灰色预测以灰色模型为基础，在诸多的模型中，以 GM(1,1) 模型最为常用，下面简要介绍 GM(1,1) 模型.

1）模型建立

设原始数据列 $x^{(0)} = \{x^{(0)}(1), \cdots, x^{(0)}(n)\}$ 有 n 个观测值，对于一组时间序列，其是否能够用灰色预测模型进行预测，首先要检验其原始数据是否符合**准指数规律**，即令 $f_i = \dfrac{x(i)}{x(i-1)}$，求得每一个 f_i. 一般情况下，当 $\max f_i - \min f_i \leqslant 0.5$ 时，即符合准指数规律，可以用灰色系统进行模型预测及相关分析. 这只是指导性意见，读者可根据实际情况判断原始数据是否可建立灰色模型.

如果原始序列通过了准指数检验，就可建立灰色预测模型了. 然而建立模型之前需要先对原始序列进行数据处理，经过数据处理后的时间序列称为**生成列**. 由于原始数据累加可以弱化随机序列的波动性和随机性，故我们对原始序列作一次累加生成新序列

$$x^{(1)} = \{x^{(1)}(1), \cdots, x^{(1)}(n)\}, \qquad 其中\ x^{(1)}(k) = \sum_{i=1}^{k} x^{(0)}(i).$$

则 GM(1,1) 模型相应的微分方程为

$$\frac{\mathrm{d}x^{(1)}}{\mathrm{d}t} + ax^{(1)} = \mu,$$

其中 a 称为**发展灰数**；μ 称为**内生控制灰数**. a 的有效区间为 $(-2, 2)$，并记待估参数向量

$\hat{\alpha} = \begin{pmatrix} a \\ \mu \end{pmatrix}$，利用最小二乘法求解可得 $\hat{\alpha} = (B^{\mathrm{T}}B)^{-1}B^{\mathrm{T}}Y_n$，其中

$$B = \begin{pmatrix} -0.5[x^{(1)}(1)+x^{(1)}(2)] & 1 \\ \vdots & \vdots \\ -0.5[x^{(1)}(n-1)+x^{(1)}(n)] & 1 \end{pmatrix}, \quad Y_n = \begin{pmatrix} x^{(0)}(2) \\ \vdots \\ x^{(0)}(n) \end{pmatrix}.$$

求解微分方程可得预测模型：

$$\hat{x}^{(1)}(k+1) = \left[x^{(0)}(1) - \frac{\mu}{a} \right] \mathrm{e}^{-ak} + \frac{\mu}{a}, \quad k = 0,1,\cdots,n.$$

由于 $\hat{\alpha}$ 是通过最小二乘法求出的近似值，所以 $\hat{x}^{(1)}(k+1)$ 是一个近似表达式，为了与原序列 $x^{(1)}(k+1)$ 区分开，故记为 $\hat{x}^{(1)}(k+1)$。

当 $k = 0,\cdots,n-1$ 时，由上式得到的数据为拟合值；当 $k \geq n$ 时，得到的是预测值，然后运用累减运算还原，即

$$\hat{x}^{(0)}(k+1) = \hat{x}^{(1)}(k+1) - \hat{x}^{(1)}(k) = (1-\mathrm{e}^a)\left[x^{(0)}(1) - \frac{\mu}{a} \right]\mathrm{e}^{-ak}, \quad k = 1,\cdots,n.$$

2）模型检验

灰色预测检验一般有残差检验、关联度检验和后验差检验。

（1）**残差检验**。

按预测模型计算 $\hat{x}^{(1)}(i)$，并将 $\hat{x}^{(1)}(i)$ 累减生成 $\hat{x}^{(0)}(i)$，然后计算原始序列 $x^{(0)}(i)$ 和 $\hat{x}^{(0)}(i)$ 的绝对误差序列 $\Delta^{(0)}(i)$ 及相对误差序列 $\Phi(i)$：

$$\Delta^{(0)}(i) = |x^{(0)}(i) - \hat{x}^{(0)}(i)|, \quad \Phi(i) = \frac{\Delta^{(0)}(i)}{x^{(0)}(i)} \times 100\%, i = 1,\cdots,n.$$

称 $\overline{\Phi} = \dfrac{1}{n}\sum\limits_{i=1}^{n}|\Phi(i)|$ 为 GM(1,1) 模型的**平均相对误差**。一般要求平均相对误差不超过10%，否则进行残差修正。

称 $p_0 = (1 - \overline{\Phi}) \cdot 100\%$ 为 GM(1,1) 模型的**精度**。一般要求 $p_0 > 80\%$，最好要求 $p_0 > 90\%$。

（2）**关联度检验**。

序列 $\hat{x}^{(0)}, x^{(0)}$ 的关联度 $r = \dfrac{1}{n}\sum\limits_{k=1}^{n}\eta(k)$，式中：

① **关联系数** $\eta(k) = \dfrac{\min\min A + \rho \max\max A}{A + \rho \max\max A}$，$A = |\hat{x}^{(0)}(k) - x^{(0)}(k)|$ 是**第 k 个点的绝对误差**；

② $\min\min|\hat{x}^{(0)}(k) - x^{(0)}(k)|$ 为**两级最小差**，$\max\max|\hat{x}^{(0)}(k) - x^{(0)}(k)|$ 为**两级最大差**，如果只有两个序列，则不需寻找第二级最小差及最大差；

③ ρ 称为**分辨率**，$0 < \rho < 1$，一般取 $\rho = 0.5$。根据经验，当 $\rho = 0.5$ 时，关联度大于 0.6 便满意了。

④ 对单位不一、初值不同的序列，在计算关联系数前应首先进行初始化，即将该序列所有数据分别除以第一个数据。

（3）后验差检验.

计算标准差比 $C = \dfrac{S_2}{S_1}$ ，小误差概率 $P = P(|\Delta^{(0)}(i) - \overline{\Delta}^{(0)}| < 0.6754S_1)$ ，其中

$$S_1 = \sqrt{\frac{\sum[x^{(0)}(i) - \overline{x}^{(0)}]^2}{n-1}} , \quad S_2 = \sqrt{\frac{\sum[\Delta^{(0)}(i) - \overline{\Delta}^{(0)}]^2}{n-1}} .$$

一般判断标准如表 3.3.1 所示。

表 3.3.1　灰色模型精度检验对照表

等级	标准
好	$P > 0.95, C < 0.35$
合格	$P > 0.80, C < 0.50$
勉强合格	$P > 0.70, C < 0.65$
不合格	$P < 0.70, C \geqslant 0.65$

若残差检验、关联度检验、后验差检验都能通过，则可以用建立的模型进行预测，否则应进行残差修正.

3）残差修正

由原始序列 $x^{(0)}$ 获得生成序列 $x^{(1)}$ 的预测值 $\hat{x}^{(1)}$ ，定义**残差**为

$$e^{(0)}(j) = x^{(1)}(j) - \hat{x}^{(1)}(j) .$$

若序列存在负数，则先进行正化处理 $e_\varepsilon^{(0)}(j) = |e^{(0)}(j)|$. 对正化处理后的 $e^{(0)}(j)$ 建立 GM(1,1) 模型，一般只对相对误差较大的项进行残差修正.

若取 $j = i+1, \cdots, n$ ，得到 $e^{(0)} = \{e^{(0)}(i+1), \cdots, e^{(0)}(n)\}$. 为便于计算改写为

$$e^{(0)} = \{e^{(0)}(1'), \cdots, e^{(0)}(n')\} , \quad n' = n - i .$$

累加生成列为

$$e^{(1)} = \{e^{(1)}(1'), \cdots, e^{(1)}(n')\} , \quad n' = n - i .$$

$e^{(1)}$ 可建立相应的 GM(1,1) 模型：

$$\hat{e}^{(1)}(k+1) = (e^{(0)}(1) - \mu_e/a_e)\mathrm{e}^{-a_e k} + \mu_e/a_e .$$

$\hat{e}^{(1)}(k+1)$ 的导数

$$\hat{e}^{(1)'}(k+1) = (-a_e)(e^{(0)}(1) - \mu_e/a_e)\mathrm{e}^{-a_e(k-1)} ,$$

则模型的修正公式为

$$\hat{x}^{(1)}(k+1) = \left[x^{(0)}(1) - \frac{\mu}{a}\right]\mathrm{e}^{-ak} + \frac{\mu}{a} + \delta(k+1-i)\hat{e}^{(1)'}(k+1-i) ,$$

其中 $\delta(k-i) = \begin{cases} 1, k \geqslant i \\ 0, k < i \end{cases}$ 为修正系数.

最后给出经过残差修正的原始序列预测模型:

$$\hat{x}^{(0)}(k+1) = \hat{x}^{(1)}(k+1) - \hat{x}^{(1)}(k), k = 1, 2, \cdots.$$

3.3.2 GM(1, 1)的 MATLAB 典型程序结构

MATLAB 语言有强大的计算及图像处理功能,擅长矩阵运算,用它进行数据分析,思路简单,编程方便. 灰色预测中有很多关于矩阵的运算,所以 MATLAB 程序是灰色预测的首选.下面以全国居民指数为例介绍 MATLAB 程序的实现过程.

例 3.3.1 随着社会的发展,"生活质量"已经成为许多居民关注的焦点,随之而来的则是居民的消费水平问题. 居民的消费水平在经济发展中起着十分重要的作用. 因此研究我国居民消费水平的预测分析显得尤为必要. 我们从《中国统计年鉴》中收集了 1978—2010 年全国居民消费水平,具体见表 3.3.2,现在预测中国未来几年的居民消费指数.

表 3.3.2　1978—2010 年的全国居民消费水平（指数 1978 = 100）

年份	全体居民	农村居民	城镇居民	年份	全体居民	农村居民	城镇居民
1978	100.0	100.0	100.0	1995	345.1	282.9	303.2
1979	106.9	106.5	102.8	1996	377.6	323.8	313.6
1980	116.5	115.4	110.2	1997	394.6	334.0	320.4
1981	126.2	126.8	114.6	1998	417.8	338.1	339.2
1982	134.8	138.3	115.4	1999	452.3	355.3	363.0
1983	145.8	153.1	117.9	2000	491.0	371.3	391.1
1984	163.2	172.8	127.2	2001	521.2	388.0	406.3
1985	185.2	195.7	141.3	2002	557.6	408.1	426.2
1986	194.0	200.3	150.8	2003	596.9	409.5	456.1
1987	205.5	210.0	159.3	2004	645.3	426.7	487.7
1988	221.5	221.0	174.7	2005	695.2	458.8	514.3
1989	221.0	217.2	176.0	2006	761.9	497.1	555.7
1990	229.2	215.4	190.9	2007	843.4	537.9	609.9
1991	249.0	227.4	211.4	2008	916.8	575.8	656.7
1992	282.0	246.5	245.3	2009	1001.6	616.8	712.2
1993	305.8	257.1	270.8	2010	1062.6	659.7	730.6
1994	320.0	265.0	282.8				

数据来源于《2011 年中国统计年鉴》,中华人民共和国国家统计局.

居民的消费水平一般受到收入、物价水平、社会保障制度等因素的影响,具有明显的不确定性和动态特点,又具有信息不全等特点,因此居民消费水平恰好符合灰色预测理论的特点,应用灰色预测模型预测全国居民消费水平具有较强的针对性. 从现有的数据特征,对目前我国居民消费水平的分析可选定灰色预测 GM(1, 1) 模型. MATLAB 程序如下:

```
clear
syms a b;
c = [a b]';
A = [100.0, 106.9, 116.5, 126.2, 134.8, 145.8, 163.2, 185.2, 194.0, 205.5, 221.5, 221.0,
     229.2, 249.0, 282.0, 305.8, 320.0, 345.1, 377.6, 394.6, 417.8, 452.3, 491.0, 521.2,
     557.6, 596.9, 645.3, 695.2, 761.9, 843.4, 916.8, 1001.6, 1062.6];
n = length(A);
B = cumsum(A);     %原始数据累加
for i = 1:(n-1)
    C(i) = (B(i)+B(i+1))/2;    %生成累加矩阵
end
% 计算待定参数的值
D = A;
D(1) = [];
D = D';
E = [-C; ones(1, n-1)];
c = inv(E*E')*E*D;
c = c';
a = c(1);
b = c(2);
% 预测后续数据
F = [];
F(1) = A(1);     %将 A(1)赋值给向量 F 中的 F(1)
for i = 2:(n+10)
    F(i) = (A(1)-b/a)/exp(a*(i-1))+b/a ;
end
G = [];
G(1) = A(1);
for i = 2:(n+5)
    G(i) = F(i)-F(i-1);     %得到预测出来的数据
end
t1 = 1978 : 2010;     %数据的起止年份
t2 = 1978 : 2015;     %预测数据的起止年份
G
plot(t1, A, 'o', t2, G)     %原始数据与预测数据的比较
xlabel('年份'),
ylabel('消费指数');
```

运行结果如图 3.3.1 所示, 2011—2015 年的预测值为 1093.9, 1177.9, 1268.4, 1365.7, 1470.6.

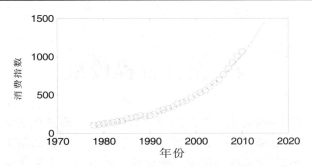

图 3.3.1　全国居民消费指数预测数据与原始数据的比较

请读者运用灰色理论分别对农村居民和城镇居民消费指数进行预测.

习题 3

1. 某校 60 名学生的一次考试成绩如下：

93 75 83 93 91 85 84 82 77 76 77 95 94 89 91 88 86 83 96 81 79 97 78 75 67 69 68 84 83 81 75 66 85 70 94 84 83 82 80 78 74 73 76 70 86 76 90 89 71 66 86 73 80 94 79 78 77 63 53 55

（1）计算均值、标准差、极差、偏度、峰度，画出直方图；

（2）检验分布的正态性；

（3）若检验符合正态分布，估计正态分布的参数并检验参数.

2. 山区地貌：在某山区测得一些地点的高程如表 3.1 所示，平面区域为

$$1200 \leqslant x \leqslant 4000, \quad 1200 \leqslant y \leqslant 3600$$

试作出该山区的地貌图和等高线图，并对几种插值方法进行比较.

表 3.1　山区地貌坐标图

x / y	1200	1600	2000	2400	2800	3200	3600	4000
1200	1130	1250	1280	1230	1040	900	500	700
1600	1320	1450	1420	1400	1300	700	900	850
2000	1390	1500	1500	1400	900	1100	1060	950
2400	1500	1200	1100	1350	1450	1200	1150	1010
2800	1500	1200	1100	1550	1600	1550	1380	1070
3200	1500	1550	1600	1550	1600	1600	1600	1550
3600	1480	1500	1550	1510	1430	1300	1200	980

3. 用给定的多项式，如 $y = x^3 - 6x^2 + 5x - 3$，产生一组数据 (x_i, y_i)，$i = 1, 2, \cdots, n$，再在 y_i 上添加随机干扰（可用 rand 产生 $(0, 1)$ 均匀分布随机数，或用 rands 产生 $N(0, 1)$ 随机数），然后用 x_i 和添加了随机干扰的 y_i 作 3 次多项式拟合，并与原系数比较. 如果作 2 或 4 次多项式拟合，结果如何？

4　微分方程模型

我们所描述的许多问题都是随着时间的推移而变化的,而这些变化又是有规律的,因此只要掌握了这些变化规律,就有助于对研究对象进行描述、分析和预测,提出预防和控制某些不良变化的方案和措施.在实际问题中,变化率经常扮演着十分重要的角色.通过变化率所遵循的规律、微积分的微元法或者统计学的数据模拟近似法等方法,建立微分方程(组),求得的方程的解就是变化规律的数学表示形式.

4.1　人口增长模型

1)问题的提出

据考古学家论证,地球上出现生命距今已有 20 亿年,而人类的出现距今却不足 200 万年.距今 1000 年前,世界人口仅 2.75 亿.然而,随着生产力的不断发展和生活水平的不断提高,世界人口增长的速度也在不断地增大,特别是第二次世界大战之后,世界以和平、发展为主旋律,人口增长的速度更加惊人(见表 4.1.1,表 4.1.2),世界人口的增长加剧了人类生存环境的恶化.因此,准确掌握人口的变化规律是准确预测未来人口总数和控制人口增长的依据和前提.

表 4.1.1　世界人口统计表　　　　　单位:亿

年份	1625	1830	1930	1960	1974	1987	1999	2009
人口	5	10	20	30	40	50	60	68

表 4.1.2　中国人口统计表　　　　　单位:亿

年份	1908	1933	1953	1964	1982	1990	1995	2000	2009
人口	3.0	4.7	6.0	7.2	10.3	11.3	12.0	13.0	13.3

2)问题分析

影响人口增长的因素很多,其中最主要的两个因素是出生率和死亡率.出生率受到婴儿死亡率、对避孕的态度及措施效果、对堕胎的态度、怀孕期间的健康护理等因素的影响;死亡率则受到卫生设施与公共卫生状况、战争、污染、医疗水平、饮食习惯、心理压力和焦虑等因素的影响.此外,影响人口在一个地区增长的因素还有迁入和迁出、生存空间的限制、水和食物、疾病等.在这些因素中,有些是常态的或者有规律的,这些因素对人口的增长是恒定的;而有些因素是随机的,对人口增长的影响是没有规律的.因此,当大范围、长时期研究人口增长问题时,对人口增长产生影响的随机因素就不再考虑了.

3）模型的建立与求解

模型一　指数增长模型（Malthus 模型）

18 世纪末，英国的牧师马尔萨斯在查阅当地一百多年的人口出生和死亡记录的过程中，注意到该地区人口的数量与人口的出生率和死亡率是有一定规律性的，据此，他对这个问题进行了研究，并且在 1798 年出版的《人口原理》一书中，提出了人口按照指数增长的模型，后人称之为马尔萨斯模型. 这个模型的建立与求解如下：

用 $N(t)$ 表示 t 时刻某个地区的人口数量. 假设已知 t_0 时刻的人口数量 $N(t_0)$；再假设在一个单位时间段内，新出生的人口百分率为 a，死亡的百分率为 b，那么，经过 Δt 时间后，该地区的人口数量 $N(t+\Delta t)$ 就是原有的人口数量加上 Δt 时间内新生的人口数量减去死亡的数量，即

$$N(t+\Delta t) = N(t) + aN(t)\Delta t - bN(t)\Delta t .$$

上式变形为
$$\frac{\Delta N}{\Delta t} = aN(t) - bN(t) = kN(t) ,$$

其中 $\Delta N = N(t+\Delta t) - N(t)$. 上式表明，在一个时间段内，人口的平均变化率 $\dfrac{\Delta N}{\Delta t}$ 和人口的数量 $N(t)$ 成正比. 用瞬时变化率来逼近平均变化率，就得到了如下的微分方程：

$$\begin{cases} \dfrac{\mathrm{d}N}{\mathrm{d}t} = kN, & t_0 \leqslant t \leqslant t_1 , \\ N(t_0) = N_0, \end{cases} \tag{4.1.1}$$

其中 k 为正常数.

在数学软件 Maple 中键入

　　dsolve({N(t0) = N0, (D(N))(t) = k*N(t)}, N(t));

运行结果为

$$N(t) = \frac{N0e^{kt}}{e^{kt0}}$$

即方程（4.1.1）的解为

$$N = N_0 e^{k(t-t_0)} . \tag{4.1.2}$$

这就是马尔萨斯人口增长模型，它预测该地区的人口随时间按照指数增长.

模型检验：我们用近两个世纪美国的人口统计数据（见表 4.1.3）检验马尔萨斯人口增长模型的合理性.

表 4.1.3　美国人口统计表　　　　单位：百万

年 份	1790	1800	1810	1820	1830	1840	1850	1860
人 口	3.9	5.3	7.2	9.6	12.9	17.1	23.2	31.4
年 份	1870	1880	1890	1900	1910	1920	1930	1940
人 口	38.6	50.2	62.9	76.0	92.0	106.5	123.2	131.7
年 份	1950	1960	1970	1980	1990	2000		
人 口	150.7	179.3	204.0	226.5	251.4	281.4		

用最小二乘法拟合式（4.1.2）. 为此，先将式（4.1.2）取对数，得

$$\ln N = k(t - t_0) + \ln N_0. \tag{4.1.3}$$

再用 1790 年至 1890 年的数据拟合式（4.1.3）. 取 $t_0 = 0$，在 MATLAB 中键入

```
x = 0:1:10;
y = [3.9 5.3 7.2 9.6 12.9 17.1 23.2 31.4 38.6 50.2 62.9];
y = log(y);
k = polyfit(x, y,1)
```

运行结果为

```
k =
    0.2808    1.4107
```

所以 1790 年至 1890 年的拟合函数为

$$N = 4.0988 e^{0.2808t}.$$

比较拟合曲线图和数据散点图（图 4.1.1），可以发现拟合函数与 19 世纪美国人口的增长情况相吻合. 类似地，1790 年至 1990 年的拟合函数 $N = 5.8159 e^{0.2080t}$，比较拟合曲线图和数据散点图（见图 4.1.2）可知，前期的数据与拟合函数比较吻合，但是，随着时间的推移，拟合函数与统计数据的误差逐渐增大. 这说明，用指数增长模型预测短时期人口的数量可以得到较好的结果，但是从长期来看，任何地区的人口数量都不可能无限制地增长. 因此，指数增长模型不适合预测长时期人口的增长情况.

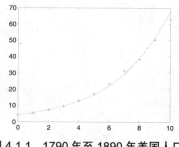

图 4.1.1　1790 年至 1890 年美国人口
拟合曲线图

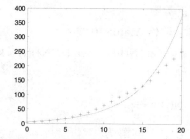

图 4.1.2　1790 年至 1990 年美国人口
拟合曲线图

一般来说，人口增长率是不断变化的，当人口较少时，增长速度较快，增长率较大；当增加到一定数量时，增长速度就会减缓，增长率开始减小. 因此，需要将方程（4.1.1）中的 k 看作人口数量的函数，改进马尔萨斯模型.

模型二　阻滞增长模型（Logistic 模型）

在模型一中，我们只考虑了出生率和死亡率对人口的影响，而忽略了其他因素如自然资源、生存环境等对人口的影响. 然而这些因素对人口的增长起着阻滞作用，并且随着人口数量的增加，阻滞作用也会增大. 这种阻滞作用体现在对增长率 k 的影响上，因此，k 应当是关于人口数量的减函数. 设 $k = k(N)$，则方程（4.1.1）改写为

$$\begin{cases} \dfrac{\mathrm{d}N}{\mathrm{d}t} = k(N)N, & t_0 \leqslant t \leqslant t_1. \\ N(t_0) = N_0, \end{cases} \tag{4.1.4}$$

为了求解方便，取 $k = k(N)$ 为线性函数，即设

$$k = r - sN , \ r > 0, s > 0$$

其中 r 称为**固有增长率**，表示人口很少时的增长率. 自然资源和生存环境所能容纳的人口数量的最大值称为**人口容量**，记为 N_m，则 $s = \dfrac{r}{N_m}$. 由此，方程（4.1.4）化为

$$\begin{cases} \dfrac{dN}{dt} = rN\left(1 - \dfrac{N}{N_m}\right), \ t_0 \leqslant t \leqslant t_1. \\ N(t_0) = N_0 \end{cases} \quad (4.1.5)$$

方程（4.1.5）右端的因子 rN 体现了人口自身的增长趋势，因子 $\left(1 - \dfrac{N}{N_m}\right)$ 体现了资源和环境对人口增长的阻滞作用. 显然，当 N 增大时，rN 增大，而 $\left(1 - \dfrac{N}{N_m}\right)$ 减小，即人口的增长是这两个因子共同作用的结果.

注 模型（4.1.5）最早是由丹麦生物学家 Pierre-Francois-Verhulst（1804—1849）提出的，称为 Logistic **模型**.

在数学软件 Maple 中键入

dsolve({N(t0) = N0, (D(N))(t) = r*N(t)*(1 − N(t)/Nm)}, N(t));

运行结果是：

$$N(t) = - \frac{NmN0e^{-rt0}}{e^{-rt}N0 - N0e^{-rt0} - e^{-rt}Nm}$$

即方程（4.1.5）的解为

$$N = \frac{N_m}{1 + \left(\dfrac{N_m}{N_0} - 1\right)e^{-r(t-t_0)}}. \quad (4.1.6)$$

由式（4.1.6）可知，当 $t \to +\infty$ 时，$N \to N_m$. 这表明随着时间的推移，人口数 N 将无限趋于最大值 N_m. 进一步考察增长率的变化情况. 由方程（4.1.5）可得，

$$\frac{d^2 N}{dt^2} = r\left(1 - \frac{2N}{N_m}\right)\frac{dN}{dt}.$$

令 $\dfrac{d^2 N}{dt^2} = 0$，则 $N = \dfrac{N_m}{2}$. 这表明，当人口数量 N 达到人口数量最大值 N_m 的一半时，人口增长率 $\dfrac{dN}{dt}$ 达到最大，然后开始减小. 式（4.1.6）的曲线（见图 4.1.3）同样反映了这一情况.

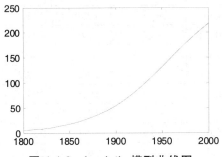

图 4.1.3 Logistic 模型曲线图

模型检验： 用最小二乘法估计模型（4.1.6）的参数 r, N_m. 为此，将方程（4.1.5）变形为

$$\frac{\mathrm{d}N/\mathrm{d}t}{N} = r - \frac{r}{N_m}N.$$

进一步写成差分形式为

$$\frac{N_{t+1} - N_t}{N_t} = r - \frac{r}{N_m}N_t. \tag{4.1.7}$$

根据表 4.1.3 列出表 4.1.4. 去掉异常值 0.0069，用 MATLAB 拟合，可得 $r = \dfrac{0.2557}{10\text{年}}$，$N_m = 392.0886$.

表 4.1.4　美国人口增长率（%/10 年）　　　　　单位：百万

年份	1790	1800	1810	1820	1830	1840	1850
人口	3.9	5.3	7.2	9.6	12.9	17.1	23.2
$(N_{t+1}-N_t)/10N_t$		0.0359	0.0358	0.0333	0.0344	0.0326	0.0357
年份	1860	1870	1880	1890	1900	1910	1920
人口	31.4	38.6	50.2	62.9	76.0	92.0	106.5
$(N_{t+1}-N_t)/10N_t$	0.0353	0.0229	0.0301	0.0253	0.0208	0.0211	0.0158
年份	1930	1940	1950	1960	1970	1980	1990
人口	123.2	131.7	150.7	179.3	204.0	226.5	251.4
$(N_{t+1}-N_t)/10N_t$	0.0157	0.0069	0.0144	0.0190	0.0138	0.0110	0.0110

即美国人口增长的 Logistic 模型为（以 1790 年为起点）

$$N = \frac{293.0866}{1 + 73.5957\mathrm{e}^{-0.02557(t-1790)}}.$$

用上式计算出美国人口的预测值（见表 4.1.5、图 4.1.4），与统计值相比较，存在着较大的误差，并且预测值小于统计值，这是因为模型忽略了移民、战争以及医疗技术的进步等很多因素. 事实上，对于有着复杂生命史和个体生长期较长的高等动植物种群，可能有多种响应对种群的增长做出较大的改动.

表 4.1.5　美国人口统计值与预测值　　　　　单位：百万

年份	统计值	预测值	误差百分比	年份	统计值	预测值	误差百分比
1790	3.9	3.93	0.7	1900	76.0	54.09	−28.8
1800	5.3	5.05	−4.6	1910	92.0	66.28	−28.0
1810	7.2	6.49	−9.8	1920	106.5	80.30	−24.6
1820	9.6	8.33	−13.2	1930	123.2	96.03	−22.1
1830	12.9	10.67	−17.3	1940	131.7	113.21	−14.0
1840	17.1	13.64	−20.3	1950	150.7	131.40	−12.8
1850	23.2	17.37	−25.1	1960	179.3	150.08	−16.3
1860	31.4	22.06	−29.8	1970	204.0	168.65	−17.3
1870	38.6	27.87	−27.8	1980	226.5	186.52	−17.7
1880	50.2	35.02	−30.2	1990	251.4	203.19	−19.2
1890	62.9	43.70	−30.5	2000	281.4	218.29	−22.4

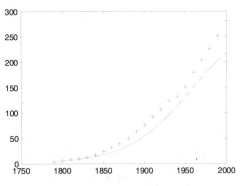

图 4.1.4 美国人口增长预测图

4.2 传染病模型

1）问题的提出

传染病是危害人类健康的主要因素之一，长期以来受到人们的关注. 尽管随着社会的发展，医疗水平不断提高，卫生设施不断改善，曾经肆虐全球的诸如天花、霍乱等传染病已经得到了有效地控制，但是，一些新的、不断变异着的传染病又向人类悄悄袭来. 20世纪80年代，艾滋病开始向世界蔓延；2003年春，SARS突袭人间，给人们的生命财产带来了极大的危害. 因此，只有了解传染病的传播过程，掌握受感染人数的变化规律，才能探索制止传染病蔓延的手段，有效地遏制传染病的传播，以致消除传染病.

2）问题分析

影响传染病的因素有很多，如健康人的人数、病人人数、传染率、治愈率等，还有人群的迁入、迁出和病毒的潜伏期等；另外，不同类型的传染病各有特点；同时，传染病的相关数据通常都是统计所得，这些数据往往不太完整和充分. 因此，这里只能按照一般的传播机理进行分析.

为了便于建立数学模型，首先假设传染病只在某个地区的人群中传播，总人数不变，即不考虑出生、因其他原因死亡以及迁入、迁出者. 进一步，将该地区的人分为健康人、病人和治愈者，这样，一般来说，健康人和病人越多，传播速度越快；传染率越高，传播速度越快；而治愈率越高，传播速度越快. 但是，病人数量达到一定程度之后，传播速度会减缓. 据此可以建立相应的数学模型.

3）模型的建立与求解

模型一　指数模型

只从病人人数的变化过程这一角度考虑问题. 假设传染率，即每个病人每天有效接触（使人致病的接触）的平均人数 λ 为常数，每个时刻 t 的病人人数记为 $i(t)$，那么 Δt 天之后，新增病人的人数应该是传染率和病人人数以及天数的乘积，即

$$i(t + \Delta t) - i(t) = \lambda i(t)\Delta t .$$

上式变形为

$$\frac{i(t + \Delta t) - i(t)}{\Delta t} = \lambda i(t) .$$

两边取 $\Delta t \to 0$ 时的极限；再设第 t_0 天病人的人数为 i_0，则有微分方程数学模型：

$$\begin{cases} \dfrac{\mathrm{d}i(t)}{\mathrm{d}t} = \lambda i(t), \\ i(t_0) = i_0. \end{cases}$$

解得 $i(t) = i_0 \mathrm{e}^{\lambda(t - t_0)}$.

　　结果表明，随着时间的推移，病人人数无限增长，这与实际情况显然是不相符的. 其原因在于：第一，一个地区的人口数量是有限的，随着病人人数的增长，健康人的人数会不断减小，最终所有的人都是病人之后，病人人数就不会增加了；第二，在病人所接触的人中，有健康人，也有病人，其中只有健康人才有可能被传染，因此，在建立模型时，需要考虑到这一点.

　　模型二　SI 模型

　　假设：（1）该地区的总人数 N 为常数，即不考虑出生、死亡、迁入、迁出等因素对人数的影响.

　　（2）该地区分为健康人和病人两类. 为了讨论方便，把 t 时刻健康人和病人的人数比例分别记为 $s(t)$ 和 $i(t)$，显然，$s(t) + i(t) = 1$.

　　（3）每个病人每天有效接触的平均人数 λ 为常数，称 λ 为**日接触率**.

　　由上述假设，每个病人每天可以使 $\lambda s(t)$ 个健康人变成病人，病人数为 $Ni(t)$ 个. 这 $Ni(t)$ 个病人每天就可以使 $\lambda N s(t) i(t)$ 个健康人致病，经过 Δt 天后，新增病人数为

$$N[i(t + \Delta t) - i(t)] = \lambda N s(t) i(t) \Delta t.$$

由 $s(t) + i(t) = 1$，上式化简、变形为

$$i(t + \Delta t) - i(t) = \lambda(1 - i(t)) i(t) \Delta t.$$

进一步变形为
$$\frac{i(t + \Delta t) - i(t)}{\Delta t} = \lambda(1 - i(t)) i(t).$$

对上式两边取 $\Delta t \to 0$ 时的极限，令初始时刻（$t = 0$）的病人数为 i_0，就得到了一个微分方程模型：

$$\begin{cases} \dfrac{\mathrm{d}i}{\mathrm{d}t} = \lambda(1 - i)i, \\ i(t_0) = i_0. \end{cases}$$

　　这个模型称为 **SI 模型**. 实际上这就是 4.1 节中出现过的 Logistic 模型，它的解为

$$i(t) = \frac{1}{1 + (i_0^{-1} - 1)\mathrm{e}^{-\lambda t}}.$$

令 $i''(t) = \lambda(1 - 2i(t)) = 0$，得 $i(t_m) = \dfrac{1}{2}$，$t_m = \lambda^{-1} \ln(i_0^{-1} - 1)$. 这说明这一时刻病人数增至总人数的一半，病人的增长速度达到最大. 注意到 t_m 和 λ 成反比，而 λ 反映了该地区的卫生条件和医疗水平的高低，λ 越小，卫生条件越好. 因此，改善卫生条件，提高医疗水平，就可以延缓传染病的爆发. 取 $i_0 = 0.9$，$\lambda = 0.1$，绘制 SI 模型的函数图像及其导数图像的 MATLAB 语句如下：

y = dsolve('Dy = 0.1*y*(1-y)','y(0) = 0.9','x'); %求解常微分方程
ezplot(y, [0, 60]) %画出函数的图像
ezplot('0.1*y*(1-y)',[0, 1]) %画出函数的导数的图像

运行结果如图 4.2.1 和图 4.2.2 所示.

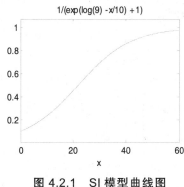

图 4.2.1 SI 模型曲线图

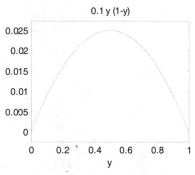

图 4.2.2 SI 模型曲线变化图

由图 4.2.1 可见，当 $t \to +\infty$ 时，$i(t) \to 1$，即该地区的所有人最终都被传染成病人. 这与实际情况不相符，其原因是没有考虑到病人可以被治愈的情况.

有些传染病如伤风、痢疾等治愈后免疫力很低，被治愈的病人还会被感染再度成为病人，有些传染病如天花、麻疹等治愈后免疫力却很强，病愈后的人不会被再次感染. 因此，在改进模型时需要分别考虑这两种情形. 先考虑第一种情况.

模型三 SIS 模型

在 SI 模型假设的基础上，进一步假设：

（4）病人治愈后成为健康人，会被再次感染；

（5）每天被治愈的病人数占病人总数的比例（称为**日治愈率**）为常数，记为 μ，显然，$\dfrac{1}{\mu}$ 是这种传染病的平均传染期.

根据假设（5），应当从病人的增长数中减去被治愈的人数，即

$$N[i(t+\Delta t)-i(t)] = \lambda N s(t) i(t) \Delta t - \mu N i(t) \Delta t .$$

经过化简、变形、取 $\Delta t \to 0$ 时的极限后，在初值条件不变的前提下，得到改进的微分方程模型：

$$\begin{cases} \dfrac{\mathrm{d}i}{\mathrm{d}t} = \lambda(1-i)i - \mu i, \\ i(t_0) = i_0. \end{cases} \qquad (4.2.1)$$

这个模型称为 **SIS 模型**. 它的解为

$$i(t) = \begin{cases} \left[\dfrac{\lambda}{\lambda-\mu} + \left(\dfrac{1}{i_0} - \dfrac{\lambda}{\lambda-\mu} \right) \mathrm{e}^{-(\lambda-\mu)t} \right]^{-1}, & \lambda \neq \mu, \\ \left(\lambda t + \dfrac{1}{i_0} \right)^{-1}, & \lambda = \mu. \end{cases}$$

令 $\sigma = \dfrac{\lambda}{\mu}$，由 λ 和 μ 的意义可知，σ 是整个传染期内每个病人有效接触的平均人数，称为**接触数**. 则方程（4.2.1）改写为

$$\begin{cases} \dfrac{\mathrm{d}i}{\mathrm{d}t} = -\lambda i\left[i - \left(1 - \dfrac{1}{\sigma} \right) \right], \\ i(0) = i_0. \end{cases} \quad (4.2.2)$$

解得方程（4.2.2）为

$$i(t) = \begin{cases} \left[\dfrac{1}{1-\sigma^{-1}} + \left(\dfrac{1}{i_0} - \dfrac{1}{1-\sigma^{-1}} \right) \mathrm{e}^{-\lambda(1-\sigma^{-1})t} \right]^{-1}, & \lambda \neq \mu, \\ \left(\lambda t + \dfrac{1}{i_0} \right)^{-1}, & \lambda = \mu. \end{cases}$$

易得 $\displaystyle\lim_{t \to +\infty} i(t) = \begin{cases} 1-\sigma^{-1}, & \sigma > 1, \\ 0, & \sigma \leqslant 1. \end{cases}$

由以上计算结果可以看出，在接触数 $\sigma = 1$ 的附近，$i(t)$ 的值有明显的不同：当 $\sigma \leqslant 1$ 时，病人的比例 $i(t)$ 趋于零，即病人被全部治愈；而当 $\sigma > 1$ 时，$i(t)$ 趋于非零常数 $1-\sigma^{-1}$，说明这种疾病不可能完全消除. 为了进一步弄清楚病人的比例 $i(t)$ 的变化过程，分别绘制出 $\sigma > 1$ 和 $\sigma \leqslant 1$ 时 $\dfrac{\mathrm{d}i}{\mathrm{d}t}$ 与 $i(t)$ 的关系曲线（见图 4.2.3 和图 4.2.4）. 由图 4.2.3 可知，当 $\sigma > 1$ 时，如果病人比例数 $i_0 < 1-\sigma^{-1}$，病人比例数的增长速度先增后减，比例数总体呈增长的趋势并趋于 $1-\sigma^{-1}$（见图 4.2.5）；如果病人比例数 $i_0 > 1-\sigma^{-1}$，病人比例数的增长速度不断减小，病人比例数呈减小的趋势并趋于 $1-\sigma^{-1}$（见图 4.2.6）. 当 $\sigma \leqslant 1$ 时，病人比例数的增长速度不断减小，病人比例数呈减小的趋势并趋于 0（见图 4.2.7）. 因此，σ 是一个阀值.

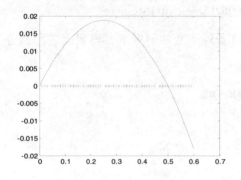
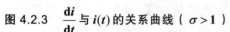
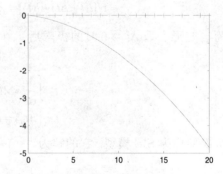

图 4.2.3 $\dfrac{\mathrm{d}i}{\mathrm{d}t}$ 与 $i(t)$ 的关系曲线（$\sigma > 1$）   图 4.2.4 $\dfrac{\mathrm{d}i}{\mathrm{d}t}$ 与 $i(t)$ 的关系曲线（$\sigma \leqslant 1$）

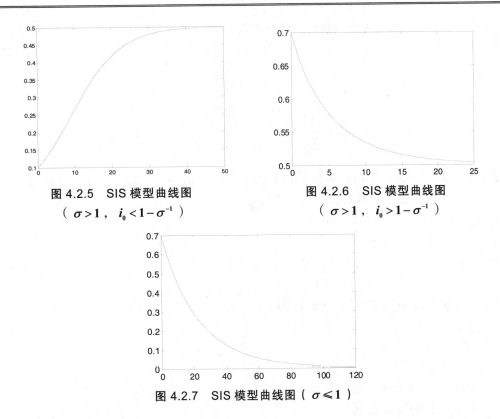

图 4.2.5 SIS 模型曲线图
（ $\sigma > 1$, $i_0 < 1 - \sigma^{-1}$ ）

图 4.2.6 SIS 模型曲线图
（ $\sigma > 1$, $i_0 > 1 - \sigma^{-1}$ ）

图 4.2.7 SIS 模型曲线图（ $\sigma \leqslant 1$ ）

模型四 SIR 模型

现在考虑治愈后具有很强免疫力的传染病的情形. 染上这种传染病的病人被治愈后不会被再次传染，因此，它们既不是健康人，也不再是病人（称之为**移出者**），从而退出了传染系统. 在 SI 模型假设的基础上，做进一步假设：

（4）′疾病传染期间该地区总人数 N 不变，健康人、病人和移出者占总人数的比例分别记为 $s(t)$, $i(t)$ 和 $r(t)$.

由上述假设，显然有 $s(t) + i(t) + r(t) = 1$. 经过 Δt 天后，新增病人总数（病人数减去治愈人数）为

$$N[i(t + \Delta t) - i(t)] = \lambda N s(t) i(t) \Delta t - \mu N i(t) \Delta t .$$

新增病人数与减少的健康人数相等. 因此，新增健康人数为

$$N[s(t + \Delta t) - s(t)] = -\lambda N s(t) i(t) \Delta t .$$

新增移出者（治愈者）人数为

$$N[r(t + \Delta t) - r(t)] = \mu N i(t) \Delta t .$$

以上三式经过化简、变形、取 $\Delta t \to 0$ 时的极限后，得到微分方程组

$$\begin{cases} \dfrac{\mathrm{d}i}{\mathrm{d}t} = \lambda i s - \mu i, \\[2mm] \dfrac{\mathrm{d}s}{\mathrm{d}t} = -\lambda i s, \\[2mm] \dfrac{\mathrm{d}r}{\mathrm{d}t} = \mu i. \end{cases}$$

令初始时刻健康人和病人占总人数的比例分别为 $s(0) = s_0 (>0)$ 和 $i(0) = i_0 (>0)$，并假设移出者的比例数为 $r(0) = r_0 = 0$．注意到 $s(t) + i(t) + r(t) = 1$，可知上述方程组中的三个方程是相容的．因此，它可以化简为

$$\begin{cases} \dfrac{\mathrm{d}i}{\mathrm{d}t} = \lambda is - \mu i, & i(0) = i_0, \\[2mm] \dfrac{\mathrm{d}s}{\mathrm{d}t} = -\lambda is, & s(0) = s_0. \end{cases} \qquad (4.2.3)$$

方程组（4.2.3）无法求得解析解 $i(t)$ 和 $s(t)$，下面求 $i(t)$ 和 $s(t)$ 的数值解．取 $\lambda = 1$，$\mu = 0.3$，$s(0) = 0.98$，$i(0) = 0.02$，用 MATLAB 编程如下：

先建立 M-文件

```
function y = ill(t, x)
a = 1;
b = 0.3;
y = [a*x(1)*x(2)-b*x(1), -a*x(1)*x(2)]'
end
```

再建立主程序文件

```
t = 0:50;
x0 = [0.02, 0.98];
[t, x] = ode45('ill',t, x0);
[t, x]
plot(t, x(:,1),t, x(:,2)),
grid,
pause
plot(x(:,2), x(:,1)),
grid
```

输出的简明计算结果列入表 4.2.1，$i(t)$ 和 $s(t)$ 的图形见图 4.2.8．由计算结果和图 4.2.8 可知，$i(t)$ 由初值增长至大约 $t = 7$ 时达到最大值，然后减小并趋于 0，说明传染病在大约 $t = 7$ 时得到控制；$s(t)$ 由初值开始单调减小趋于 0，这是由于治愈的人群退出了传染系统，健康人的数量最后为 0.

表 4.2.1　$i(t)$ 和 $s(t)$ 的数值计算结果

t	0	1	2	3	4	5	6	7	8
$i(t)$	0.0200	0.0390	0.0732	0.1285	0.2033	0.2795	0.3312	0.3444	0.3247
$s(t)$	0.9800	0.9525	0.9019	0.8169	0.6927	0.5438	0.3995	0.2839	0.2027

t	9	10	15	20	25	30	35	40	45
$i(t)$	0.2863	0.2418	0.0787	0.0223	0.0061	0.0017	0.0005	0.0001	0.0000
$s(t)$	0.1493	0.1145	0.0543	0.0434	0.0408	0.0401	0.0399	0.0399	0.0398

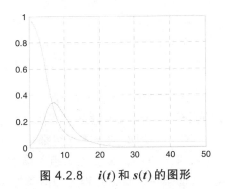

图 4.2.8　$i(t)$ 和 $s(t)$ 的图形

为了进一步研究 $i(t)$ 和 $s(t)$ 的变化规律，可以将方程（4.2.3）的两个方程相除，消去 $\mathrm{d}t$，令 $\sigma = \dfrac{\lambda}{\mu}$，化简后得

$$\frac{\mathrm{d}i}{\mathrm{d}s} = \frac{1}{\sigma s} - 1,\ \ i(s_0) = i_0$$

图 4.2.9 为上述方程的积分曲线，称之为**相轨线**. 通过相轨线理论分析，可以对 $i(t)$ 和 $s(t)$ 的变化规律有更为深入的了解. 具体分析可以参阅姜启源、谢金星、叶俊编写的《数学模型》.

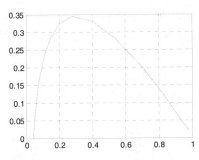

图 4.2.9　$i(t)$ 和 $s(t)$ 的关系图

4.3　微分方程相关知识简介

4.3.1　基本概念

在数学中，含有未知量（未知数、未知函数等）的等式称为**方程**，其中，把含有未知函数及其导数（微分）或者偏导数的方程称为**微分方程**. 根据微分方程所含自变量的个数的多少，微分方程分为**常微分方程**（只有一个自变量）和**偏微分方程**（自变量有两个或两个以上）. 在微分方程中，所含未知函数的导数（或偏导数）的最高阶数也是微分方程的**阶数**. 根据微分方程的阶，也可以将微分方程分为一阶、二阶、……的微分方程. 方程

（1）$\dfrac{\mathrm{d}y}{\mathrm{d}x} = f(x, y)$；

（2）$M(x, y)\mathrm{d}x + N(x, y)\mathrm{d}y = 0$

都是一阶常微分方程. 方程

（3）$\dfrac{\partial u}{\partial x}+\dfrac{\partial u}{\partial y}=0$ ；

（4）$\dfrac{\partial^2 u}{\partial x\partial y}=f(x,y)$

都是偏微分方程，其中方程（3）是一阶的，方程（4）是二阶的.

若干个含有 n 个未知函数的微分方程组成了**微分方程组**. 通过函数变换，高阶常微分方程总可以化为一阶微分方程组. 因此，一般的微分方程组都是一阶的.

客观现实世界的许多运动过程都可以用微分方程（组）描述，这个过程在某个时刻的状态（或性质）在数学上通常称为**初值条件**，微分方程与初值条件组成了微分方程的**初值问题**.

由于微分方程所含的未知量是函数，所以微分方程的解也是函数. 对于一个微分方程，如果存在一个函数，能够使得方程成为恒等式（自变量在其取值范围内取任意的值，等式都成立），则称此函数为微分方程的一个**解析解**. 通常情况下，微分方程的解有无穷多个. 如果含有 n 个相互独立的任意常数的函数是 n 阶微分方程的解，就称这个解为方程的**通解**. 如果微分方程的一个解还满足初值条件，就称这个解是方程的**特解**. 常微分方程的解对应于平面上的曲线，称这条曲线为**积分曲线**. 一阶微分方程的初值条件 $y(x_0)=y_0$ 对应于平面上的一点 (x_0,y_0)，一阶微分方程的初值问题的特解就是通过平面上的一点的积分曲线.

用数值分析方法求出的，描述微分方程（组）的无穷数列（有限维向量序列）称为微分方程（组）的**数值解**. 数值解通常只能近似地描述微分方程的初值问题（或边值问题）. 另外，与微分方程（组）的解析解的误差在某个误差限内的函数（序列）称为微分方程的**近似解**.

4.3.2　变量分离方程与分离变量法

形如

$$\frac{\mathrm{d}y}{\mathrm{d}x}=f(x)g(y) \tag{4.3.1}$$

的一阶常微分方程称为**变量分离方程**. 这是可以求得解析解的一阶常微分方程的两种最基本的类型之一（另一种是恰当微分方程）. 求解变量分离方程的方法如下：

将方程（4.3.1）变形为（$g(y)\neq 0$ 时）

$$\frac{\mathrm{d}y}{g(y)}=f(x)\mathrm{d}x ,$$

两边积分为

$$\int\frac{\mathrm{d}y}{g(y)}=\int f(x)\mathrm{d}x .$$

从上式中解出 y 关于 x 的关系式，就得到了方程（4.3.1）的解. 这个求解过程称为**分离变量法**.

4.3.3　微分方程的 Maple 求解

随着计算机的不断发展，越来越多的数学软件被开发，而且功能越来越强大. 其中，Maple 数学软件是求微分方程解析解的功能最强的软件之一. 求常微分方程解析解的调用格式如下：

dsolve(**ODE**)　　　　　　　　　　　解常微分方程（组）ODE；

dsolve(**ODE**, y(x), **options**)　　　　用某种方法 **options** 解常微分方程（组）ODE；

dsolve({**ODE**, **ICs**}, y(x), **options**)　　用某种方法 **options** 解带有初值条件 ICs 常微分
　　　　　　　　　　　　　　　　　　　方程（组）ODE；

例 4.3.1　求解常微分方程 $\dfrac{\mathrm{d}^2 y}{\mathrm{d}x^2} = 2y^2 + 1$.

在 Maple 的命令窗口，输入

　　ode : = diff(y(x),x, x) = 2*y(x) + 1;　#定义方程

　　dsolve(ode);　#解方程

输出结果为

$$ode : = \frac{\mathrm{d}^2}{\mathrm{d}x^2} y(x) = 2y(x) + 1$$

$$y(x) = \mathrm{e}^{\sqrt{2}x}\_C2 + \mathrm{e}^{-\sqrt{2}x}\_C1 - \frac{1}{2}$$

例 4.3.2　求解常微分方程组的初值问题 $\begin{cases} \dfrac{\mathrm{d}x}{\mathrm{d}t} = -x(t), \ \dfrac{\mathrm{d}y}{\mathrm{d}t} = x(t), \\ x(0) - 1, \ y(1) - 0. \end{cases}$

在 Maple 的命令窗口，输入

　　sys_ode : = diff(y(t),t) = x(t), diff(x(t),t) = -x(t);　#定义方程组

　　ics : = x(0) = 1, y(1) = 0;　#定义初值条件

　　dsolve([sys_ode, ics]);　#求解初值条件 ics 下的方程组

输出结果为

$$sys\_ode : = \frac{\mathrm{d}}{\mathrm{d}t} y(t) = x(t), \ \frac{\mathrm{d}}{\mathrm{d}t} x(t) = -x(t)$$

$$ics : = x(0) = 1, \ y(1) = 0$$

$$\left\{ x(t) = \mathrm{e}^{-t}, \ y(t) = -\mathrm{e}^{-t} + \frac{1}{\mathrm{e}} \right\}$$

求偏微分方程的解析解的调用格式如下：

　　pdsolve(**PDE**) 解偏微分方程（组）.（更为复杂的调用格式参见 Maple 软件的帮助信息）

例 4.3.3　求解偏微分方程 $x\dfrac{\partial u}{\partial y} - y\dfrac{\partial u}{\partial x} = 0$.

在 Maple 的命令窗口，输入

　　PDE : = x*diff(f(x, y),y)-y*diff(f(x, y),x) = 0;　#定义方程

　　pdsolve(PDE);　#解方程

输出结果为

$$PDE : = x\left(\frac{\partial}{\partial y} f(x, y)\right) - y\left(\frac{\partial}{\partial x} f(x, y)\right) = 0$$

$$f(x, y) = \_F1(x^2 + y^2)$$

习题 4

1. 在当今社会中，广告在产品销售中起着极其重要的作用. 当生产者生产出一批新产品后，下一步便要思考如何更快更多地卖出该产品. 由于广告的大众性和快捷性，使它在促销活动中大受经营者的青睐. 试建立广告和新产品销售关系的数学模型.

2. 在 SI 模型中考虑出生与死亡的因素. 假设健康人具有生育能力，使健康人的数量以定常的速率增长，而健康人和病人均有自然死亡的现象发生，其平均个体的死亡率为相同的常数. 试建立模型描述疾病的流行特征.

3. 在 SIS 模型中考虑第 2 题所述的出生和自然死亡的因素.

5 数学规划模型

在各类经济活动中经常遇到这样的问题：在生产条件不变的情况下，通过统筹安排，改进生产组织和计划，合理安排人力、物力，进而达到公平与效率的完美结合，即取得满意效果，这些问题往往称为**优化问题**. 优化问题一般是指用最好的方式，使用或分配有限的资源，即劳动力、原材料、机器、资金等，使得费用最小或利润最大. 它常常可以化成或近似化成数学规划问题，尤其在离散系统中一般都可以通过数学规划模型求解. 因此在数学建模竞赛中能够快速求解规划问题是数学建模队员的基本素质. 当你打算用数学建模方法来处理一个优化问题的时候，首先要确定优化目标是什么，寻求的策略是什么，决策受到哪些限制，然后用数学工具来表示它们，最后运用相关理论求解，并对结果进行分析.

MATLAB 提供了强大的规划模型求解命令，可简单快速地得到结果. 一般的标准规划模型都可以用这些命令直接求解，另外它还可以处理特殊的优化问题，因为 MATLAB 非常适宜编程处理复杂问题. Lingo 软件是解决规划问题的专业数学软件，使用方便，可以说是规划问题的傻瓜软件，然而遗憾的是不能处理特殊优化问题. 可见，二者各有优缺点，因此我们要结合具体情况选择合适的软件.

本章简单回顾了数学规划的基本原理，重点讲解数学软件求解，着重从数学建模角度介绍如何建立若干实际优化问题的模型，并且用现成软件求解后，对结果进行分析，内容包括线性规划、整数线性规划、非线性规划. 掌握这几部分的操作可以解决大部分的规划模型的求解问题.

5.1　线性规划基本理论与软件求解

线性规划（linear programming，LP）是数学规划的一个重要分支，在理论和算法上都比较成熟，在实践上应用广泛，越来越快速地渗透于工农业生产、商业活动等各个方面，故线性规划在优化理论中占有重要地位. 本节举例介绍了线性规划问题，给出了线性规划的标准形式，最后给出了 MATLAB 软件的 Optimization Toolbox（优化工具箱）关于线性规划的使用方法，以及 Lingo|Lindo 软件的基本操作方法.

5.1.1　线性规划问题举例与标准形式

例 5.1.1　某工厂用 3 种原料 P_1, P_2, P_3 生产 3 种产品 Q_1, Q_2, Q_3，已知条件如表 5.1.1 所示，试制订出总利润最大的生产计划.

表 5.1.1

单位产品所需原料(kg) ＼ 产品 ＼ 原料	Q_1	Q_2	Q_3	原料可用量 (kg/日)
P_1	2	3	0	1500
P_2	0	2	4	800
P_3	3	2	5	2000
单位产品利润（万元）	3	5	4	

问题分析：建模是解决线性规划问题的极为重要的环节和技术．一个正确的数学模型的建立要求建模者熟悉规划问题的生产与管理内容，明确目标要求和错综复杂的约束条件．这个优化问题的目标是总利润最大，要做的决策是生产计划，即每天生产多少产品．决策受到的限制条件有原料供应、单位产品利润．按题目要求，将决策变量、目标函数和约束条件用数学符号和式子表示出来，就可得到下面模型．

基本模型：

决策变量：设产品 Q_j 的日产量为 $x_j, j = 1, 2, 3$．

目标函数：总利润为 $z = 3x_1 + 5x_2 + 4x_3$．显然，总利润越大越好．

约束条件：

原料供应：生产产品所需原料不能超过每天的供应，即

$$2x_1 + 3x_2 \leqslant 1500, \quad 2x_2 + 4x_3 \leqslant 800, \quad 3x_1 + 2x_2 + 5x_3 \leqslant 2000.$$

非负约束：$x_j, j = 1, 2, 3$ 均不能为负值，即 $x_j \geqslant 0, j = 1, 2, 3$．

综上可得该问题的数学模型为

$$\max z = 3x_1 + 5x_2 + 4x_3,$$

$$\text{s.t.} \begin{cases} 2x_1 + 3x_2 \leqslant 1500, \\ 2x_2 + 4x_3 \leqslant 800, \\ 3x_1 + 2x_2 + 5x_3 \leqslant 2000, \\ x_j \geqslant 0, j = 1, 2, 3. \end{cases}$$

其中 max 是极大化（maximize）的简记符号．

例 5.1.2（运输问题） 有两个生产基地 A_1, A_2，用装载量为 5 个物资基数的运输工具，向 3 个销售地 B_1, B_2, B_3 运送物资．各生产基地可运出的物资基数、各销售地所需的物资基数以及连接生产基地与销售基地的距离如表 5.1.2 所示．

表 5.1.2

距离 ＼ 销售地 ＼ 生产基地	B_1	B_2	B_3	存储量
A_1	11	4	12	40
A_2	20	6	24	50
需要物资基数	40	30	20	90

试求费用最小的物资分配方案.

解　设 $x_{ij}, i=1,2, j=1,2,3$ 为从生产基地 A_i 运往销售基地 B_j 的物资基数, 由题设可得该问题的数学模型为

$$\min z = 11x_{11} + 4x_{12} + 12x_{13} + 20x_{21} + 6x_{22} + 24x_{23},$$

$$\text{s.t.} \begin{cases} x_{11} + x_{12} + x_{13} = 40, \\ x_{21} + x_{22} + x_{23} = 50, \\ x_{11} + x_{21} = 40, \\ x_{12} + x_{22} = 30, \\ x_{13} + x_{23} = 20, \\ 0 \leqslant x_{ij} \leqslant 5, i=1,2, j=1,2,3. \end{cases}$$

从以上两个例子可以看出, 它们都属于一类优化问题, 其共同特征为:

（1）每个问题都用一组**决策变量** $(x_1,\cdots,x_n)$ 表示某一方案, 这组决策变量的每一种取值, 就代表一种具体方案.

（2）每个问题都有一定的**约束条件**, 这些约束条件可以用一组线性等式或线性不等式表示.

（3）每个问题都有一个要求达到的目标, 它可用决策变量的线性函数（称为**目标函数**）来表示. 按问题的不同, 要求目标函数实现最大化或最小化.

满足以上三个条件的数学模型称为**线性规划的数学模型**, 其一般形式为

$$\min(\max)z = c_1 x_1 + c_2 x_2 + \cdots + c_n x_n,$$

$$\text{s.t.} \begin{cases} a_{11}x_1 + a_{12}x_2 + \cdots + a_{1n}x_n \leqslant (=,\geqslant)b_1, \\ a_{21}x_1 + a_{22}x_2 + \cdots + a_{2n}x_n \leqslant (=,\geqslant)b_2, \\ \cdots\cdots\cdots\cdots \\ a_{m1}x_1 + a_{m2}x_2 + \cdots + a_{mn}x_n \leqslant (=,\geqslant)b_m, \\ x_j \geqslant 0, j=1,\cdots,n. \end{cases}$$

其中 z 称为**目标函数**. 一般地, 满足约束条件用 s.t.表示, 即英文 "subject to" 的缩写, 意为 "受约束于".

在解决实际问题中, 把问题归结成一个线性规划数学模型是很重要的一步, 往往也是最难的一步, 模型的建立是否恰当直接影响到求解, 而选取合适的决策变量, 是建立有效模型的关键之一.

线性规划的目标函数可以求最大值, 也可以求最小值, 约束不等式可以是小于号, 也可以是大于号. 一般线性规划都可化为如下标准形式:

$$\min cx,$$

$$\text{s.t.} \begin{cases} Ax = b, \\ x \geqslant 0. \end{cases} \tag{5.1.1}$$

其中 A 为 $m \times n$ 矩阵, 一般 $m < n$, 称为**约束矩阵**; c 是 n 维行向量, 称为**价值向量**, $c_i, i=1,\cdots,n$ 称为**价值系数**; b 为 m 维列向量, 称为**资源向量**; x 称为**决策变量向量**.

满足约束条件的点称为**可行点**, 而使目标函数达到最小的可行解称为**最优解**. 全体可行点构成的集合称为**可行集**或**可行域**.

为了计算上的需要，一般假设 $b \geqslant 0$，如果不这样，可将方程两端乘以 -1，从而右端非负. 在很多实际问题中，由于变量表示物理量，故必须是非负的. 若在数学模型中，变量没有非负限制，可以用变量替换方法，引入非负限制. 比如，若 x_i 无非负限制，我们令 $x_i = x_i' - x_i''$，其中 $x_i', x_i'' \geqslant 0$. 当变量有上下界时，也可作变量替换，比如 $x_i \geqslant l_i$ 时，可令 $x_i' = x_i - l_i$，则 $x_i' \geqslant 0$.

用单纯形法解线性规划问题时，必须用标准形式，如果给定的数学模型不是标准形式时，应先化为标准形式，然后运用单纯形法. 如给定问题（1），通过引入**松弛变量** $x_{n+1}, \cdots, x_{n+m}$ 可将（1）式化为标准形式（2）.

（1） $\min c_1 x_1 + c_2 x_2 + \cdots + c_n x_n,$

$$\text{s.t.} \begin{cases} a_{11}x_1 + a_{12}x_2 + \cdots + a_{1n}x_n \leqslant b_1, \\ a_{21}x_1 + a_{22}x_2 + \cdots + a_{2n}x_n \leqslant b_2, \\ \cdots\cdots\cdots \\ a_{m1}x_1 + a_{m2}x_2 + \cdots + a_{mn}x_n \leqslant b_m, \\ x_j \geqslant 0, j = 1, \cdots, n; \end{cases}$$

（2） $\min c_1 x_1 + c_2 x_2 + \cdots + c_n x_n,$

$$\text{s.t.} \begin{cases} a_{11}x_1 + a_{12}x_2 + \cdots + a_{1n}x_n + x_{n+1} = b_1, \\ a_{21}x_1 + a_{22}x_2 + \cdots + a_{2n}x_n + x_{n+2} = b_2, \\ \cdots\cdots\cdots \\ a_{m1}x_1 + a_{m2}x_2 + \cdots + a_{mn}x_n + x_{n+m} = b_m, \\ x_j \geqslant 0, j = 1, \cdots, n+m. \end{cases}$$

这里所加的松弛变量 $x_{n+1}, \cdots, x_{n+m}$ 表示没有利用的资源，当然也没有利润，在目标函数中其系数应为 0，即 $c_{n+1} = \cdots = c_{n+m} = 0$.

早在 20 世纪 30 年代，康托洛维奇研究并发表了《生产组织与计划的数学方法》，其中论述的就是线性规划问题. 自从 G. B. Dantzig 于 1947 年提出一般线性规划问题的求解方法——单纯形法，虽有许多变体已被开发，但都保持着相同的基本观念.

若线性规划问题有有限最优解，则一定是某个最优可行域的一个极点.

基于此，单纯形法的基本思路是：先找出可行域的一个极点，据一定规则判断其是否最优，否则判断与其相邻的另一个极点，并使得目标函数值最优. 如此下去，直到找到某一最优解为止. 对一般线性规划问题，求解结果有以下几种情况：

（1）**无穷多最优解**，若在两个极点同时得到最优解，则它们连线上任意一点都是最优解，即最优解有无穷多.

（2）**无界解**，可行域无上界.

（3）**无可行解**，可行域为空集.

5.1.2　MATLAB 与 Lingo 软件求解

对于线性规划问题求解，理论上常用单纯形法求解，但在实际建模中常用以下解法：图解法；数学软件求解. 这里不再详细介绍单纯形法，有兴趣的读者可参看其他有关线性规划的书籍. 下面介绍线性规划的软件实现，求解线性规划有不少现成的数学软件，比如 MATLAB、Lingo|Lindo 软件就可以很方便地实现.

1）MATLAB 软件求解

为了避免形式多样性带来的不便，MATLAB 中规定线性规划的标准形式为

$$\min cx,$$
$$\text{s.t.} \begin{cases} Ax \le b, \\ x \ge 0. \end{cases}$$

基本函数形式为

$$\text{linprog}(c, A, b),$$

其返回值是向量 x 的值.

典型的线性规划问题为

$$\min f(x) = cx,$$
$$\text{s.t.} \begin{cases} Ax \le b, \\ Aeqx = beq, \\ lb \le x \le ub. \end{cases}$$

在 MATLAB 优化工具箱中，求解线性规划的完整调用形式如下：

[x, fval, exitflag, output, lambda] = linprog(c, A, b, Aeq, beq, lb, ub, x0, options)

（1）**输入参数：**

① 参数 c 表示目标函数中的常向量（采用列向量或行向量都可以），A, b 表示的是满足线性关系式 $Ax \le b$ 的约束矩阵和右端向量；

② 参数 Aeq 和 beq 对应等式约束 $Aeqx = beq$，lb, ub 分别是变量 x 的上界和下界，x0 是 x 的初始值，options 是控制参数.

（2）**输出参数：**

① fval 返回目标函数值，exitflag 表示程序退出优化运算的类型，output 参数包含多种关于优化信息；

② 参数 lambda 则表示各种约束问题的拉格朗日参数数值.

2）Lingo|Lindo 软件求解

Lingo|Lindo 软件包由美国芝加哥大学的 Linus Scharge 教授于 1980 年前后开发，专门用于求解最优化问题，后经不断完善和扩充，并成立 Lindo 公司进行商业化运作，取得了巨大成功. 全球《财富》杂志 500 强的企业中，一半以上使用该公司产品，其中前 25 强企业中有 23 家使用过该产品. 该软件包功能强大，版本也很多，而我们使用的只是**演示版**（试用版）. 演示版与正式版的功能基本上是类似的，只是能够求解问题的规模受到限制，总变量数不超过 30 个，这在我们目前的使用过程中，基本上是足够的.

Lindo(Linear, Interactive, and Discrete Optimizer) 是一个解决二次线性整数规划问题的方便而强大的工具. 这些问题主要出现在商业、工业、研究和政府等领域. Lindo 是专门用于求解数学规划的软件包，执行速度很快、易于方便输入，因此在数学、科研和工业界得到广泛应用. Lindo 主要用于解线性规划、二次规划，也可以用于线性方程组的求解以及代数方程求根等，它包含了建模语言和许多常用的数学函数（包括大量概论函数），可供使用者建立规划问题时调用.

Lindo 有以下特点：

（1）Lindo 程序以"MAX"（或"MIN"）表示目标是求最大化（最小化）问题，后面直接写目标函数的表达式和约束的表达式条件，目标函数和约束之间以"ST"分开；程序以"END"（也可以省略）结束.

（2）输入格式与数学模型表达式几乎完全一样，连系数之间的乘号都一样省略了，而且必须省略.

（3）变量以字母开头、不区分大小写，变量名不超过 8 个字符，变量不能出现在约束条件的右端，右端只能是常数；变量与系数之间可以有空格，但绝对不能有任何运算符.

（4）Lindo 中不接受"( )"和","等任何运算符号（除非在注释语句中）. 一行中"!"后面的文字将被认为是注释（说明）语句，不参与模型的建立，主要目的是增加程序的可读性，说明语句也以";"结束.

（5）在 Lindo 模型中的书写是相当灵活的，并且 Lindo 中已假定所有变量非负，也不区分大小写；约束条件中的"> ＝"及"<＝"可分别用">""<"代替；输入的多于空格和回车也会被忽略.

（6）命令功能：给当前模型中的变量设置上、下限. 命令格式为：

　　　sub [变量名] [常数]

　　　slb [变量名] [常数]

其中常数为给相应变量设置的上、下限数值. 行中注有"!"符号的后面部分为注释. 比如

　　　slb X1 1.5　　　　　!X1 设定下限 1.5.

取消变量上下限命令 free，比如 free X1.

Lingo 是英文 Linear Interactive and General Optimizer 字首的缩写，即"交互式的线性和通用优化求解器"，它除了具有 Lindo 的全部功能外，还可以用来求解非线性规划，功能十分强大，是求解优化模型的最佳选择. 其特色在于内置建模语言，允许以简练、直观的方式描述较大规模的优化问题，模型中所需的数据可以以一定的格式保存在独立的文件中. 它提供很多内部函数，可以允许决策变量是整数（即整数规划，包括 0－1 整数规划），方便灵活，而且执行速度非常快，能方便与 EXCEL、数据库等其他软件交换数据. 在 Lingo13.0 版本下，打开一个新文件，就像书写线性规划模型一样，直接输入即可.

由于 Lingo 除具备 Lindo 的全部功能外，还可以用于求解非线性规划问题，所以 Lindo 公司目前已经将 Lindo 软件从其产品目录中删除，而将 Lindo 软件的所有功能都在 Lingo 中得到了支持，相信在不久的将来总有一天人们会废弃 Lindo 软件不再使用，但 Lingo 的生命力应该还是很顽强的！

Lingo 与 Lindo 主要区别有：

（1）目标函数表示方式从"max"变成了"max ＝".

（2）st 在 Lingo 中不再需要.

（3）在每个系数与变量之间增加了运算（不能省略）.

（4）每行（目标，约束和说明语句）后增加了";"，约束的名字放在一对[ ]中，不是在( )中.

（5）Lingo 中模型以"model:"开始，以"end"结束，对简单模型可省略，Lingo 不区分大小写，变量名不超过 32 个字符，以字母开头.

（6）用 Lingo 解优化模型时已假定所有变量非负，变量定界函数为：

@bnd（L, X, U）：限制 L<=X<=U. 注意，Lingo 中没有与 Lindo 命令 SLB、SUB 类似的函数@ SLB，@ SUB.

@bin（X）：限制 X 为 0 或 1. 注意 Lindo 中的命令是 int，但 Lingo 中这个函数却不是@int.

@free(X)：取消对 X 的符号限制（即可取负数，0 或正数）.

@gin(X)：限制 X 为整数.

例 5.1.3　求解线性规划问题：

$$\min z = -x_1 - 3x_2,$$
$$\text{s.t.} \begin{cases} x_1 + x_2 \leqslant 6, \\ -x_1 + 2x_2 \leqslant 8, \\ x_1, x_2 \geqslant 0. \end{cases}$$

解　MATLAB 程序代码为

```
c = [-1, -3];
a = [1, 1; -1, 2];
b = [6, 8];
[x, y] = linprog(c, a,b, [], [], zeros(2, 1))
```

或

```
c = [-1; -3];
a = [1, 1; -1, 2];
b = [6, 8];
lb = zeros(2, 1);
[x, fval, exitflag, output, lambda] = linprog(c, a,b, [], [], lb)
```

结果为

```
x =               %最优解

    1.3333

    4.6667

fval =            %最优值

   -15.3333

exitflag =        %收敛

    1

output =          %迭代次数和使用规则

    iterations: 7

    algorithm: 'large-scale: interior point'

cgiterations: 0

message: 'Optimization terminated.'

lambda  =

    ineqlin: [2x1 double]
```

eqlin: [0x1 double]

upper: [2x1 double]

lower: [2x1 double]

编写 Lingo 程序如下：

Lindo 软件命令	Lingo 软件命令

min-x1-3x2
st
x1+x2<=6
-x1+x2<=8
end
	model:
	min = -x1-3*x2;
	x1+x2<=6;
	-x1+2*x2<=8;
	end

Lingo|Lindo 中已规定所有决策变量均为非负，故非负约束不必输入；式中不能有括号，右端不能有数学符号，模型中符号 ≤,≥ 用<=, >=形式输入，它们与<, >等效. 将文件储存并命名后，选择菜单 Lindo|Slove, 输出结果如下：

G1obal optimal solution found.

Objective value:	−15.33333
Infeasibilities:	0.000000
Total solvet iterations:	2
Model Class:	LP
Tota1 variables:	2
Nonlinear variables:	0
Integer variables:	0
Total constraints:	3
Nonlinear constraints:	0
Total nonzeros:	6
Nonlinear nonzeros:	0

Variable	Value	Reduced Cost
X1	1.333333	0.000000
X2	4.666667	0.000000

Row	Slack or Surplus	Dual Price
1	−15.33333	−1.000000
2	0.000000	1.666667
3	0.000000	0.6666667

这个输出结果告诉我们，线性规划的最优解为 X1 = 1.333333，X2 = 4.666667，最优值为 −15.33333.

选择菜单 Lindo|Range，进行灵敏性分析，输出结果如下：

Ranges in which the basis is unchanged:

Objective Coefficient Ranges ·

Variable	Current Coefficient	Allowable Increase	Allowable Decrease

X1	−1.000000	2.500000	2.000000
X2	−3.000000	2.000000	INFINITY

Righthand Side Ranges

	Current	Allowable	Allowable
Row	RHS	Increase	Decrease
2	6.000000	INFINITY	2.000000
3	8.000000	4.000000	14.00000

例 5.1.4 求解线性规划问题:

$$\max z = 2x_1 + 3x_2 - 5x_3,$$

$$\text{s.t.} \begin{cases} x_1 + x_2 + x_3 = 7, \\ 2x_1 - 5x_2 + x_3 \geqslant 10, \\ x_1, x_2, x_3 \geqslant 0. \end{cases}$$

解 我们首先运用 MATLAB 软件求解.

（1）编写 M 文件.

```
c = [2, 3, -5];
a − [-2, 5, -1];
b = -10;
aeq = [1, 1, 1];
beq = 7;
%是求最大值而不是最小值，注意这里是 "-c" 而不是 "c"
x = linprog(-c, a,b, aeq, beq, zeros(3, 1)),
value = c*x
```

（2）将 M 文件存盘，命名为 example514.m.

（3）在 MATLAB 指令窗口运行 example514.m 即可得结果.

Lindo|Lingo 程序如下：

Lindo 软件命令	Lingo 软件命令

max 2x1+3x2-5x3
st
x1+x2+x3 = 7
2x1-5x2+x3>= 10
end
	model:
	max = 2*x1+3*x2-5*x3;
	x1+x2+x3 = 7;
	2*x1-5*x2+x3>= 10;
	end

例 5.1.5 求解线性规划问题:

$$\min z = -5x_1 + 4x_2 + 2x_3,$$

$$\text{s.t} \begin{cases} 6x_1 - x_2 + x_3 \leqslant 8, \\ x_1 + 2x_2 + 4x_3 \leqslant 10, \\ -1 \leqslant x_1 \leqslant 3, 0 \leqslant x_2 \leqslant 2, 0 \leqslant x_3. \end{cases}$$

解 编写 MATLAB 程序如下：

```
c = [-5, 4, 2];
A = [6, -1, 1; 1, 2, 4];
b = [8, 10]';
lb = [-1, 0 0];
ub = [3, 2];
[x, fval, exitflag, output, lambda] = linprog(c, A,b, [], [], lb, ub)
```

或

```
c = [-5, 4, 2]';
A = [6, -1, 1; 1, 2, 4];
b = [8, 10]';
lb = [-1, 0 0]';
ub = [3, 2]';
Aeq = [];
beq = [];
[x, fval, exitflag, output, lambda] = linprog(c, A,b, Aeq, beq, lb, ub)
```

部分结果为

x =	fval =
1.3333	−6.6667
0.0000	
0.0000	

由此可见, MATLAB 命令对参数为行向量或列向量都认, 但在调用且向量相乘时, 一定要保证维数匹配.

Lindo 软件命令	Lingo 软件命令
min -5x1+4x2+2x3	model:
st	min = -5*x1+4*x2+2*x3;
6x1-x2+x3<=8	6*x1-x2+x3<=8;
x1+2x2+4x3<=10	x1+2*x2+4*x3<=10;
end	@bnd(-1,x1, 3);
slb x1 -1	@bnd(0,x2, 2);
sub x1 3	End
sub x2 2	

5.2　奶制品的生产与销售

　　企业内部的生产计划有着各种不同的情况. 如果在短时间内认为外部需求和内部资源不随时间变化, 可制订单阶段生产计划, 否则就要制订多阶段生产计划. 本节以奶制品的生产与销售为例, 说明如何建立这类问题的数学规划模型, 并对软件求解的输出结果进行分析.

1）奶制品的生产

问题 1 一奶制品加工厂用牛奶生产 A_1, A_2 两种奶制品，1 桶牛奶可以在设备甲上用 12 小时加工成 3 公斤 A_1，或者在设备乙上用 8 小时加工成 4 公斤 A_2. 根据市场需求，生产的 A_1, A_2 全部能售出，且每公斤 A_1 获利 24 元，每公斤 A_2 获利 16 元. 现加工厂每天能得到 50 桶牛奶供应，每天正式工人总的劳动时间为 480 小时，并且设备甲每天至多加工 100 公斤 A_1，设备乙的加工能力没有限制. 试为该厂制订一个生产计划，使得每天的获利最大，并进一步讨论以下 3 个附加问题.

（1）若用 35 元可以买到 1 桶牛奶，应否做这项投资？若投资，每天最多购买多少桶牛奶？

（2）若可聘用临时工人以增加劳动时间，付给临时工人的工资最多是多少？

（3）由于市场需求变化，每公斤 A_1 的获利增加到 30 元，是否改变生产计划？

问题分析：这个优化问题的目标是使得每天的获利最大，要做的决策是生产计划，即每天分别用多少桶牛奶生产 A_1, A_2. 决策有三个条件的限制：原料供应、劳动时间、设备甲的生产能力. 按照题目所给，将决策变量、目标函数和约束条件用数学符号及式子表示出来，就可得到下面的数学模型.

基本模型：

决策变量： 设每天用 x_1 桶牛奶生产 A_1，用 x_2 桶牛奶生产 A_2.

目标函数： 每天获利 z 元，x_1 桶牛奶可生产 $3x_1$ 公斤的 A_1，获利 $24 \times 3x_1$；同理可得 A_2 获利 $16 \times 4x_2$，故 $z = 72x_1 + 64x_2$.

约束条件：

原料供给： 生产 A_1, A_2 的原料总量不能超过每天的供应，即 $x_1 + x_2 \leqslant 50$.

劳动时间： 生产 A_1, A_2 的总加工时间不能超过每天正式工人的总的劳动时间，即 $12x_1 + 8x_2 \leqslant 480$.

设备能力： A_1 的产量不得超过设备甲每天的加工能力，即 $3x_1 \leqslant 100$.

非负约束： x_1, x_2 均不能取负值.

综上可得

$$\max z = 72x_1 + 64x_2,$$

$$\text{s.t.} \begin{cases} x_1 + x_2 \leqslant 50, \\ 12x_1 + 8x_2 \leqslant 480, \\ 3x_1 \leqslant 100, \\ 0 \leqslant x_1, 0 \leqslant x_2. \end{cases}$$

基本假设：对于本例，能建立上面的线性规划模型实际上是事先作了如下假设：

（1）A_1, A_2 两种奶制品每公斤的获利是与它们各自产量无关的常数，每桶牛奶加工出 A_1, A_2 的数量和所需的时间是与它们各自的产量无关的常数.

（2）A_1, A_2 两种奶制品每公斤的获利是与它们相互产量无关的常数，每桶牛奶加工出 A_1, A_2 的数量和所需的时间是与它们相互产量无关的常数.

（3）加工 A_1, A_2 的牛奶桶数可以是任意实数.

由于这些假设对于书中给出的、经过简化的实际问题是如此明显成立，本章下面例题就不再一一列出类似的假设了. 不过，读者在打算用数学规划模型解决现实生活中的实际问题时，应该考虑上面 3 条性质是否近似满足.

模型求解：求解数学规划的方法很多，如图解法，但随着计算机的发展，现在求解数学规划有不少现成的数学软件. Lindo 软件命令如下：

max 72x1+64x2

st

x1+x2<=50

12x1+8x2<=480

3x1<=100

end

将文件存储并命名后，选择菜单"slove"和"range"，输出结果如下：

Global optimal solution found.

Objective value:	3360.000
Infeasibilities:	0.000000
Total solvet iterations	2
Model Class:	LP
Total variables:	2
Nonlinear variables:	0
Integer variables:	0
Total constraints:	4
Nonlinear constraints:	0
Total nonzeros:	7
Nonlinear nonzeros:	0

Variable	Value	Reduced Cost
X1	20.00000	0.000000
X2	30.00000	0.000000

Row	Slack or Surplus	Dual Price
1	3360.000	1.000000
2	0.000000	48.00000
3	0.000000	2.000000
4	40.00000	0.000000

Ranges in which the basis is unchanged:

Objective Coefficient Ranges:

Variable	Current Coefficient	Allowable Increase	Allowable Decrease
X1	72.00000	24.00000	8.000000
X2	64.00000	8.000000	16.00000

Righthand Side Ranges:

Row	Current RHS	Allowabl Increase	Allowable Decrease

2	50.00000	10.00000	6.666667
3	480.0000	53.33333	80.00000
4	100.0000	INFINITY	40.00000

结果分析：上述结果告诉我们，这个线性规划的最优解为 $x_1=20, x_2=30$，最优值 $z=3360$，即 20 桶牛奶生产 A_1，30 桶牛奶生产 A_2，可以获得最大利润为 3360 元. 输出中除了告诉我们问题的最优解和最优值外，还有许多对分析有用的信息.

下面结合题目中的 3 个附加问题给予说明.

（1）3 个约束条件的右端不妨看作 3 种资源：原料、劳动时间、设备甲的加工能力. 输出"slack or surplus"给出这三种资源在最优解下是否有剩余. 显然设备甲的加工能力剩余 40 公斤，其他资源为 0. 一般称"资源"剩余为 0 的约束为**紧约束**（有效约束）.

（2）目标函数可以看作"效益"，成为**紧约束的"资源"一旦增加，效益必然跟着增长**. 输出"Dual Price"给出这三种资源在最优解下"资源"增加 1 单位时"效益"的增量：原料增加 1 单位，利润增加 48 元；劳动时间增加 1 单位，利润增加 2 元；而增加非紧约束设备甲的加工能力，利润不会增长. "效益"的增量可以看作"资源"的潜在价值，经济学上称为**影子价格**. 用 35 元可以购买 1 桶牛奶，低于 1 桶牛奶的影子价格，当然应该投资，而聘用临时工人，每小时的最高工资为 2 元.

读者可以用直接求解的办法验证上面的结论，即将输入文件中原料约束的右端 50 改为 51，看看得到的最优值是否恰好增长 48 元.

（3）目标函数的系数发生变化时，最优解和最优值会改变么？"Allowable Increase"和"Allowable Decrease"给出了最优解不变条件下目标函数系数的允许变化范围：x_1 的系数变化范围为 $(72-8, 72+24)$，x_2 的系数变化范围为 $(64-16, 64+8)$. 但要注意，x_1 的系数变化范围需要 $x_2=64$ 不变，反之亦然. 若每公斤 A_1 获利增加到 30 元，则 x_1 的系数变为 $3\times30=90<96=72+24$，在允许范围内，所以不应改变生产计划.

（4）影子价格的作用是有限制的，输出"Current RHS"的"Allowable Increase"和"Allowable Decrease"给出了影子价格在有意义条件下约束右端的限制范围. 原料最多增加 10 桶牛奶，劳动时间最多增加 53.3333 小时.

现在可以附加回答问题（1）中的第二问：虽然应该批准用 35 元买 1 桶牛奶投资，但每天最多购买 10 桶牛奶. 可以用低于每小时 2 元的工资聘用临时工人以增加劳动时间，但最多增加 53 小时.

2）奶制品的销售计划

问题 2 在奶制品的生产中，给出的 A_1, A_2 两种奶制品的生产条件、利润及工厂的资源限制全部不变，为了增加工厂的获利，开发了奶制品的深加工技术：用 2 小时和 3 元加工费，可将 1 公斤 A_1 加工成 0.8 公斤高级奶制品 B_1，也可将 1 公斤 A_2 加工成 0.75 公斤高级奶制品 B_2，每公斤 B_1 能获利 44 元，每公斤 B_2 能获利 32 元. 试为该厂制订一个生产销售计划，使每天的净利润最大，并讨论以下问题：

（1）若投资 30 元可以增加供应 1 桶牛奶，投资 3 元可以增加 1 小时劳动时间，是否作这些投资？若每天投资 150 元，可赚回多少？

（2）每公斤高级奶制品 B_1, B_2 的获利经常有 10%的波动，对制订的生产销售计划有无影响？若每公斤 B_1 获利下降 10%，计划应该变化么？

由于问题分析、模型建立、求解、结果分析同问题 1 类似，故在此我们只简单给出结果，具体过程请读者自己补充.

设每天销售 x_1 公斤 A_1，x_2 公斤 A_2，x_3 公斤 B_1，x_4 公斤 B_2，用 x_5 公斤 A_1 加工 B_1，用 x_6 公斤 A_2 加工 B_2（增加 x_5, x_6 可使模型简化），可得模型为

$$\max z = 24x_1 + 16x_2 + 44x_3 + 32x_4 - 3x_5 - 3x_6,$$

$$\text{s.t.} \begin{cases} \dfrac{x_1 + x_5}{3} + \dfrac{x_2 + x_6}{4} \leqslant 50, \text{ 即 } 4x_1 + 3x_2 + 4x_5 + 3x_6 \leqslant 600, \\ 4(x_1 + x_5) + 2(x_2 + x_6) + 2x_5 + 2x_6 \leqslant 480, \text{ 即} 4x_1 + 2x_2 + 6x_5 + 4x_6 \leqslant 480, \\ x_1 + x_5 \leqslant 100, \\ x_3 = 0.8x_5, \\ x_4 = 0.72x_6, \\ 0 \leqslant x_i, i = 1, 2, \cdots, 5. \end{cases}$$

运行如下 Lindo 程序：

```
max 24x1+16x2+44x3+32x4-3x5-3x6
st
4x1+3x2+4x5+3x6<=600
4x1+2x2+6x5+4x6<=480
x1+x5<=100
x3-0.8x5 = 0
x4-0.75x6 = 0
end
```

可得如下输出结果：

```
Global optimal solution found.
Objective value:                          3460.800
Infeasibilities:                          0.000000
Total solver iterations:                         2
    Variable          Value       Reduced Cost
          X1       0.000000          1.680000
          X2       168.0000          0.000000
          X3       19.20000          0.000000
          X4       0.000000          0.000000
          X5       24.00000          0.000000
          X6       0.000000          1.520000
         Row  Slack or Surplus       Dual Price
           1       3460.800          1.000000
           2       0.000000          3.160000
           3       0.000000          3.260000
           4       76.00000          0.000000
           5       0.000000          44.00000
           6       0.000000          32.00000
```

Ranges in which the basis is unchanged:
Objective Coefficient Ranges:

Variable	Current Coefficient	Allowable Increase	Allowable Decrease
X1	24.00000	1.680000	INFINITY
X2	16.00000	8.150000	2.100000
X3	44.00000	19.75000	3.166667
X4	32.00000	2.026667	INFINITY
X5	-3.000000	15.80000	2.533333
X6	-3.000000	1.520000	INFINITY

Righthand Side Ranges:

Row	Current RHS	Allowable Increase	Allowable Decrease
2	600.0000	120.0000	280.0000
3	480.0000	253.3333	80.00000
4	100.0000	INFINITY	76.00000
5	0.000000	INFINITY	19.20000
6	0.000000	INFINITY	0.000000

仿照问题 1 分析，由输出结果可得：

（1）应该投资 30 元增加供应 1 桶牛奶，或投资 3 元增加 1 小时劳动时间. 若每天投资 150 元，增加供应 5 桶牛奶，可赚回 189.6 元，但每天最多增加 10 桶牛奶.

（2）当 B_1 的获利向下波动 10%，或 B_2 的获利向上波动 10%，上述的生产销售计划不再是最优的，应该重新制订. 若每公斤 B_1 获利下降 10%，可将原模型中目标函数中 x_3 的系数改为 39.6，重新计算，发现计划变化很大.

与问题 1 相比，问题 2 多了两个产品 B_1,B_2，它们与销售量与 A_1,A_2 的加工量之间存在等式关系，虽然我们可据此消去两个变量，但会增加人工计算，并使模型变得复杂. 我们建模的原则是尽可能利用原始的数据信息，而把尽可能多的计算留给计算机.

5.3 投资的收益与风险

1）问题的提出

假如在市场上有 n 种风险资产可供投资，现用数额为 M（相当大）的资金去做一个时期的投资，在一个时期内购买风险资产 S_i 的期望收益为 r_i，风险损失率为 q_i. 众所周知，不要把鸡蛋放在一个篮子里，即投资越分散，总风险越小，但天下没有免费的午餐，故期望收益也越低. 假如总体风险可用投资 $S_i, i=1,\cdots,n$ 中最大的一个风险进行度量，当然购买 S_i 也是要付交易费的，不妨设费率为 p_i，当购买额不超过给定值 u_i 时，交易费按购买 u_i 计算. 假如国有大型银行同期存款利率 $r_0 = 0.05$，由于银行以国家信用做担保，而国家具有征税和印刷货币的权利，故存款可认为是无风险资产，同时按照国际惯例，存款无交易费.

已知当 $n=4$ 时，风险资产的相关数据如表 5.3.1 所示.

表 5.3.1 四种风险资产相关数据

S_i	r_i（%）	q_i（%）	p_i（%）	u_i（元）
S_1	28	2.5	1	103
S_2	21	1.5	2	198
S_3	23	5.5	4.5	52
S_4	25	2.6	6.5	40

  试为该投资者设计一种投资组合方案，即用给定的资金 M，有选择地购买若干种风险资产或存银行生息，使总收益尽可能大，总风险尽可能小.

  注：风险损失率是在一定时间内一定数目的危险单位中可能受到损失的程度，计算公式为：风险损失率＝实际损失额/总资产×100%.

2）基本假设和符号规定

基本假设：

（1）投资数额 M 可能很大，为计算方便且不失一般性，不妨设 $M=1$.

（2）风险资产存在负相关关系，投资越分散，总体风险越小.

（3）总风险用投资项目中 S_i 中最大的一个风险度量.

（4）n 种风险资产相互独立，且在投资的这一时期内，r_i, p_i, q_i, u_i, r_0 为定值.

（5）净收益和总风险只受 r_i, p_i, q_i 影响，不受其他因素干扰.

符号规定：

S_i：第 i 种风险资产，如股票、债券等；

u_i：S_i 的交易定额；

r_i, p_i, q_i：分别为 S_i 的期望收益率、交易费率、风险损失率；

r_0：无风险利率；

x_i：投资 S_i 的资金；

a：投资风险度；

Q：总体收益.

3）问题的分析与模型建立

（1）总投资风险用所投资 S_i 中的最大一个风险度量，即 $\max\{q_i x_i, i=1,\cdots,n\}$.

（2）购买 S_i 的交易费为分段函数，即 $\begin{cases} p_i x_i, & x_i > u_i, \\ p_i u_i, & x_i \leqslant u_i. \end{cases}$ 由于题目中给定的定值 u_i 相对总投资额 M 很小，可以忽略不计，这样购买 S_i 的净收益为 $(r_i - p_i)x_i$.

（3）我们的目标是，净收益尽可能大，总体风险尽可能小. 显然这是一个多目标规划模型：

目标函数：$\begin{cases} \max \sum\limits_{i=0}^{n}(r_i - p_i)x_i, \\ \min\{\max\{q_i x_i\}\}, \end{cases}$

约束条件：$\begin{cases} \sum\limits_{i=0}^{n}(1+p_i)x_i = M, \\ x_i \geqslant 0, i=1,2,\cdots,n. \end{cases}$

4）模型简化

在实际投资中，投资者承受风险的程度不一样. 若给定一个风险界限 a，即投资损失额在总资产中的比例不超过 a，使得最大风险 $\dfrac{q_i x_i}{M} \leqslant a$ 下寻找相应的投资方案，这样就可以把多目标规划转化为单目标线性规划.

模型 1 固定风险水平，最大化收益：

$$Q = \max \sum_{i=0}^{n} (r_i - p_i) x_i,$$

$$\text{s.t.} \begin{cases} \dfrac{q_i x_i}{M} \leqslant a, \\ \sum_{i=0}^{n} (1 + p_i) x_i = M, \ x_i \geqslant 0, \ i = 1, 2, \cdots, n. \end{cases}$$

若投资者希望总赢利至少达到水平 k 以上，在风险最小的情况下寻找相应的投资组合，则可建立模型 2.

模型 2 固定赢利水平，极小化风险：

$$R = \min\{\max\{q_i x_i\}\},$$

$$\text{s.t.} \begin{cases} \sum_{i=0}^{n} (r_i - p_i) x_i \geqslant k, \\ \sum_{i=0}^{n} (1 + p_i) x_i = M, \ x_i \geqslant 0, \ i = 1, 2, \cdots, n. \end{cases}$$

如果投资者在权衡资产风险和预期收益两方面，希望选择一个令自己满意的投资组合，则可建立模型 3. 为讨论方便，不妨假设此投资者对风险赋予权重 s，$0 < s \leqslant 1$，称为**投资偏好系数**.

模型 3 风险与预期收益折中，寻找最佳结合点：

$$f = \min\left\{ s\{\max\{q_i x_i\}\} - (1 - s) \sum_{i=0}^{n} (r_i - p_i) x_i \right\},$$

$$\text{s.t.} \ \sum_{i=0}^{n} (1 + p_i) x_i = M, \ x_i \geqslant 0, \ i = 1, 2, \cdots, n.$$

5）模型求解

我们只讨论模型 1. 对于表 5.3.1 中数据，模型 1 为

$$\min f = (-0.05, -0.27, -0.19, -0.185, -0.185)(x_0, x_1, \cdots, x_4)^{\mathrm{T}},$$

$$\text{s.t.} \begin{cases} 0.025 x_1 \leqslant a, \ 0.015 x_2 \leqslant a, \\ 0.055 x_3 \leqslant a, \ 0.026 x_4 \leqslant a, \\ \sum_{i=0}^{n} x_0 + 1.01 x_1 + 1.02 x_2 + 1.045 x_3 + 1.065 x_4 = 1, \\ x_i \geqslant 0, \ i = 1, 2, \cdots, 4. \end{cases}$$

由于 a 是任意给定风险度，不同的投资者有不同的风险度，所以从 $a=0$ 开始，以步长 0.001 进行循环搜索，编制程序如下：

```
a = 0;
while (1.1-a)>1
        c = [-0.05, -0.27, -0.19, -0.185, -0.185];
        Aeq = [1, 1.01, 1.02, 1.045, 1.065];
        beq = [1];
        A = [0, 0.025, 0, 0, 0; 0, 0, 0.015, 0, 0; 0, 0, 0, 0.055, 0; 0, 0, 0, 0, 0.026];
        b = [a; a; a; a];
        vlb = [0, 0, 0, 0, 0];
        vub = [];
        [x, val] = linprog(c, A, b,Aeq, beq, vlb, vub);
        a,
        x = x',
        Q = -val
        plot(a, Q,'.'),
        axis([0 0.1 0 0.5]),
        hold on
        a = a+0.001;
end
xlabel('a'),
ylabel('Q')
```

其风险与收益关系图如图 5.3.1 所示．

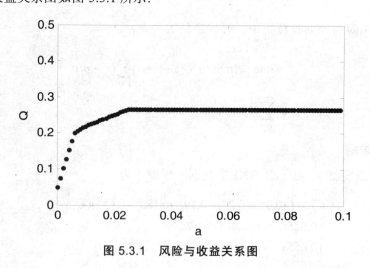

图 5.3.1　风险与收益关系图

注：Lingo 软件处理标准格式的线性规划非常方便，但对于独特的线性规划，还需要 Matlab，因为 Matlab 更灵活，可根据自己的特殊需求进行编程．

6）结果分析

由计算结果与图 5.3.1 可以看出：

（1）风险越大，收益越大，这与我们的日常认识相符，高收益，高风险.

（2）当投资越分散时，投资者承担的风险越小，这与题意一致，即风险偏好投资者倾向集中投资的情况，风险厌恶投资者倾向于分散投资.

（3）在第 7 个点处，即 $a = (7-1) \times 0.001 = 0.006$ 附近有一个转折点，在这点左侧，风险增加很小时，收益增加很多，而在这一点右侧，风险增加很大，但收益增加很少，特别是 a 达到 0.04 以后，曲线基本水平，即增加风险基本不会增加收益. 如果投资者对风险和收益没有特殊偏好，应该选择曲线的拐点作为最优投资组合，大约 $a = 0.006$，对应有

$$x = 0.0000 \quad 0.2400 \quad 0.4000 \quad 0.1091 \quad 0.2212 \quad Q = 0.2019$$

即所对应的投资方案，如表 5.3.2 所示.

表 5.3.2　最优投资方案

风险度	收益	x_0	x_1	x_2	x_3	x_4
0.006	0.2019	0	0.2400	0.4000	0.1091	0.2212

练习：请读者运用 Matlab 软件及表 5.3.1 中数据并结合实际假设，给出模型 2、3 的最优投资方案.

5.4　整数线性规划模型

数学规划中的变量全部或部分限制为整数，称为**整数规划**. 要求变量取整数值的线性规划问题称为**整数线性规划（ILP）**，其中变量只取 0 或 1 的线性规划称为 **0-1 规划**. 只要求部分变量取整数值的线性规划称为**混合线性规划**. 本节主要介绍整数线性规划求解的困难性及常用算法，最后给出几个常见的整数线性规划模型.

5.4.1　求解的困难性与常用算法

整数线性规划和线性规划密不可分，它的一些基本算法设计都是以相应线性规划的最优解为出发点，但是变量取整数值的要求本质上是一种非线性约束，因此它的难度大大超过线性规划. 考虑如下形式 ILP：

$$\min cx,$$
$$\text{s.t.} \begin{cases} Ax = b, \\ x \geq 0, \ x \text{ 为整数向量}. \end{cases}$$

在问题中除去 x 为整数向量这一约束后，就得到一个普通的 LP 问题，而对 LP 问题已有有效的算法. 因此，人们对 ILP 提出了第一个问题：

为什么不解对应的 LP，然后将其解舍入到最近的整数解呢？在某些情况下，特别是 LP 的解是一些很大的数字时，对舍入误差不敏感，这一策略是可行的，但在一般情况下，要把

LP 的解舍入到一个可行的整数解往往是很困难的,甚至是不行的. 特别对某些 0-1 规划问题,实行舍入与解原问题同样困难.

　　ILP 的可行集合是一些离散的整数点，又称为**格点**. 对有界的 ILP 问题，其可行集合内的格点数目是有限的，于是人们对 ILP 提出了第二个问题：可否用**枚举法**来解 ILP 问题，即算出目标函数在可行集合内各个格点的函数值，然后比较这些函数值的大小，以求得 ILP 问题的最优解和最优值？当问题变量很少且可行集合内的格点数目也很少时，枚举法是可行的. 但对一般的 ILP 问题，枚举法是无能为力的. 如 50 个城市的货郎担问题，所有可能的旅行路线个数为 $\dfrac{49!}{2}$，如果用枚举法在计算机上求解，显然运算量大到了计算机也无能为力的地步.

　　目前还没有一种方法能有效求解一切整数规划，常见的整数规划问题求解有以下几种.

　　（1）**分枝定界法**：可求纯或混合整数线性规划，算法步骤如下：

　　第 1 步：放宽或取消原问题的某些约束条件，如求整数解的条件. 如果这时求出的最优解是原问题的可行解，那么这个解就是原问题的最优解，计算结束；否则这个解的目标函数值是原问题的最优解的上界.

　　第 2 步：将放宽了某些约束条件的替代问题分成若干子问题，要求各子问题的解集合的并集要包含原问题的所有可行解，然后对每个子问题求最优解. 这些子问题的最优解中的最优者若是原问题的可行解，它就是原问题的最优解，计算结束；否则它的目标函数值就是原问题的一个新的上界. 另外，各子问题的最优解中，若原问题存在可行解，选这些可行解的最大目标函数值，它就是原问题的最优解的一个下界.

　　第 3 步：对最优解的目标函数值已小于这个下界的子问题，其可行解中必无原问题的最优解，可以放弃. 对最优解（不是原问题的可行解）的目标函数值大于这个下界的子问题，都先保留下来，进入第 4 步.

　　第 4 步：在保留下的所有子问题中，选出最优解的目标函数值最大的一个，重复第 1 步和第 2 步. 如果已经找到该子问题的最优可行解，那么其目标函数值与前面保留的其他问题在内的所有子问题的可行解中目标函数值最大者，将它作为新的下界，重复第 3 步，直到求出最优解.

　　需要指出的是，分枝定界法并不能保证用最少的迭代次数达到最优解，在最不顺利的情况下，甚至需要对全部区域进行搜索. 但根据经验，一般情况下，它还是一个节省工时的有效方法.

　　（2）**割平面法**：可求纯或混合整数线性规划. 它的基本思想是首先不考虑整数性要求，用单纯形法求出所给问题的最优解，若其中每个变量恰好都取整数值，则它正好是所求的解；否则，就设法把这个最优的极点，连同它的一个领域，从可行解集合中"切除"，但保留其中全部格点. 对于可行解的剩余部分重复上述步骤，范围逐渐缩小，直到找到最优解为止. 这里的关键是如何实现上述的"切除". 事实上，这将通过一个附加的约束条件（称为**割平面**）来实现，故称为**割平面法**.

　　（3）**隐枚举法**：用于求解 0-1 整数规划，有过滤枚举法和分支枚举法. 所谓隐枚举法是在枚举过程中引入过滤条件，而与之对应的是显枚举法（一种穷举法）.

　　（4）**匈牙利法**：解决指派问题（0-1 规划特殊情形）.

　　（5）**蒙特卡洛法**：求解各类线性规划.

5.4.2 整数规划建模案例

在许多实际问题中，我们所研究的量具有不可分割的性质，如人数、机器数，而开与关、取与舍、真与假等逻辑现象都需要用取值仅为 0 或 1 的变量来数量化的描述. 涉及这些变量的线性规划问题，非整数解显然不合乎要求.

1）投资决策问题

某部门在今后 5 年中可用于投资的资金总额为 B 万元，有 $n(n \geqslant 2)$ 个可以考虑的投资项目，假定每个项目最多投资一次，第 j 个项目所需资金为 b_i 万元，将会获得的利润为 c_i 万元，问应如何选择投资项目，才能使获得的总利润最大？

解 设投资决策变量为 $x_i = \begin{cases} 1, & \text{决定投资第} i \text{个项目} \\ 0, & \text{决定不投资第} i \text{个项目} \end{cases}$，$i = 1, \cdots, n$，获得的总利润为 z，则上述问题的数学模型为

$$\max z = \sum_{i=1}^{n} c_i x_i,$$

$$\text{s.t.} \begin{cases} 0 < \sum_{i=1}^{n} b_i x_i \leqslant B, \\ x_i = 0 \text{ 或 } 1, \ i = 1, \cdots, n. \end{cases}$$

显然这是一个 0-1 规划，决策变量的取值为 0 或 1，这个约束是可以用一个等价的非线性约束

$$x_i(1 - x_i) = 0, i = 1, \cdots, n$$

来代替，因而变量限制为整数本质上是一个非线性约束，它不能用线性约束来代替.

如果

$$n = 4, \ B = 60, \ b_1 = 10, \ b_2 = 15, \ b_3 = 25, \ b_4 = 30, \ c_1 = 1, \ c_2 = 2, \ c_3 = 3, \ c_4 = 4,$$

则模型解为

Lindo 软件命令	Lingo 软件命令
max 1x1+2x2+3x3+4x4 st 10x1+15x2+25x3+30x4<= 60 end int x1 int x2 int x3 int x4	model: max = 1*x1+2*x2+3*x3+4*x4; 10*x1+15*x2+25*x3+30*x4<= 60; @bin(x1); @bin(x2); @bin(x3); @bin(x4); end

运行部分结果如下：

```
Objective value:                        7.000000
Variable          Value        Reduced Cost
      X1       0.000000          -1.000000
      X2       0.000000          -2.000000
      X3       1.000000          -3.000000
      X4       1.000000          -4.000000
```

显然，投资第 3、4 项目，总利润最大，为 7 万元.

2）电视台放映策略

中央电视台为改版后的《非常 6+1》栏目播放两套宣传片，其中，宣传片甲放映时间为 3.5 min，广告时间为 0.5 min，收视观众为 60 万. 宣传片乙放映时间为 1 min，广告时间为 1 min，收视观众为 120 万. 广告公司规定每周至少有 3.5 min 广告，而电视台每周只能为该栏目宣传片提供不多于 16 min 的时间. 电视台每周应放映两套宣传片各多少次，才能使得收视观众最多？

解 设电视台每周放映甲 x_1 次，乙 x_2 次，总收视观众为 z 万人，则可将题目转化为线性规划问题

$$\min z = 60x_1 + 120x_2,$$

$$\text{s.t.} \begin{cases} 4x_1 + 2x_2 \leqslant 16 \\ 0.5x_1 + x_2 \geqslant 3.5. \\ x_1, x_2 \in \mathbf{N} \end{cases}$$

这是一个纯整数线性规划问题.

Lindo 软件命令	Lingo 软件命令
min 60x1+120x2 st 4x1+2x2<= 16 0.5x1+x2>= 3.5 end gin x1 gin x2	model: min = 60*x1+120*x2; 4*x1+2*x2<= 16; 0.5*x1+x2>= 3.5; @gin(x1); @gin(x2); end

运行结果如下：

```
Global optimal solution found.
Objective value:                              420.0000
Variable         Value         Reduced Cost
   X1          1.000000          60.00000
   X2          3.000000          120.0000
   Row     Slack or Surplus     Dual Price
    1          420.0000          -1.000000
    2          6.000000          0.000000
    3          0.000000          0.000000
```

显然，电视台每周放映甲 1 次，乙 3 次，总收视观众为 420 万人.

3）钢管下料

某钢管零售商从钢管厂进货，将钢管按照顾客的要求切割后售出，从钢管厂进货时得到的原料钢管都是 19 m.

（1）现有客户需要 50 根 4 m、20 根 6 m 和 15 根 8 m 的钢管，应如何下料最节省？

（2）零售商如果采用的不同的切割模式太多，将会导致生产过程的复杂化，从而增加管理成本，所以该零售商规定采用的不同切割模式不能超过 3 种. 此外，该客户除需要（1）中三种钢管外，还需要 10 根 5 m 的钢管，应如何下料最节省？

问题（1）的求解.

问题分析：所谓一个切割模式是指按照客户需求在原料钢管上安排切割的一种组合. 通常假定一个合理的切割模式的余料不应该大于或等于客户需求钢管的最小尺寸. 在这种假设下，合理的切割模式一共有 7 中，如表 5.4.1 所示.

表 5.4.1　钢管下料的合理切割模式

	4 m 钢管根数	6 m 钢管根数	8 m 钢管根数	余料
模式 1	4	0	0	3
模式 2	3	1	0	1
模式 3	2	0	1	3
模式 4	1	2	0	3
模式 5	1	1	1	1
模式 6	0	3	0	1
模式 7	0	0	2	3

不同的零售商会有不同的目标函数，即对节省的理解不一样. 不妨设有两种标准：一是切割后剩余的总余料量最小；二是切割原料钢管的总根数最少.

下面将对这两个目标分别讨论.

模型建立：用 x_i 表示按照第 i 种模式 $(i=1,\cdots,7)$ 切割的原料钢管的根数，显然它们是非负整数. 以标准 1 为目标，则可得

$$\min z_1 = 3x_1 + x_2 + 3x_3 + 3x_4 + x_5 + x_6 + 3x_7;$$

以标准 2 为目标，可得

$$\min z_2 = x_1 + x_2 + x_3 + x_4 + x_5 + x_6 + x_7.$$

为满足客户需求，应有约束条件：

$$\begin{cases} 4x_1 + 3x_2 + 2x_3 + x_4 + x_5 \geq 50, \\ x_2 + 2x_4 + x_5 + 3x_6 \geq 20, \\ x_3 + x_5 + 2x_7 \geq 15. \end{cases}$$

模型求解：将目标 1、约束条件（加上整数约束）构成的整数线性规划模型输入 Lindo 如下：

```
min 3x1+x2+3x3+3x4+x5+x6+3x7
s.t.
4x1+3x2+2x3+x4+x5> = 50
x2+2x4+x5+3x6> = 20
x3+x5+2x7> = 15
end
gin7
```

求解可以得到最优解如下：

```
Global optimal solution found.
Objective value:                              27.00000
Variable          Value         Reduced Cost
       X1      0.000000           3.000000
       X2     12.00000            1.000000
       X3      0.000000           3.000000
       X4      0.000000           3.000000
       X5     15.00000            1.000000
       X6      0.000000           1.000000
       X7      0.000000           3.000000
     Row   Slack or Surplus      Dual Price
       1     27.00000           -1.000000
       2      1.000000           0.000000
       3      7.000000           0.000000
       4      0.000000           0.000000
```

即按照模式 2 切割 12 根原料钢管，按模式 5 切割 15 根原料钢管，共 27 根，总余料量为 27 m. 显然在总余料量最小的目标下，最优解将是使得余料尽可能小的切割模式（模式 2、5 的余料为 1 m），这会导致切割原料钢管的总根数较多.

练习：请读者在目标 2 下运用 Lingo 软件求解并进行分析.

提示：按模式 2 切割 15 根原料钢管，按模式 5 切割 5 根，按模式 7 切割 5 根，共 25 跟，总余料量为 35 m. 与上述结果比，总余料增加，但原料钢管根数少 2. 在余料没有什么用途的情况下，常选总根数最少的目标.

问题（2）的求解.

问题分析：按照（1）的思路，可以通过枚举法首先确定哪些切割模式是可行的，但由于需求的钢管规格增加到 4 种，所以枚举法工作量太大. 下面介绍的整数非线性规划模型，可以同时确定切割模式和切割计划，是带有普遍性的方法.

同（1）类似，一个合理的切割模式的余料不应该大于或等于客户需求的钢管的最小尺寸，切割计划只使用合理的切割模式，由于本题中参数都是整数，所以合理的切割模式的余量不能大于 3 m. 此外，我们仅选择总根数最少为目标进行求解.

模型建立：由于不同的切割模式不能超过 3 种，可以用 x_i 表示第 i 种模式（$i=1,2,3$）切割的原料钢管的根数，显然它们应该为非负整数. 设所使用的第 i 种切割模式下每根原料钢管生产 4 m、5 m、6 m 和 8 m 的钢管数量分别为 $r_{1i}, r_{2i}, r_{3i}, r_{4i}$（非负整数）. 切割原料钢管的总根数最少，故目标为

$$\min z_2 = x_1 + x_2 + x_3.$$

为满足客户需求，应有

$$r_{11}x_1 + r_{12}x_2 + r_{13}x_3 \geqslant 50;$$
$$r_{21}x_1 + r_{22}x_2 + r_{23}x_3 \geqslant 10;$$
$$r_{31}x_1 + r_{32}x_2 + r_{33}x_3 \geqslant 20;$$
$$r_{41}x_1 + r_{42}x_2 + r_{43}x_3 \geqslant 15.$$

每一种切割模式必须可行、合理，所以每根原料钢管的成品量不能超过 19 m，也不能少于 16 m（余量不能大于 3 m），于是

$$16 \leqslant 4r_{11} + 5r_{21} + 6r_{31} + 8r_{41} \leqslant 19,$$
$$16 \leqslant 4r_{12} + 5r_{22} + 6r_{32} + 8r_{42} \leqslant 19,$$
$$16 \leqslant 4r_{13} + 5r_{23} + 6r_{33} + 8r_{43} \leqslant 19.$$

模型求解：由于约束条件中出现决策变量的乘积，故这是一个**整数非线性规划模型**（我们会在下节对非线性规划进行严格定义），虽然应用 Lingo 软件可以求解，但运行时间很长且难以得到最优解. 为了减少运行时间，可以增加一些显然的约束条件，从而缩小搜索范围.

由于 3 中切割模式的排列顺序是无关紧要的，所以不妨增加约束条件

$$x_1 \geqslant x_2 \geqslant x_3.$$

我们注意到所需原料钢管的总根数有明显的上界和下界. 首先，无论如何，原料钢管的总根数不可能少于 $\dfrac{4 \times 50 + 5 \times 10 + 6 \times 20 + 8 \times 15}{19} = 26$（根）. 其次，考虑一种特殊的生产计划：第一种切割模式只生产 4 m 钢管，为满足 50 根 4 m 钢管的需求，需要 13 根原料钢管；第二种切割模式只生产 5 m、6 m 钢管，为满足 10 根 5 m、20 根 6 m 钢管的需求，需要 10 根原料钢管；第三种切割模式只生产 8 m 钢管，为满足 15 根 8 m 钢管的需求，需要 8 根原料钢管，这就得到了最优解的一个上界，为 31 根原料钢管. 所以增加约束条件

$$26 \leqslant x_1 + x_2 + x_3 \leqslant 31.$$

将构成的模型输入 Lingo 如下：

```
model:
min = x1+x2+x3;
x1*r11+x2*r12+x3*r13> = 50;
x1*r21+x2*r22+x3*r23> = 10;
x1*r31+x2*r32+x3*r33> = 20;
x1*r41+x2*r42+x3*r43> = 15;
4*r11+5*r21+6*r31+8*r41<=19;
4*r12+5*r22+6*r32+8*r42<=19;
4*r13+5*r23+6*r33+8*r43<=19;
4*r11+5*r21+6*r31+8*r41> = 16;
4*r12+5*r22+6*r32+8*r42> = 16;
4*r13+5*r23+6*r33+8*r43> = 16;
x1+x2+x3> = 26;
x1+x2+x3<=31;
x1> = x2;
x2> = x3;
@gin(x1);
@gin(x2);
@gin(x3);
```

```
@gin(r11);
@gin(r12);
@gin(r13);
@gin(r21);
@gin(r22);
@gin(r23);
@gin(r31);
@gin(r32);
@gin(r33);
@gin(r41);
@gin(r42);
@gin(r43);
end
```

经过运行，可得输出结果：

```
Objective value:                        28.00000
        Variable            Value       Reduced Cost
            X1            10.00000        0.000000
            X2            10.00000        2.000000
            X3            8.000000        1.000000
            R11           3.000000        0.000000
            R12           2.000000        0.000000
            R13           0.000000        0.000000
            R21           0.000000        0.000000
            R22           1.000000        0.000000
            R23           0.000000        0.000000
            R31           1.000000        0.000000
            R32           1.000000        0.000000
            R33           0.000000        0.000000
            R41           0.000000        0.000000
            R42           0.000000        0.000000
            R43           2.000000        0.000000
```

即按照模式 1、2、3 分别切割 10、10、8 根原料钢管，使用原料钢管的总根数为 28 根. 第一种切割模式下一根原料钢管切割 3 根 4 m 钢管和 1 根 6 m 钢管；第二种切割模式下一根原料钢管切割 2 根 4 m 钢管、1 根 5 m 钢管和 1 根 6 m 钢管；第三种切割模式下一根原料钢管切割 2 根 8 m 钢管.

5.5　非线性规划基本理论与软件求解

非线性规划（nonlinear programming）的研究对象是非线性函数的数值最优解问题，它的理论和方法渗透到许多方面，如军事、经济、工程设计和产品优化等. 处理非线性的优化问题并非易事，它没有像线性规划中单纯形法的通用算法，而是根据具体问题设计具体算法.

本节研究非线性规划最优解满足的充分条件和必要条件，它们为各种算法的推导和分析提供了必不可少的理论基础，最后给出了非线性规划问题的软件求解.

5.5.1 无约束极值问题

考虑非线性规划

$$\min f(x), x \in \mathbf{R}^n, \tag{5.5.1}$$

其中，$f(x)$ 是定义在 $\mathbf{R}^n$ 的实函数，此问题是求 $f(x)$ 在 n 维欧氏空间上的极小点，称为**无约束极值问题**.

定理 5.5.1　设函数 $f(x)$ 在点 $\bar{x}$ 可微，

（1）如果存在方向 d，使得 $\nabla f(\bar{x})^\mathrm{T} d < 0$，则存在数 $\delta > 0$，使得对任意 $\lambda \in (0, \delta)$，有 $f(\bar{x} + \lambda d) < f(\bar{x})$；

（2）若 $\bar{x}$ 是局部极小点，则梯度 $\nabla f(\bar{x}) = 0$；

（3）若函数 $f(x)$ 在点 $\bar{x}$ 二次可微，$\bar{x}$ 是局部极小点，则梯度 $\nabla f(\bar{x}) = 0$ 并且 Hesse 矩阵 $\nabla^2 f(\bar{x})$ 半正定.

证明　（1）函数 $f(\bar{x} + \lambda d)$ 在 $\bar{x}$ 的一阶 Taylor 展开式为

$$f(\bar{x} + \lambda d) = f(\bar{x}) + \lambda \nabla f(\bar{x})^\mathrm{T} d + o(\| \lambda d \|) = f(\bar{x}) + \lambda \left[\nabla f(\bar{x})^\mathrm{T} d + \frac{o(\| \lambda d \|)}{\lambda} \right],$$

其中 $\lim\limits_{\lambda \to 0} \dfrac{o(\| \lambda d \|)}{\lambda} = 0$. 由于 $\nabla f(\bar{x})^\mathrm{T} d < 0$，故当 $|\lambda|$ 充分小时，$\nabla f(\bar{x})^\mathrm{T} d + \dfrac{o(\| \lambda d \|)}{\lambda} < 0$，因此结论成立.

（2）用反证法. 假设 $\nabla f(\bar{x}) \neq 0$，取 $d = -\nabla f(\bar{x})$，则 $\nabla f(\bar{x})^\mathrm{T} d < 0$，这与 $\bar{x}$ 是局部极小点矛盾.

（3）由（2）可知 $\nabla f(\bar{x}) = 0$.

设 d 是任意一个 n 维向量，函数 $f(\bar{x} + \lambda d)$ 在 $\bar{x}$ 的二阶 Taylor 展开式为

$$f(\bar{x} + \lambda d) = f(\bar{x}) + \lambda \nabla f(\bar{x})^\mathrm{T} d + \frac{1}{2} \lambda^2 d^\mathrm{T} \nabla^2 f(\bar{x}) d + o(\| \lambda d \|^2)$$

$$= f(\bar{x}) + \frac{1}{2} \lambda^2 d^\mathrm{T} \nabla^2 f(\bar{x}) d + o(\| \lambda d \|^2).$$

由于 $\bar{x}$ 是局部极小点，故当 $|\lambda|$ 充分小时，必有 $f(\bar{x} + \lambda d) \geqslant f(\bar{x})$，进一步有 $d^\mathrm{T} \nabla^2 f(\bar{x}) d \geqslant 0$，即 $\nabla^2 f(\bar{x})$ 半正定.

定理 5.5.2　（1）设函数 $f(x)$ 在点 $\bar{x}$ 处二次可微，如果梯度 $\nabla f(\bar{x}) = 0$ 并且 Hesse 矩阵 $\nabla^2 f(\bar{x})$ 正定，则 $\bar{x}$ 是局部极小点.

（2）设函数 $f(x)$ 是定义在 $\mathbf{R}^n$ 上的可微凸函数，$\bar{x} \in \mathbf{R}^n$，则 $\bar{x}$ 为全局最小点的充要条件为 $\nabla f(\bar{x}) = 0$.

证明　（1）由于函数 $f(\bar{x} + \lambda d)$ 在 $\bar{x}$ 的二阶 Taylor 展开式为

$$f(\bar{x} + \lambda d) = f(\bar{x}) + \frac{1}{2} \lambda^2 d^\mathrm{T} \nabla^2 f(\bar{x}) d + o(\| \lambda d \|^2)$$

以及 Hesse 矩阵 $\nabla^2 f(\overline{x})$ 正定，所以结论成立.

（2）必要性：全局最小点必是局部极小点，故 $\nabla f(\overline{x}) = 0$.

充分性：设 $\nabla f(\overline{x}) = 0$，则对任意 $\overline{x} \in \mathbf{R}^n$，有

$$\nabla f(\overline{x})^\mathrm{T} (x - \overline{x}) = 0.$$

由于 $f(x)$ 为凸函数，则

$$f(x) \geqslant f(\overline{x}) + \nabla f(\overline{x})^\mathrm{T} (x - \overline{x}) = f(\overline{x}),$$

即 $\overline{x}$ 为全局最小点.

在上述定理中，如果 $f(x)$ 为严格凸函数，则全局极小点是唯一的.

无约束优化相当于约束集为全集，而 MATLAB 为解决非线性约束优化问题提供了 fminsearch 和 fminunc 函数：

（1）fminsearch 函数.

调用格式：

　　　　[x, fval, exitflag, output] = fminserch(fun, x0,options)

① **输入参数**：参数 fun 表示优化的目标函数；参数 x0 表示执行优化的初始数值；参数 options 表示进行优化的各种属性，一般使用 optimest 函数进行设置.

② **输出参数**：参数 x 表示最优解；fval 表示最优解对应的函数值；参数 exitflag 表示函数退出优化运算的原因，取值为 1，0 和 –1，其中数值 1 表示函数收敛于最优解，0 表示函数迭代次数超过优化属性的设置，–1 表示优化迭代算法被 output 函数终止；参数 output 是一结构变量，显示的是关于优化的属性信息，如优化迭代次数和优化算法.

（2）fminumc 函数.

调用格式：

　　　　[x, fval, exitflag, output, grad, hessian] = fminunc(fun, x0, options)

该函数的大部分参数含义与 fminsearch 相同，而输出参数 grad 表示函数在最优解下的梯度；参数 hessian 表示目标函数在最优解的 Hesse 矩阵数值；参数 xitflag 表示函数退出优化运算的原因，取值为 2，1，0，–1，–2，具体含义可以查看相应的帮助文件.

例 5.5.1　利用极值条件和数学软件解下列问题：

$$\min f(x) = (x_1^2 - 1)^2 + x_1^2 + x_2^2 - 2x_1.$$

解　（1）利用极值条件求解.

先求驻点，由于

$$\frac{\partial f}{\partial x_1} = 4x_1^3 - 2x_1 - 2, \quad \frac{\partial f}{\partial x_2} = 2x_2,$$

令 $\nabla f(x) = 0$，可得驻点 $\overline{x} = (\overline{x_1}, \overline{x_2})^\mathrm{T} = (1, 0)^\mathrm{T}$.

再利用极值条件判断 $\overline{x}$ 是是否为极小点. 由于目标函数的 Hesse 矩阵

$$\nabla^2 f(x) = \begin{pmatrix} 12x_1^2 - 2 & 0 \\ 0 & 2 \end{pmatrix},$$

故 $\nabla^2 f(\bar{x}) = \begin{pmatrix} 10 & 0 \\ 0 & 2 \end{pmatrix}$ 为正定矩阵，故驻点 $\bar{x} = (1,0)^{\mathrm{T}}$ 为局部极小点.

（2）选择命令窗口编辑栏中的 File|New|M-file 命令，打开 M 文件编辑器，在其中输入下面的程序代码.

```
%g 表示 f 函数的梯度
function[f, g] = optfun(x)
f = (x(1)^2-1)^2+x(1)^2+x(2)^2-x(1);
if nargout>1
    g(1) = 4*x(1)^3-2*x(1)-2;
    g(2) = 2*x(2);
end
```

在输入上面的程序代码后，将该代码保存为 optfun.m 文件.

选择优化的初始值为[1，1]，分别使用不同的函数进行优化. 在 MATLAB 命令窗口输入下面程序代码：

```
x0 = [1, 1];
options = optimset('Display','iter','Tolfun',1e-18,'GradObj','on');
[x, fval, exitflag, output, grad, hessian] = fminunc(@optfun, x0, options)
[x1, fval1, exitflag1, output1] = fminsearch(@optfun, x0, options)
```

输出的部分结果为：

```
fminunc 函数
x =
        1        0
fval =
        0
exitflag =
            1
output =
       iterations: 1
        funcCount: 2
      cgiterations: 1
     firstorderopt: 0
        algorithm: 'large-scale: trust-region Newton'
          message: [1x137 char]
grad =
        0
        0
hessian =
    (1,1)        10.0000
    (2,2)         2.0000
Fminsearch 函数
x1 =
      0.8846       0.0000
fval1 =
        -0.0548
exitflag1 =
```

$$1$$

```
output1 =
        iterations: 65
        funcCount: 127
        algorithm: 'Nelder-Mead simplex direct search'
        message: [1x196 char]
```

可见，在相同的初值条件下，两个函数求解的性质不同. 如果选择初始值不同，各种优化函数的迭代次数会明显改变，因此设置初始值将直接影响求解的效率.

5.5.2 约束极值问题

有约束极值问题一般可表示为

$$\min f(x), x \in \mathbf{R}^n,$$
$$\text{s.t.}\begin{cases} g_i(x) \geqslant 0, i = 1, \cdots, m, \\ h_j(x) = 0, j = 1, \cdots, l, \end{cases} \tag{5.5.2}$$

其中 $x \in \mathbf{R}^n$ 称为模型的**决策变量**；$f(x)$ 是定义在 $\mathbf{R}^n$ 的实函数，称为**目标函数**；$g_i(x) \geqslant 0$ 为**不等式约束**；$h_j(x) = 0$ 为**等式约束**.

集合 $S = \{x \mid g_i(x) \geqslant 0, i = 1, \cdots, m; h_j(x) = 0, j = 1, \cdots, l\}$ 为**可行集**或**可行域**.

由于在约束极值问题中，自变量取值受到限制，目标函数在无约束情况下的驻点可能不在可行域内，因此一般不能直接采用无约束处理方法.

在 MATLAB 中，非线性规划的数学模型可写成以下形式：

$$\min f(x),$$
$$\text{s.t.}\begin{cases} Ax \leqslant B, \\ \text{Aeq}.x = \text{Beq}, \\ C(x) \leqslant 0, \\ \text{Ceq}(x) = 0. \end{cases}$$

其中 $f(x)$ 是标量函数，$A, B, \text{Aeq}, \text{Beq}$ 是相应维数的矩阵和向量，$C(x), \text{Ceq}(x)$ 是非线性向量函数.

有约束问题的优化问题比无约束优化问题的情况要复杂得多，处理起来也更加困难，种类也比较繁杂，这里只讨论 Matlab 内置函数 fmincon 的使用方法，它的完整命令为

[x, fval, exitflag, output, lambda] = fmincon(fun, x0, A, B, Aeq, Beq, LB, UB, nonlcon, options)

该函数比较复杂，下面详细介绍各种参数的含义.

（1）**输入参数**：参数 fun 表示用 M 文件定义的优化目标函数 $f(x)$；参数 x0 表示优化的初始值；参数 A, B, Aeq, Beq 定义了线性约束 $Ax \leqslant B$，$\text{Aeq}.x = \text{Beq}$ 的矩阵，如果没有线性约束，则 A = [], B = [], Aeq = [], Beq = []；LB, UB 是变量 x 的下界和上界，如果下界和上界没有约束，则 LB = [], UB = []，如果 x 无下界，则 LB = -inf，如果 x 无上界，则 UB = inf；nonlcon 是用 M 文件定义的非线性向量函数 $C(x), \text{Ceq}(x)$；options 定义了优化参数，可使用默认的参数设置.

（2）**输出参数**：参数 x 表示最优解；fval 表示最优解对应的函数值；参数 exitflag 表示函数退出优化运算的原因，取值为 2, 1, 0 和 −1, −2，其数值对应的类型不做详细说明；参数 output 是一结构变量，显示的是关于优化的属性信息，如优化迭代次数和优化算法；参数 lambda 则表示 lower，upper，ublneqlin，eqlin，ineqnonlin 和 eqnonlin 等，分别表示优化问题的各种约束问题的拉格朗日参数数值.

注意：

（1）fmincon 函数提供了大型优化算法和中型优化算法. 默认时：若在 fun 函数中提供了梯度（options 参数的 GradObj 设置为'on'），并且只有上下界存在或只有等式约束，fmincon 函数将选择大型算法. 当既有等式约束又有梯度约束时，使用中型算法.

（2）fmincon 函数的中型算法使用的是序列二次规划法. 在每一步迭代中求解二次规划子问题，并用 BFGS 法更新拉格朗日 Hesse 矩阵.

（3）fmincon 函数可能会给出局部最优解，这与初值 x0 的选取有关.

当然，随着 Matlab 软件版本的升级，Matlab 函数也在优化，甚至会自动选择适合本问题的算法，从而克服可能出现的弊端，即 Matlab 软件也在智能化.

下面给出一个约束条件的非线性优化实例.

例 5.5.3 求非线性规划问题.

$$\min f(x) = x_1^2 + x_2^2 + 8,$$

$$\text{s.t.} \begin{cases} x_1^2 - x_2 \geqslant 0, \\ -x_1 - x_2^2 + 2 = 0, \\ x_1, x_2 \geqslant 0. \end{cases}$$

解 （1）选择命令窗口编辑器中的 File|New|M-File 命令，打开 M 文件编辑器，输入下面的程序代码，分别保存为 fun1.m 和 fun2.m 文件，分别为目标函数和非线性约束条件.

function f = fun1(x)	function [g,h] = fun2(x)
f = x(1)^2+x(2)^2+8;	g = -x(1)^2+x(2);
	h = -x(1)-x(2)^2+2; %等式约束

注意：条件 $x_1^2 - x_2 \geqslant 0$ 改写为 $-x_1^2 + x_2 \leqslant 0$.

（2）在 MATLAB 的命令窗口输入下面的程序代码：

```
x0 = [6; 6];
lb = [0; 0];
ub = inf;
A = [];
b = [];
Aeq = [];
beq = [];
options = optimset;
[x, fval, exitflag, output, lambda] = fmincon('fun1', x0, A, b, Aeq, beq, lb, ub, 'fun2', options)
```

程序输出结果为：

```
      x =
          1
          1
  fval =
         10
  output =
            iterations: 7
            funcCount: 24
          lssteplength: 1
             stepsize: 2.8979e-009
            algorithm: 'medium-scale: SQP, Quasi-Newton, line-search'
          firstorderopt: 6.8685e-008
              message: [1x144 char]
  lambda =
              lower: [2x1 double]
              upper: [2x1 double]
              eqlin: [0x1 double]
          eqnonlin: 1.2000
            ineqlin: [0x1 double]
          ineqnonlin: 0.4000
```

我们也可以逐个查看优化结果，比如输入 x 查看最优解，fval 查看最优值.

如果优化条件发生改变，优化问题可能会发生质的改变，因此在进行优化求解问题时，需要特别注意优化求解的条件.

5.6　非线性无约束优化模型

本节将讨论三个简单、常见的非线性优化模型，把它们归结为微积分中的函数极值问题，可以直接用微分法求解.

5.6.1　存储模型

在日常生活中，我们经常遇到，工厂定期订购原料，存入仓库供生产之用；商店成批购进各种商品，放入货柜以备零售. 显然，这些情况下都有一个储存量多大才合适的问题：储存量太大，费用太高；储存量太少，会导致一次性订购费用增加，或不能及时满足需求.

1）不允许缺货的存储模型

模型假设：设生产周期 T 和产量 Q 均为连续型变量，做如下假设：

（1）产品每天的需求量为常数 r；

（2）每次生产准备费为 c_1，每天每件产品贮存费为 c_2；

（3）生产能力为无限大，当储存量降到 0 时，Q 件产品立即生产出来以满足需求，即不允许缺货.

模型建立：将储存量表示为时间 t 的函数 $q(t)$，$t = 0$，生产 Q 件，储存量 $q(0) = Q$. $q(t)$ 以需求速度 r 递减，直到 $q(T) = 0$，如图 5.6.1 所示. 显然有 $Q = rT$.

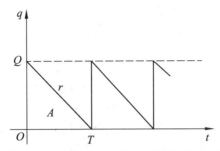

图 5.6.1 不允许缺货模型的储存量 $q(t)$

一个周期内的储存费是 $c_2 \int_0^T q(t)\mathrm{d}t$. 因为一个周期的准备费为 c_1，所以一个周期的总费用

$$\overline{C} = c_1 + c_2 \int_0^T q(t)\mathrm{d}t = c_1 + c_2 \int_0^T (Q - rt)\mathrm{d}t = c_1 + c_2 \int_0^T (rT - rt)\mathrm{d}t = c_1 + \frac{c_2}{2} rT^2 .$$

于是每天的平均费用为

$$C(T) = \frac{\overline{C}}{T} = \frac{c_1}{T} + \frac{c_2}{2} rT ,$$

这就是优化模型的目标函数.

模型求解：令导函数等于零，可得 $T = \sqrt{\dfrac{2c_1}{c_2 r}}$，进而

$$Q = \sqrt{\frac{2c_1 r}{c_2}} , \quad C = \sqrt{2c_1 c_2 r} .$$

这就是经济学中著名的**经济订货批量公式**.

结果解释：当准备费 c_1 增加时，生产周期和产量都变大；当准备费 c_2 增加时，生产周期和产量都变小；当需求量 r 增加时，生产周期变小而产量变大，这些都与定性分析相符.

敏感性分析：如果用相对改变量衡量结果对参数的敏感程度，则 T 对 c_1 的敏感度

$$S(T, c_1) = \frac{\Delta T / T}{\Delta c_1 / c_1} \approx \frac{\mathrm{d}T}{\mathrm{d}c_1} \frac{c_1}{T} .$$

显然可得 $S(T, c_1) = \dfrac{1}{2}$，$S(T, c_2) = -\dfrac{1}{2}$，$S(T, r) = -\dfrac{1}{2}$.

2）允许缺货的存储模型

在某些情况下，用户允许短时间缺货，虽然会造成一定的损失，但如果损失费不超过不允许缺货导致的准备费和储存费的话，允许缺货应该是可以采取的策略.

现在将假设（3）改为：生产能力为无限大，允许缺货，每天每件产品缺货损失费为 c_3，但缺货数量需在下次生产时补足.

因为储存量不足造成缺货时，可认为储存量函数 $q(t)$ 为负值，如图 5.6.2 所示. 周期仍记为 T，Q 是每周期的储存量，当 $t = T_1$ 时，$q(t) = 0$，于是 $Q = rT_1$. 在 T_1 到 T 这段缺货时间内需求率 r 不变，$q(t)$ 按原斜率继续下降. 由于规定缺货量需补足，所以在 $t = T$ 时数量为 R 的产

品立即到达，使下周期初的储存量恢复到 Q.

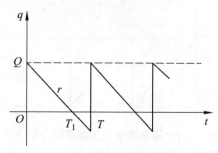

图 5.6.2　允许缺货模型的储存量 $q(t)$

一个周期的总费用

$$\overline{C} = c_1 + \frac{c_2 \cdot QT_1}{2} + \frac{c_3 \cdot r(T - T_1)^2}{2}.$$

每天的平均费用

$$C(T, Q) = \frac{\overline{C}}{T} = \frac{c_1}{T} + \frac{c_2 Q^2}{2rT} + \frac{c_3(rT - Q)^2}{2rT}.$$

利用微分法求 T, Q 使得 $C(T, Q)$ 最小. 令 $\frac{\partial C}{\partial T} = 0, \frac{\partial C}{\partial Q} = 0$ 可得最优解为

$$T' = \sqrt{\frac{2c_1}{rc_2} \cdot \frac{c_2 + c_3}{c_3}}, \quad Q' = \sqrt{\frac{2c_1 r}{c_2} \cdot \frac{c_3}{c_2 + c_3}}.$$

注意到每周的供货量 $R = rT'$，有

$$R = rT' = \sqrt{\frac{2c_1 r}{c_2} \cdot \frac{c_2 + c_3}{c_3}}.$$

记 $\lambda = \sqrt{\frac{c_2 + c_3}{c_3}}$，与不允许缺货模型的结果比，不难得到

$$T' = \lambda T, \quad Q' = \frac{Q}{\lambda}, \quad R = \lambda Q.$$

当 $\lambda > 1$ 时，$T' > T, Q' < Q, R > Q$，即允许缺货时周期及供货量应增加，周期初的储存量减少. 缺货损失费 c_3 相对 c_2 越大，λ 越小，T' 越接近 T，Q', R 越接近 Q. 当 $c_3 \to \infty$ 时，$\lambda \to 1$，于是 $T' \to T, Q' \to Q, R \to Q$. 由此可见，不允许缺货模型可视为缺货模型的特例.

5.6.2　最优价格

如果一个厂长有权根据产品成本和销售情况制订商品价格，那么他当然会寻求能使工厂利润最大的所谓最优价格. 下面讨论产销平衡状态下的最优价格模型. 所谓**产销平衡**是指工厂产品的产量等于市场上的销售量，**利润**是销售收入和生产支出之差. 设每件产品售价为 p，

成本为 q ,售量为 x (与产量相等),则总收入和总支出分别为

$$I = px, \quad C = qx.$$

在市场竞争的情况下,售量 x 依赖于 p ,记作 $x = f(p)$, f 称为**需求函数**,是 p 的减函数. 于是不论成本 q 是否与 x 有关,收入 I 和支出 C 都是价格 p 的函数,利润 U 可表示为

$$U(p) = I(p) - C(p).$$

使利润达到最大的最优价格 p^* 可由 $\dfrac{dU}{dp} = 0$ 得到,即

$$\left.\frac{dI}{dp}\right|_{p=p^*} = \left.\frac{dC}{dp}\right|_{p=p^*}.$$

在数量经济学中 $\dfrac{dI}{dp}$ 称为**边际收入**,即价格变动一个单位时收入的改变量; $\dfrac{dC}{dp}$ 称为**边际支出**,即价格变动一个单位时支出的改变量. 可见,最大利润在边际收入等于边际支出时达到,这是数量经济学的一条著名定律.

如果设需求函数 $f(p) = a - bp, a, b > 0$,并且每件产品的成本 q 与产量 x 无关,则

$$U(p) = (p - q)(a - bp).$$

用微分法求得 $p^* = \dfrac{q}{2} + \dfrac{a}{2b}$. 其中 a 可理解为这种产品免费在供应时 $(p = 0)$ 社会的需求量,称为**绝对需求量**; $b = -\dfrac{dx}{dp}$ 表示价格上涨一个单位时销售量下降的幅度,它反映市场需求对价格的敏感程度. 在实际工作中, a, b 可由价格 p 和售量 x 的统计数据用最小二乘法拟合得到.

5.6.3 消费者选择

效用(Utility)是指消费者通过消费或享受闲暇等使自己的需求、欲望得到的满足程度,或者说效用是指商品满足人的欲望的能力评价. 设甲、乙两种商品的单价分别是 p_1, p_2 元,消费者有 s 元. 当消费者用这些钱购买这两种商品时,所做的选择应该使其效用函数 $U(q_1, q_2)$ 达到最大,即得到最大的满意度,其中 q_1, q_2 为甲、乙两种商品的数量. 经济学上称这种最优状态为**消费者均衡**.

此问题可归结为非线性规划模型:

$$\min U(q_1, q_2),$$
$$\text{s.t. } p_1 q_1 + p_2 q_2 = s.$$

这是二元函数的条件极值问题,可用拉格朗日乘子法求解. 不妨设拉格朗日乘子为 λ ,则原问题可转化为

$$\min U(q_1, q_2) - \lambda(p_1 q_1 + p_2 q_2 - s).$$

关于 q_1, q_2 求偏导可得

$$\frac{\partial U}{\partial q_1} - \lambda p_1 = 0 , \quad \frac{\partial U}{\partial q_2} - \lambda p_2 = 0 ,$$

即
$$\frac{\dfrac{\partial U}{\partial q_1}}{\dfrac{\partial U}{\partial q_2}} = \frac{p_1}{p_2} .$$

经济学上，$\dfrac{\partial U}{\partial q_1} , \dfrac{\partial U}{\partial q_2}$ 称为**边际效用**，即商品购买量增加一个单位时效用函数的增量．消费者均衡状态在两种商品的边际效用之比等于它们的价格之比时达到．

构建消费者均衡模型的关键是确定效用函数．大部分理智的人都喜欢稳定，讨厌风险，比如很多女生找工作时，喜欢稳定、正式的工作．但是仍然有很多人例外，他们对微小的收益漠不关心，对高额收益兴致盎然，比如有些男生毕业时，认为男儿志在四方，要去争霸上海滩，可见有些情况下人们是风险偏好者．实际上还有一些人是风险中性的，即使期望收益为零的游戏他都会参与．综上所述可把人分三类：

（1）效用函数为凹的人称为**风险厌恶者**．

（2）效用函数为凸的人称为**风险偏好者**，如购买彩票的人．

（3）效用函数为 $u(x) = ax + b$ 的人称为**风险中性者**，其中 $a > 0$，b 为常数．

摸彩票的期望收益是负值，但很多风险厌恶的人仍然乐于参与，为什么呢？其实彩票可看成一种商品，即希望，两元钱不会影响你的生活，但可能改变你的一生，就像娱乐一样，买的是一种心理感受．

冯·诺依曼-摩根斯顿提出的效用函数满足：

$$U'(x) > 0, U''(x) < 0, x > 0 , \quad \lim_{x \to 0} U(x) = 0 , \quad \lim_{x \to \infty} U'(x) = 0 ,$$

也称为效用函数的**新古典条件**，他证明了如果决策者的决策行为符合一系列的一致性条件，则非确定性条件下的最优投资选择可由期望效用最优化．

无约束非线性优化问题本身及建模过程都很简单，但我们可从建模过程与结果分析中体会建模的一般规律．如果你掌握很多简单模型，则在遇到复杂问题时，可将其分解为多个简单问题，进而解决．建立模型的最终目的在于使用，那么我们怎样判断一个模型是否真的有用或用的效果如何呢？一种有效的方法就是进行敏感性分析与强健性分析．

5.7　原料供应与料场选择

带约束条件的非线性优化模型的建立与求解都非常复杂，我们要针对具体问题进行具体分析，充分发挥自己的想象力和创造力．本节将建立原料供应与料场选择模型，并运用 MATLAB 软件进行求解．

1）原料供应与料场选择问题

某公司有 6 个建筑工地要开工，每个工地的位置（用平面坐标系 a, b 表示，距离单位：km）及水泥日用量 $d(\text{t})$ 由表 5.7.1 给出．

表 5.7.1　工地位置(a,b)及水泥日用量 d

	1	2	3	4	5	6
a	1.25	8.75	0.5	5.75	3	7.25
b	1.25	0.75	4.75	5	6.5	7.25
d	3	5	4	7	6	11

目前有两个临时料场位于 $A(5,1)$，$B(2,7)$，日储量各有 20 t. 假设从料场到工地之间均有直线道路相连.

（1）试制订每天的供应计划，即从 A,B 两料场分别向各工地运送多少水泥，可使总的吨千米数最小.

（2）为了进一步减少吨千米数，打算舍弃两个临时料场，改建两个新的，日储量各为 20 t，问应建在何处，节省的吨千米数有多大？

2）建立模型

记工地的位置为 (a_i,b_i)，水泥日用量为 d_i，$i=1,2,\cdots,6$；料场位置为 (x_j,y_j)，日储量为 e_j，$j=1,2$；料场 j 向工地 i 的运送量为 X_{ij}，则有

$$\min f=\sum_{j=1}^{2}\sum_{i=1}^{6}X_{ij}\sqrt{(x_j-a_i)^2+(y_j-b_i)^2},$$

$$\text{s.t.}\begin{cases}\sum_{j=1}^{2}X_{ij}=d_i,\ i=1,2,\cdots,6,\\[2mm]\sum_{i=1}^{6}X_{ij}\leqslant e_j,\ j=1,2.\end{cases}\qquad(5.7.1)$$

当用临时料场时决策变量为 X_{ij}，当不用临时料场时决策变量为 X_{ij},x_j,y_j.

3）使用临时料场的情形

当使用两个临时料场 $A(5,1)$，$B(2,7)$ 时，我们的目标是求从料场 j 向工地 i 的运送量 X_{ij}. 在各工地用量必须满足和各料场运送量不超过日储量的条件下，使总的吨千米数最小，这是线性规划问题. 线性规划模型为

$$\min f=\sum_{j=1}^{2}\sum_{i=1}^{6}D_{ij}X_{ij},$$

$$\text{s.t.}\begin{cases}\sum_{j=1}^{2}X_{ij}=d_i,\ i=1,2,\cdots,6,\\[2mm]\sum_{i=1}^{6}X_{ij}\leqslant e_j,\ j=1,2,\end{cases}\qquad(5.7.2)$$

其中 $D_{ij}=\sqrt{(x_j-a_i)^2+(y_j-b_i)^2}$ 表示料场 j 到工地 i 的距离. 设 $X_{ij}=X_{2(i-1)+j}$，$i=1,\cdots,6$，$j=1,2$，编写程序如下：

```
clear
a=[1.25 8.75 0.5 5.75 3 7.25];
b=[1.25 0.75 4.75 5 6.5 7.75];
```

```
d=[3 5 4 7 6 11];
x=[5 2];
y=[1 7];
e=[20 20];
for i=1:6
    for j=1:2
        D(i,j)=sqrt((x(j)-a(i))^2+(y(j)-b(i))^2);
    end
end
CC=[D(:,1);D(:,2)]';
A=[1 1 1 1 1 1 0 0 0 0 0 0;0 0 0 0 0 0 1 1 1 1 1 1];
B=[20;20];
Aeq=[1 0 0 0 0 0 1 0 0 0 0 0;0 1 0 0 0 0 0 1 0 0 0 0;
     0 0 1 0 0 0 0 0 1 0 0 0;0 0 0 1 0 0 0 0 0 1 0 0;
     0 0 0 0 1 0 0 0 0 0 1 0;0 0 0 0 0 1 0 0 0 0 0 1];
beq=[d(1);d(2);d(3);d(4);d(5);d(6)];
VLB=[0 0 0 0 0 0 0 0 0 0 0 0];
VUB=[];
x0=[1 2 3 0 1 0 0 1 0 1 0 1];
[xx,fval]=linprog(CC,A,B,Aeq,beq,VLB,VUB,x0)
```

计算结果为：

xx = [3.0000 5.0000 0.0000 7.0000 0.0000 1.0000 0.0000 0.0000 4.0000 0.0000 6.0000 10.0000],

fval = 136.2275

则由料场 A,B 向 6 个工地的运输方案如表 5.7.2 所示。

表 5.7.2　临时料场运输方案

	1	2	3	4	5	6
料场 A	3	5	0	7	0	1
料场 B	0	0	4	0	6	10

总的吨千米数为 136.2275.

4）改建新料场的情形

如果改建两个新料场，则需要同时确定料场的位置 (x_j, y_j) 和运送量 X_{ij}，在同样条件下使总吨千米数最小. 这是非线性规划问题，非线性规划模型同（5.7.1），只不过模型中，$(x_j, y_j)(j=1,2)$ 为未知变量. 设 $X_{ij} = X_{2(i-1)+j}$ $(i=1,\cdots,6, j=1,2)$，$x_1 = X_{13}$，$y_1 = X_{14}$，$x_2 = X_{15}$，$y_2 = X_{16}$，MATLAB 求解如下：

（1）先编写 M 文件 gjxlc.m 定义目标函数.

```
function f=gjxlc(x)
a=[1.25 8.75 0.5 5.75 3 7.25];
```

```
b=[1.25 0.75 4.75 5 6.5 7.75];
d=[3 5 4 7 6 11];
e=[20 20];
f1=0;
for i=1:6
    s(i)=sqrt((x(13)-a(i))^2+(x(14)-b(i))^2);
    f1=s(i)*x(i)+f1;
end
f2=0;
for i=7:12
    s(i)=sqrt((x(15)-a(i-6))^2+(x(16)-b(i-6))^2);
    f2=s(i)*x(i)+f2;
end
f=f1+f2;
```

（2）取初值为线性规划的计算结果及临时料场的坐标：

x0=[3 5 0 7 0 1 0 0 4 0 6 10 5 1 2 7]';

（3）编写主程序：

```
clear
x0=[3  5  0  7  0  1  0  0  4  0  6  10  5  1  2  7]';
A=[1 1 1 1 1 1 0 0 0 0 0 0 0 0 0 0;0 0 0 0 0 0 1 1 1 1 1 1 0 0 0 0];
B=[20; 20];
Aeq=[1 0 0 0 0 0 1 0 0 0 0 0 0 0 0 0;0 1 0 0 0 0 0 1 0 0 0 0 0 0 0 0;
     0 0 1 0 0 0 0 0 1 0 0 0 0 0 0 0;0 0 0 1 0 0 0 0 0 1 0 0 0 0 0 0;
     0 0 0 0 1 0 0 0 0 0 1 0 0 0 0 0;0 0 0 0 0 1 0 0 0 0 0 1 0 0 0 0];
beq=[3 5 4 7 6 11]';
vlb=[zeros(12, 1); -inf; -inf; -inf; -inf];
vub=[];
[x, fval, exitflag]=fmincon('gjxlc', x0, A, B, Aeq, beq, vlb, vub)
```

计算结果为

x = [3.0000 5.0000 4.0000 7.0000 1.0000　0　0　0　0　0 5.0000 11.0000

　　5.6963 4.9290 7.2500 7.7500],

fval = 89.8836,

exitflag = 5

即两个新料场的坐标分别为(5.6963, 4.9290)，(7.2500, 7.7500)，由料 A, B 向 6 个工地运料方案如表 5.7.3 所示.

表 5.7.3　新料场运输方案

	1	2	3	4	5	6
料场 A	3	5	4	7	1	0
料场 B	0	0	0	0	5	11

总的吨千米数为 89.8836，比用临时料场节省的吨千米数为 46.3439.

习题 5

1. 任务分配问题：某车间有甲、乙两台机床，可用于加工三种工件. 假定这两台车床的可用台时数分别为 800 和 900，三种工件的数量分别为 400, 600 和 500，且已知用两种不同车床加工单位数量不同工件所需的台时数和加工费用如表 5.1 所示. 问怎样分配车床的加工任务，才能既满足加工工件的要求，又使加工费用最低？

表 5.1　台时数和加工费

车床类型	单位工件所需加工台时数			单位工件的加工费用			可用台时数
	工件 1	工件 2	工件 3	工件 1	工件 2	工件 3	
甲	0.4	1.1	1.0	13	9	10	800
乙	0.5	1.2	1.3	11	12	8	900

2. 某厂每日 8 小时的产量不低于 1800 件. 为了进行质量控制，计划聘请两种不同水平的检验员. 一级检验员的标准为：速度 25 件/小时，正确率 98%，计时工资 4 元/小时；二级检验员的标准为：速度 15 件/小时，正确率 95%，计时工资 3 元/小时. 检验员每错检一次，工厂要损失 2 元. 为使总检验费用最省，该工厂应聘一级、二级检验员各几名？

3. 建立不允许缺货的生产销售存储模型. 设生产速率为常数 k，销售速率为常数 r，$k > r$，在每个生产周期 T 内，开始的一段时间 $(0 < t < T_0)$ 一边生产一边销售，后来的一段时间 $(T_0 < t < T)$ 只销售不生产，画出储存量 $q(t)$ 的图形. 设每次生产准备费为 c_1，单位时间内每件产品的储存费为 c_2，以总费用最小为目标确定最优生产周期. 讨论 $k \gg r$ 和 $k \approx r$ 的情况.

4. 甲、乙两公司通过广告来竞争销售商品的数量，广告费分别是 x 和 y. 设甲、乙两公司商品的售量在它们的总售量中占的份额，是它们的广告费在总广告费中所占份额的函数 $f\left(\dfrac{x}{x+y}\right)$ 和 $f\left(\dfrac{y}{x+y}\right)$. 又设公司的收入与售量成正比，从收入中扣除广告费即为公司的利润. 试构造模型，并讨论甲公司怎样确定广告费才能使利润最大.

（1）令 $t = \dfrac{x}{x+y}$，则 $f(t) + f(1-t) = 1$，画出 $f(t)$ 的示意图.

（2）写出甲公司利润的表达式 $p(x)$. 对于一定的 y，使 $p(x)$ 最大的 x 的最优值应满足什么关系，用图解法确定这个最优值.

5. 工厂生产两种标准件，A 种每个可获利 0.3 元，B 种每个可获利 0.15 元. 若该厂仅生产一种标准件，每天可生产 A 种标准件 800 个或 B 种标准件 1200 个，但 A 种标准件还需某种特殊处理，每天最多处理 600 个，A, B 标准件最多每天包装 1000 个. 问该厂应该如何安排生产计划，才能使每天获利最大？

6. 将长度为 500 cm 的线材截成长度为 78 cm 的坯料至少 1000 根，98 cm 的坯料至少 2000 根. 若原料充分多，在完成任务的前提下，应如何截切，才使留下的余料最少？

6 离散模型

6.1 层次分析法建模

1）问题的提出

人们在对社会、经济以及科学管理等领域的问题进行评价和决策时，面临的常常是一个由相互关联、相互制约的众多因素构成的复杂而往往缺少定量数据的系统. 例如：在海尔、新飞、容声和雪花四个品牌的电冰箱中选购一种，要考虑品牌的信誉、冰箱的功能、价格和耗电量等. 在黄山、杭州和三亚等三处选择一个旅游地，要考虑景点的景色、居住的环境、饮食的特色、交通便利和旅游的费用等. 在基础研究、应用研究和数学教育中选择一个领域申报科研课题，要考虑成果的贡献（实用价值、科学意义）、可行性（难度、周期和经费）和人才培养等.

这些问题的共同特点是：人们在作比较、判断、评价和决策时，这些因素的重要性、影响力和优先程度难以量化，个人的喜好、兴趣等主观因素起着主要作用，这使得评价和决策缺乏科学的依据，对产生的结果没有把握. 考虑下面的问题.

市政部门管理人员需要对一项市政工程修建项目进行决策，可选择的方案是修建通往旅游区的高速公路或修建城区地铁. 除了考虑经济效益外，还要考虑社会效益、环境效益等因素. 试确定一个方案，并说明选择该方案的理由.

2）问题分析

这个问题的目的是选择修建高速公路或者修建城区地铁使得综合效益最大. 影响综合效益的因素有经济效益、社会效益和环境效益等，但是它们对综合效益的影响有所不同，同时有些影响是眼前的，有些影响是长远的. 这种多目标、多准则或无结构特性的复杂决策问题可以使用层次分析法（AHP）解决.

3）层次分析法的基本步骤

（1）建立递阶层次结构.

应用 AHP 解决实际问题，首先需明确要分析决策的问题，并把它条理化、层次化，理出递阶层次结构. AHP 要求的递阶层次结构一般由以下三个层次组成：

① 目标层（最高层）：指问题的预定目标；
② 准则层（中间层）：指影响目标实现的准则；
③ 措施层（最低层）：指促使目标实现的措施.

通过对复杂问题的分析，首先明确决策的目标，将该目标作为**目标层**（最高层）的元素. 这个目标要求是唯一的，即目标层只有一个元素.

然后找出影响目标实现的准则，作为目标层下的**准则层**因素. 在复杂问题中，影响目标实现的准则可能有很多，这时要详细分析各准则因素间的相互关系，即有些是主要的准则，有些是隶属于主要准则的次准则. 然后根据这些关系将准则元素分成不同的层次和组, 不同层次元素间一般存在隶属关系, 即上一层元素由下一层元素构成并对下一层元素起支配作用; 同一层元素形成若干组, 同组元素性质相近, 一般隶属于同一个上一层元素 (受上一层元素支配); 不同组元素性质不同, 一般隶属于不同的上一层元素.

在关系复杂的递阶层次结构中, 有时组的关系不明显, 即上一层的若干元素同时对下一层的若干元素起支配作用, 形成相互交叉的层次关系, 但无论怎样, 上下层的隶属关系应该是明显的.

最后分析为了解决决策问题 (实现决策目标), 在上述准则下, 有哪些最终解决方案 (措施), 并将它们作为**方案层**因素, 放在递阶层次结构的最下面 (最低层).

明确各个层次的因素及其位置, 并将它们之间的关系用连线连接起来, 就构成了递阶层次结构.

（2）构造判断矩阵并赋值.

根据递阶层次结构就能构造判断矩阵. 构造判断矩阵的方法是: 每一个具有向下隶属关系的元素作为判断矩阵的第一个元素 (位于左上角), 隶属于它的各个元素依次排列在其后的第一行和第一列.

重要的是确定判断矩阵的元素. 大多采用专家评价法, 即两两比较处于同一层的元素, 哪个重要, 重要多少, 对重要程度按 1 ~ 9 赋值 (见表 6.1.1).

表 6.1.1　重要性标度及其含义

重要性标度	含　义
1	表示两个元素相比, 具有同等的重要性
3	表示两个元素相比, 前者比后者稍微重要
5	表示两个元素相比, 前者比后者明显重要
7	表示两个元素相比, 前者比后者强烈重要
9	表示两个元素相比, 前者比后者极端重要
2, 4, 6, 8	表示上述判断的中间值
倒数	若元素 i 与元素 j 的重要性之比为 a_{ij}, 则元素 j 与元素 i 的重要性之比为 $a_{ji} = \dfrac{1}{a_{ij}}$

设判断矩阵为 $A = (a_{ij})_{n \times n}$, 显然, 判断矩阵具有如下性质:

① $a_{ij} > 0$;

② $a_{ji} = \dfrac{1}{a_{ij}}$;

③ $a_{ii} = 1$. $(i, j = 1, 2, \cdots, n)$

称满足上述性质的矩阵 A 为正互反矩阵.

如果正互反矩阵 A 满足

$$a_{ij} a_{jk} = a_{ik} \ (i, j, k = 1, 2, \cdots, n),$$

则称矩阵 A 为一致性矩阵.

（3）层次单排序（计算权向量）与检验.

由矩阵论的知识可知，如果矩阵 A 是一致性矩阵，则矩阵 A 的最大特征根 $\lambda_{\max} = n$. 设对应于 $\lambda_{\max}$ 的特征向量为 $w = (w_1, w_2, \cdots, w_n)^\mathrm{T}$，归一化处理后仍记为 $w = (w_1, w_2, \cdots, w_n)^\mathrm{T}$，则 w 满足 $\sum\limits_{i=1}^{n} w_i = 1$. 这里 w 称为权向量，它的各分量表示一个判断矩阵各因素针对其准则的相对权重. 按照权重，可对每一个判断矩阵各因素针对其准则进行**层次单排序**. 层次单排序本质上是计算权向量. 计算权向量的方法有特征根法、幂法等精确算法与和法、根法等近似算法. 一般情况下，在 AHP 中计算判断矩阵的最大特征根与特征向量并不需要很高的精度. 因此，通常采用近似算法. 和法的计算步骤如下：

① 将判断矩阵 A 的每一列归一化，即令

$$b_{ij} = \frac{a_{ij}}{\sum\limits_{k=1}^{n} a_{kj}}, \quad i = 1, 2, \cdots, n, \quad j = 1, 2, \cdots, n;$$

② 归一化后的矩阵按行求和：$c_i = \sum\limits_{j=1}^{n} b_{ij}, \quad i = 1, 2, \cdots, n;$

③ 将 c_i 归一化，即令 $w_i = \dfrac{c_i}{\sum\limits_{i=1}^{n} c_i}, \quad i = 1, 2, \cdots, n$，则 $w = (w_1, w_2, \cdots, w_n)^\mathrm{T}$ 即为 A 的特征向量的近似值.

④ 计算 $\lambda_{\max} = \dfrac{1}{n} \sum\limits_{i=1}^{n} \dfrac{Aw_i}{w_i}$，作为最大特征根的近似值.

判断矩阵通常不一定是一致性矩阵，因此，要对判断矩阵进行一致性检验. 但从人类的认识规律看，一个正确的判断矩阵的重要性排序是有一定逻辑规律的，例如若 A 比 B 重要，B 又比 C 重要，则从逻辑上讲，A 应该比 C 明显重要. 若两两比较时出现 C 比 A 重要的结果，则该判断矩阵就违反了一致性准则，在逻辑上是不合理的. 因此在实际问题中，只要求判断矩阵大体上满足一致性，也就是不一致程度在允许的范围之内即可. 因此，只要通过如下的检验，就说明判断矩阵在逻辑上是合理的，继续对结果进行分析. 一致性检验的步骤如下：

① 计算一致性指标 CI. $\mathrm{CI} = \dfrac{\lambda_{\max} - n}{n-1}$ 称为**一致性指标**（consistency index）. $\mathrm{CI} = 0$ 时，A 为一致性矩阵；CI 越大，A 的不一致程度越严重.

② 查表确定相应的平均随机一致性指标 RI. 根据判断矩阵的阶数查表 6.1.2，得到平均随机一致性指标（random index）. 例如，对于 5 阶的判断矩阵，查表可得 RI = 1.12.

表 6.1.2　平均随机一致性指标 ***RI*** 表（1000 次正互反矩阵计算结果）

矩阵阶数	1	2	3	4	5	6	7	8
RI	0	0	0.52	0.89	1.12	1.26	1.36	1.41
矩阵阶数	9	10	11	12	13	14	15	
RI	1.46	1.49	1.52	1.54	1.56	1.58	1.59	

③ 计算一致性比率 CR（consistency ratio）并进行判断. $CR = \dfrac{CI}{RI}$ 称为**一致性比率**（consistency ratio）. 当 CR<0.1 时，认为判断矩阵的一致性是可以接受的；CR>0.1 时，认为判断矩阵不符合一致性要求，需要对该判断矩阵进行修正.

（4）层次总排序与检验.

计算同一层次的所有因素相对于最高层（目标层）的重要性的权重称为**层次总排序**. 这一过程从上而下，逐层计算. 显然，第 2 层的单排序结果就是总排序结果，不妨设第 2 层有 m 个元素，单排序结果记为

$$w^{(2)} = (w_1^{(2)}, w_2^{(2)}, \cdots, w_m^{(2)})^T,$$

第 3 层有 n 个因素，相对于第 2 层的每一个因素的权重记为

$$w_j^{(3)} = (w_{1j}^{(3)}, w_{2j}^{(3)}, \cdots, w_{2j}^{(3)})^T, \quad j = 1, 2, \cdots, n.$$

其中不受某个因素支配的权重记为 0. 以 $w_j^{(3)}$ 为列向量构成矩阵

$$W^{(3)} = (w_1^{(3)}, w_2^{(3)}, \cdots, w_n^{(3)}),$$

则第 3 层相对于第 1 层的层次总排序结果为

$$w^{(3)} = (w_1^{(3)}, w_2^{(3)}, \cdots, w_n^{(3)})^T = W^{(3)} w^{(2)},$$

$w^{(3)}$ 也称为**组合权向量**.

一般地，设层次模型共有 s 层，则第 k 层相对于第 1 层（假设只有 1 个因素）的层次总排序（组合权向量）满足

$$w^{(k)} = W^{(k)} w^{(k-1)}, \quad k = 3, 4, \cdots, s,$$

其中 $W^{(k)}$ 是以第 k 层相对于第 $k-1$ 层的权重为列向量构成的矩阵. 则最下层（第 s 层）相对于最上层的层次总排序（组合权向量）为

$$w^{(s)} = W^{(s)} W^{(s-1)} \cdots W^{(3)} w^{(2)}.$$

对于层次总排序结果，也需要进行一致性检验，以确定层次总排序结果能否作为最终的决策依据. 这一过程也是从上而下，逐层进行的. 设第 k 层的一致性指标为 $CI_1^{(k)}, CI_2^{(k)}, \cdots, CI_n^{(k)}$（$n$ 为第 $k-1$ 层因素的个数），随机一致性指标为 $RI_1^{(k)}, RI_2^{(k)}, \cdots, RI_n^{(k)}$，定义

$$CI^{(k)} = (CI_1^{(k)} \quad CI_2^{(k)} \quad \cdots \quad CI_n^{(k)}) w^{(k-1)},$$

$$RI^{(k)} = (RI_1^{(k)} \quad RI_2^{(k)} \quad \cdots \quad RI_n^{(k)}) w^{(k-1)},$$

则第 k 层的**组合一致性比率**为

$$CR^{(k)} = \frac{CI^{(k)}}{RI^{(k)}}, \quad k = 3, 4, \cdots, s.$$

当 $CR^{(k)} < 0.1$（$k = 3, 4, \cdots, s$）时，认为判断矩阵的整体一致性是可以接受的. 由此，最下层（第 s 层）相对于最上层的组合一致性比率为 $CR = \sum\limits_{k=2}^{s} CR^{(k)}$.

同理，仅当 $CR < 0.1$ 时，则认为整个层次的比较判断通过了一致性检验.

（5）**结果分析**.

通过对排序结果的分析，得出最后的决策方案.

4）模型建立与求解

（1）**建立递阶层次结构**.

在市政工程项目决策问题中，市政管理人员希望通过选择不同的市政工程项目，使综合效益最高，即决策目标是"合理建设市政工程，使综合效益最高".

为了实现这一目标，需要考虑的主要准则有三个，即经济效益、社会效益和环境效益. 进一步深入思考，决策者还要考虑直接经济效益、间接经济效益、方便日常出行、方便假日出行、减少环境污染、改善城市面貌等因素（准则），从相互关系上分析，这些因素隶属于主要准则，因此放在下一层次考虑，并且分属于不同准则.

假设本问题只考虑这些准则，接下来需要明确，为了实现决策目标，在上述准则下可以有哪些方案. 根据题中所述，本问题有两个解决方案，即建高速公路或者建城区地铁，这两个方案作为措施层元素放在递阶层次结构的最下层. 很明显，这两个方案与所有准则都相关.

将各个层次的因素按其隶属关系按照由上向下的次序放置，并将它们之间的关系用线连接起来. 同时，为了方便后面的定量表示，一般从上到下用 A, B, C, D, …代表不同层次，同一层次从左到右用 1, 2, 3, 4, …代表不同因素. 这样构成的递阶层次结构如图 6.1.1 所示.

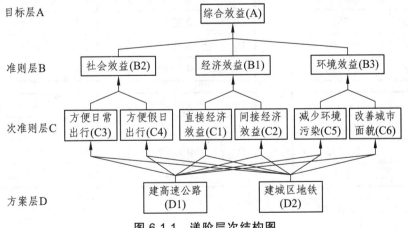

图 6.1.1 递阶层次结构图

（2）**构造判断矩阵**.

通过征求专家意见，确定判断矩阵，如表 6.1.3 所示.

表 6.1.3　判断矩阵表

A	B1	B2	B3
B1	1	1/3	1/3
B2	3	1	1
B3	3	1	1

B1	C1	C2
C1	1	1
C2	1	1

B2	C3	C4
C3	1	3
C4	1/3	1

B3	C5	C6
C5	1	3
C6	1/3	1

C1	D1	D2
D1	1	5
D2	1/5	1

C2	D1	D2
D1	1	3
D2	1/3	1

C3	D1	D2
D1	1	1/5
D2	5	1

C4	D1	D2
D1	1	7
D2	1/7	1

C5	D1	D2
D1	1	1/5
D2	5	1

C6	D1	D2
D1	1	1/3
D2	3	1

（3）计算权向量及检验.

计算所得的权向量及检验结果如表 6.1.4 所示.

表 6.1.4　层次计算权向量及检验结果表

A	单排序权重
B1	0.1429
B2	0.4286
B3	0.4286
CR	0.0000

B1	单排序权重
C1	0.5000
C2	0.5000
CR	0.0000

B2	单排序权重
C3	0.7500
C4	0.2500
CR	0.0000

B3	单排序权重
C5	0.7500
C6	0.2500
CR	0.0000

C1	单排序权重
D1	0.8333
D2	0.1667
CR	0.0000

C2	单排序权重
D1	0.7500
D2	0.2500
CR	0.0000

C3	单排序权重
D1	0.1667
D2	0.8333
CR	0.0000

C4	单排序权重
D1	0.8750
D2	0.1250
CR	0.0000

C5	单排序权重
D1	0.1667
D2	0.8333
CR	0.0000

C6	单排序权重
D1	0.2500
D2	0.7500
CR	0.0000

由计算结果可知，所有单排序的一致性比率 CR<0.1，因此，认为每个判断矩阵的一致性都可以接受.

（4）**层次总排序及检验**.

层次总排序及检验结果如表 6.1.5 所示.

表 6.1.5　C 层次总排序($CR=0.0000$)表

C1	C2	C3	C4	C5	C6
0.0714	0.0714	0.3214	0.1071	0.3214	0.1071

表 6.1.6　D 层次总排序($CR=0.0000$)

D1	D2
0.3408	0.6592

由计算结果可知，总排序的一致性比率 CR<0.1，因此，认为判断矩阵的整体一致性可以接受.

（5）**结果分析**.

从方案层总排序的结果看，建城区地铁（D2）的权重（0.6592）远远大于建高速公路（D1）的权重（0.3408），因此，最终的决策方案是建城区地铁.

根据层次排序过程能够深入分析决策思路. 对于准则层 D 的 3 个因子，直接经济效益（B1）的权重最低（0.1429），社会效益（B2）和环境效益（B3）的权重都比较高（皆为 0.4286），说明在决策中比较看重社会效益和环境效益.

对于不被看重的经济效益，其影响的两个因子如直接经济效益（C1）和间接效益（C2）的单排序权重都是建高速公路远远大于建城区地铁；对于比较看重的社会效益和环境效益，其影响的四个因子中有三个因子的单排序权重都是建城区地铁远远大于建高速公路. 由此可以推出，建城区地铁的方案由于社会效益和环境效益较为突出，权重也会相对突出.

从准则层 C 的总排序结果也可以看出，方便日常出行（C3）、减少环境污染（C5）的权重较大，而如果单独考虑这两个因素，方案排序都是建城区地铁远远大于建高速公路.

由此可以分析出决策思路，即决策比较看重的是社会效益和环境效益，不太看重经济效益，因此，方便日常出行和减少环境污染成为主要考虑因素. 对于这两个因素，都是建城区地铁方案更佳，由此可知，最终的方案自然应该是建城区地铁.

【评注】

（1）层次分析法是一种按照分解、比较、判断综合的思维方式进行决策的定性与定量相结合的系统分析方法，其基本原理和基本步骤比较简单，计算非常便捷，所得结果简单明确，易于被决策者了解和掌握. 这种方法除了可以解决决策问题之外，还能解决预测、分析、评价等问题，应用范围十分广泛. 层次分析法自问世以来，还处于不断地改进和完善中，形成了一些新理论和新方法，像群组决策、模糊决策和反馈系统理论等.

（2）在运用层次分析法解决问题时，需要解决两个关键性的问题：一是根据实际情况构造切合实际的递阶层次结构；二是构造相对合理的判断矩阵. 由于缺乏原始数据，解决这两个问题在很大程度上依赖于人们的经验，即主观因素的影响很大，比较、判断过程较为粗糙，只能排除思维过程中的严重非一致性，却无法排除决策者个人可能存在的严重片面性. 因此，这种方法不能用于精度要求较高的决策问题.

附录　yaahp 层次分析法软件简介

yaahp 是一款层次分析法辅助软件,能够实现递阶层次结构图形的编辑、判断矩阵的编辑与一致性比率的计算,以及各层次的排序权重和总排序权重的计算等.其操作简单、直观,计算快速,还具有不一致判断矩阵自动修正、残缺判断矩阵自动补齐、灵敏度分析和群决策等功能.

yaahp 的基本操作如下:

(1)绘制递阶层次结构图.

启动 yaahp 软件后,出现图 6.1.2 的 yaahp 软件主界面,点选工具栏的决策目标、中间层要素和备选方案等绘图工具,可以绘制递阶层次结构图形.绘制的递阶层次结构图形如果有错误,yaahp 软件将给出错误提示.图 6.1.3 是用 yaahp 软件绘制的市政工程项目决策问题的递阶层次结构图.

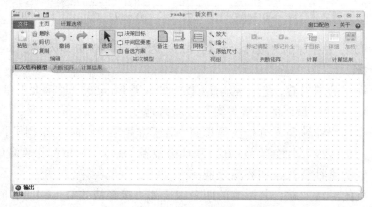

图 6.1.2　yaahp 软件主界面

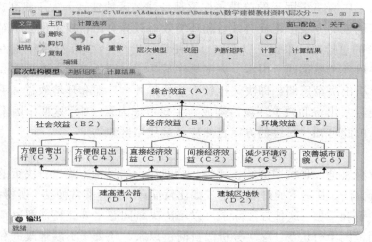

图 6.1.3　市政工程项目决策问题递阶层次结构图

(2)建立判断矩阵.

在主界面中,点选"判断矩阵"操作栏,将切换到判断矩阵输入页面(见图 6.1.4).有多种方法可以输入判断矩阵的元素.每个判断矩阵输入结束之后,yaahp 软件将实时给出"判断矩阵一致性"的值,提示决策者修正判断矩阵或者继续输入其他的判断矩阵.

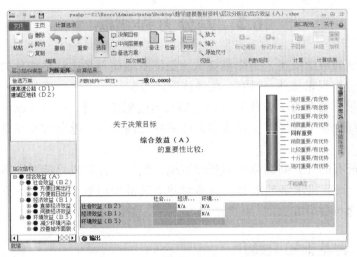

图 6.1.4 判断矩阵输入页面

（3）点选"计算结果"操作栏，yaahp 软件将给出各方案在最高层的权重. 图 6.1.5 所示的是市政工程项目决策问题的计算结果. 点击"显示详细数据"按钮，yaahp 软件还将显示中间计算结果，如图 6.1.6 所示.

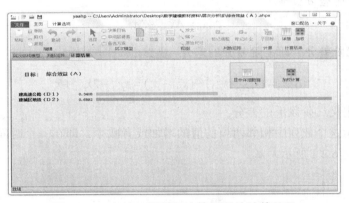

图 6.1.5 市政工程项目决策问题的计算结果

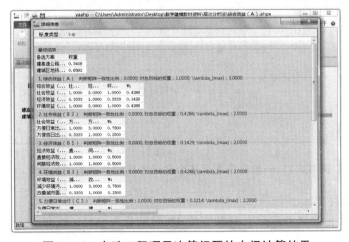

图 6.1.6 市政工程项目决策问题的中间计算结果

6.2　差分方程建模

对于实际问题的数学描述,当变量被认为是间断地而不是连续地变化时,这些变化之间的关系可以用差分方程来描述. 例如,在经济管理等实际问题中,诸如收入、储蓄、消费等许多重要的经济量,通常为了方便而以相等的时间间隔来统计. 经济学家就是通过分析这些定义在离散的时间变量上的经济变量来研究经济变化规律的,差分方程在这些分析中起着十分重要的作用.

另外,几乎所有的计算问题都离不开计算机,但是,计算机只能对离散的数值进行计算和处理. 为了适应计算机求解的需要,也需要建立离散型的数学模型. 本节通过实例介绍差分方程的基本概念与建模方法.

6.2.1　差分方程基础知识简介

1)差　分

设函数 $x(t)$ 在区间 $[0, +\infty)$ 上有定义,记数列为 $\{x_t = x(t),\ t = 0, 1, 2, \cdots\}$,称

$$\Delta x_t = x_{t+1} - x_t$$

为 x_t 在时刻 t 的**一阶差分**;称

$$\Delta^2 x_t = \Delta x_{t+1} - \Delta x_t$$

为 x_t 在时刻 t 的**二阶差分**,即一阶差分的差分. 显然

$$\Delta^2 x_t = (x_{t+2} - x_{t+1}) - (x_{t+1} - x_t) = x_{t+2} - 2x_{t+1} + x_t .$$

类似地可以定义二阶以上的差分.

一阶差分表示这个数列中相邻两项的值的增加或者减少,即在一个时间周期内散点图中的垂直变化,如图 6.2.1 所示.

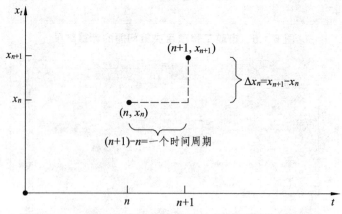

图 6.2.1　一阶差分表示这个数列中相邻两项的值的变化

例 6.2.1　储蓄存单.

考虑存入 1000 元的储蓄存单在月利率为 1%时的累积价值. 数列

$$A = \{1000, 1010, 1020.10, 1030.30, \cdots\}$$

表示这张储蓄存单逐月的价值. 数列 A 的一阶差分为

$$\Delta x_0 = x_1 - x_0 = 1010 - 1000 = 10 ,$$

$$\Delta x_1 = x_2 - x_1 = 1020.10 - 1010 = 10.10 ,$$

$$\Delta x_2 = x_3 - x_2 = 1030.30 - 1020.10 = 10.20 .$$

这里，一阶差分表示从一个月到下一个月所得的利息. 一般地，如果 n 表示月数，x_n 表示 n 个月后储蓄存单的价值，那么每个月的利息可以由第 n 个一阶差分

$$\Delta x_n = x_{n+1} - x_n = 0.01x_n \qquad (6.2.1)$$

来表示.

2）差分方程与解

设函数 $x(t)$ 在区间 $[0, +\infty)$ 上有定义，记数列为 $\{x_t = x(t), t = 0, 1, 2, \cdots\}$. 称含有自变量 t、未知量 x_t 及其一阶差分 Δx_t 的等式为**一阶差分方程**. 一阶差分方程的一般形式为

$$\Delta x_t = \varphi(t, x_t) , \quad t = 0, 1, 2, \cdots \qquad (6.2.2)$$

或者

$$x_{t+1} = \psi(t, x_t) , \quad t = 0, 1, 2, \cdots , \qquad (6.2.3)$$

类似地，设函数 $x(t)$ 在区间 $[0, +\infty)$ 上有定义，记数列为 $\{x_t = x(t), t = 0, 1, 2, \cdots\}$. 称含有自变量 t、未知量 x_t 及其一阶差分 Δx_t 和二阶差分 $\Delta^2 x_t$ 的等式为**二阶差分方程**. 二阶差分方程的一般形式为

$$\Delta^2 x_t = \varphi(t, x_t, \Delta x_t) , \quad t = 0, 1, 2, \cdots \qquad (6.2.4)$$

或者

$$x_{t+2} = \psi(t, x_t, x_{t+1}) , \quad t = 0, 1, 2, \cdots . \qquad (6.2.5)$$

一般地，设函数 $x(t)$ 在区间 $[0, +\infty)$ 上有定义，记数列为 $\{x_t = x(t), t = 0, 1, 2, \cdots\}$. 称

$$F(t; x_t, x_{t+1}, \cdots, x_{t+k}) = 0 \qquad (6.2.6)$$

为 **k 阶差分方程**.

如果存在数列 $\{x_t = x(t), t = 0, 1, 2, \cdots\}$ 满足方程（6.2.6）（使方程成为恒等式），则称数列 $\{x_t = x(t), t = 0, 1, 2, \cdots\}$ 为方程（6.2.6）的一个**解**. 如果 $x(t)$ 中含有 k 个相互独立的任意常数，则称数列 $\{x_t = x(t), t = 0, 1, 2, \cdots\}$ 为方程（6.2.6）的**通解**. 当 $x_0, x_1, \cdots, x_{k-1}$ 为已知时，称其为方程（6.2.6）的**初始条件**；通解中的任意常数由初始条件确定后的解称为方程（6.2.6）的**特解**.

将式（6.2.1）改写为

$$x_{n+1} = x_n + 0.01x_n = 1.01x_n , \qquad (6.2.7)$$

式（6.2.1）和式（6.2.7）均为一阶差分方程. 这里，x_t 表示 t 个月后的利息累积总值. 通常情况下，通过表示或者近似地表示从一个周期到下一个周期的变化就可以构建差分方程.

例 6.2.2 储蓄存单（续）.

接例 6.2.1，如果要从账户中每月取款 50 元，那么一个周期里存款的变化就应该是该周期里产生的利息减去月取款的数额，也可以表示为

$$\Delta x_n = x_{n+1} - x_n = 0.01x_n - 50$$

或者
$$x_{n+1} = 1.01x_n - 50 .$$

例 6.2.3　汉诺塔问题.

设有甲、乙、丙三根针，在甲针上套有从小到大的 n 个圆环，最大的一个在最下面（呈塔形）. 现在要将这些圆环移到乙针上，同样按照从小到大的次序套（呈塔形），一次只能移动一环，并且在移动过程中不能将大环置于小环之上，丙针可以作为临时位置使用. 设把甲针上的 n 个圆环移到乙针上所需的最少次数为 x_n，试构建关于 x_n 的差分方程.

解　为了解决这个问题，先考虑最简单的情形. 显然，$x_1 = 1$. 当 $n = 2$ 时，先将第一个环移到丙针上，再将第二个环移到乙针上，最后将丙针上的环移到乙针上. 因此 $x_2 = 3$.

当 $n = 3$ 时，可以先将上面的两个环移到丙针上，需要移动 $x_2 = 3$ 次；再将最下面的环移到乙针上，需要移动一次；最后将丙针上的两个环移到乙针上，又需要移动 $x_2 = 3$ 次. 因此一共需要移动 7 次，即

$$x_3 = x_2 + 1 + x_2 = 2x_2 + 1 = 7 .$$

一般地，

$$\begin{cases} x_n = x_{n-1} + 1 + x_{n-1} = 2x_{n-1} + 1, \\ x_1 = 1 . \end{cases}$$

例 6.2.4　斐波拉契（Fibonacci）数列.

设第一个月的月初有雌雄各一的一对幼兔，两个月后长成成兔，同时（即第三个月）开始每月的月初产雌雄各一的一对幼兔，新增幼兔也按照这个规律繁殖，并且所有兔子都不会死亡. 设到第 n 个月的月末共有 F_n 对兔子，试构建关于 F_n 的差分方程.

解　第 n 个月月末的兔子可以看作两部分：一部分是截止到上个月末的所有兔子，第二部分是第 n 个月月初的新生兔子. 由题设，新生兔子数等于截止到上月末的兔子数，因此

$$\begin{cases} F_n = F_{n-1} + F_{n-2}, \\ F_1 = F_2 = 1 . \end{cases}$$

这个差分方程的解就是斐波拉契（Fibonacci）数列.

3）差分方程组

含有若干个未知数列及其差分的若干个差分方程组成的方程组称为**差分方程组**.

例 6.2.5　特拉法尔加（Trafalgar）战斗.

1805 年，由拿破仑指挥的法国、西班牙海军联军与由海军上将纳尔逊指挥的英国海军在特拉法尔加发生了一场海战. 一开始，法西联军有 33 艘战舰，而英军有 27 艘战舰. 在一次遭遇战中各方的战舰损失都是对方战舰的 10%. 百分数表示有一艘或多艘战舰受损而不能全力以赴地参加战斗. 试建立数学模型描述战斗过程.

差分方程组模型：

令 n 表示战斗过程中遭遇战的回合，B_n 表示第 n 阶段英军的战舰数，F_n 表示第 n 阶段法西联军的战舰数，于是在第 n 阶段的遭遇战后，各方剩余的战舰数为

$$\begin{cases} B_{n+1} = B_n - 0.1F_n, \\ F_{n+1} = F_n - 0.1B_n. \end{cases} \tag{6.2.8}$$

表 6.2.1 给出了初始条件为 $B_0 = 27$ 和 $F_0 = 33$ 的数值解. 对于全部军力介入的情形, 可以看到, 在经历了 11 个回合的战斗之后, 法西联军还有大约 18 艘战舰, 而英军只剩下 3 艘战舰, 其中至少一艘战舰严重受损. 这说明英军全面失败.

表 6.2.1　差分方程组的数值解（$B_0 = 27$，$F_0 = 33$）

回合	英方军力	法方军力	回合	英方军力	法方军力
1	27.0000	33.0000	7	10.6285	21.2579
2	23.7000	30.3000	8	8.5028	20.1951
3	20.6700	27.9300	9	6.4832	19.3448
4	17.8770	25.8630	10	4.5488	18.6965
5	15.2907	24.0753	11	2.6791	18.2416
6	12.8832	22.5462			

下面看纳尔逊爵士的策略:

在实际的战斗中, 法西联军的 33 艘战舰是分三个战斗编组一字形排开的（见图 6.2.2）. 而纳尔逊爵士的策略是将战斗分为三个阶段, 先用 13 艘英军战舰去迎战战斗编组 A, 剩下的 14 艘战舰作为预备队; 与战斗编组 A 交战结束后, 剩下的战舰与预备的 14 艘战舰一起去迎战战斗编组 B; 最后由所有剩余的战舰迎战战斗编组 C.

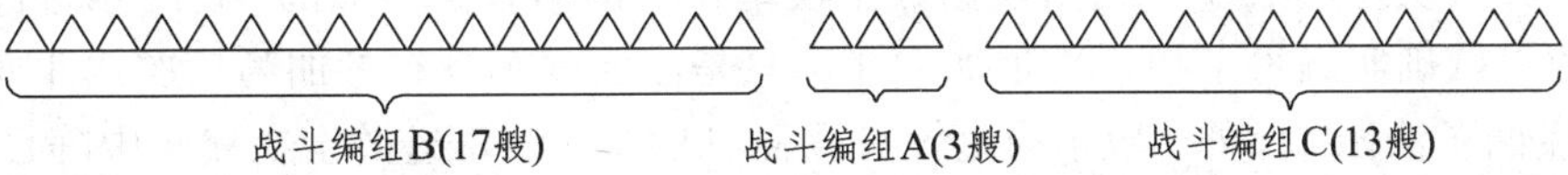

战斗编组B(17艘)　　　战斗编组A(3艘)　　　战斗编组C(13艘)

图 6.2.2　法西联军的战斗队形

假设在三场战斗中, 每一场战斗中各方战舰的损失都是对方战舰的 5%, 则模型（6.2.8）改写为

$$\begin{cases} B_{n+1} = B_n - 0.05F_n, \\ F_{n+1} = F_n - 0.05B_n. \end{cases}$$

表 6.2.2 给出了三次战斗的数值解. 由表 6.2.2 可以看出, 在战斗 A 中, 英军以 1 艘战舰受损的战绩击败法西联军, 法西联军的 3 艘战舰只剩下（大约）1 艘. 在战斗 B 中, 英军以 26 艘战舰的优势对抗法西联军的 18 艘战舰（战斗编组 A 中的 1 艘战舰加入到战斗编组 B）, 结果法西联军只剩下 2 艘战舰, 其中至少 1 艘被重创; 而英军有 19 艘战舰完好无损, 另有 1 艘遭受重创. 最后, 法西联军将战斗编组 C 与战斗 B 中剩余的战舰集合起来投入战斗 C, 结果是法西联军只剩下 2 艘战舰, 而英军却有 13 艘战舰, 其中双方各有 1 艘战舰遭受重创.

表 6.2.2　特拉法尔加战斗三个阶段的数值解

战斗 A			战斗 B			战斗 C		
回合	英方军力	法方军力	回合	英方军力	法方军力	回合	英方军力	法方军力
1	13.0000	3.0000	1	26.6471	18.0709	1	19.2734	14.4441
2	12.8500	2.3500	2	25.7436	16.7385	2	18.5512	13.4804
3	12.7325	1.7075	3	24.9066	15.4513	3	17.8772	12.5529
4	12.6471	1.0709	4	24.1341	14.2060	4	17.2495	11.6590
			5	23.4238	12.9993	5	16.6666	10.7965
			6	22.7738	11.8281	6	16.1268	9.9632
			7	22.1824	10.6894	7	15.6286	9.1569
			8	21.6479	9.5803	8	15.1707	8.3754
			9	21.1689	8.4979	9	14.7520	7.6169
			10	20.7440	7.4395	10	14.3711	6.8793
			11	20.3720	6.4023	11	14.0272	6.1607
			12	20.0519	5.3837	12	13.7191	5.4594
			13	19.7827	4.3811	13	13.4462	4.7734
			14	19.5637	3.3919	14	13.2075	4.1011
			15	19.3941	2.4138	15	13.0024	3.4407
			16	19.2734	1.4441	16	12.8304	2.7906
						17	12.6909	2.1491
						18	12.5834	1.5146

历史上真实发生的战斗与我们根据数学模型预测的结果是类似的. 在纳尔逊爵士的指挥下, 英军的舰队确实赢得了特拉法尔加战斗, 只是法西联军没有参加第三次战斗而是把大约 13 艘战舰撤回了法国. 此外, 数学模型没有预测到的是, 纳尔逊爵士在战斗中阵亡了. 但是, 这场战斗和纳尔逊爵士的英名永垂青史.

4）常系数线性差分方程的解法

形如

$$a_0 x_{t+n} + a_1 x_{t+n-1} + a_{n-1} x_{t+1} + a_n x_t = f(t) \tag{6.2.9}$$

的方程称为 n 阶常系数线性差分方程, 其中 $a_0, a_1, \cdots, a_n$ 为常数. 如果 $f(t) \equiv 0$, 则称方程（6.2.9）为 n 阶常系数齐次线性差分方程, 否则, 就称之为 n 阶常系数非齐次线性差分方程.

对于 n 阶常系数齐次线性差分方程

$$a_0 x_{t+n} + a_1 x_{t+n-1} + a_{n-1} x_{t+1} + a_n x_t = 0, \tag{6.2.10}$$

称方程

$$a_0 \lambda^n + a_1 \lambda^{n-1} + a_{n-1} \lambda + a_n = 0 \tag{6.2.11}$$

为方程（6.2.10）的**特征方程**, 方程（6.2.11）的解称为方程（6.2.10）的**特征根**.

相应于不同类型的特征根，方程（6.2.10）的通解有如下四种情形：

情形 1 如果方程（6.2.10）的特征方程（6.2.11）有 n 个互不相同的实根 $\lambda_1, \lambda_2, \cdots, \lambda_n$，则方程（6.2.10）的通解为

$$x_t = c_1 \lambda_1^t + c_2 \lambda_2^t + \cdots + c_n \lambda_n^t. \quad (c_1, c_2, \cdots, c_n \text{ 为任意常数})$$

情形 2 如果 $\lambda_1, \lambda_2, \cdots, \lambda_s$ 依次是方程（6.2.10）的 $k_1, k_2, \cdots, k_s$ 重实特征根，其中 $k_1 + k_2 + \cdots + k_s = n$，则方程（6.2.10）的通解为

$$x_t = \sum_{j=1}^{k_1} c_{1j} t^{j-1} \lambda_1^t + \sum_{j=1}^{k_2} c_{2j} t^{j-1} \lambda_2^t + \cdots + \sum_{j=1}^{k_s} c_{sj} t^{j-1} \lambda_s^t.$$

情形 3 如果 $\lambda_1 = \alpha + \beta i$ 是方程（6.2.10）的一个单重复特征根，则方程（6.2.11）必然存在另一个复根 $\alpha - \beta i$. 不妨设为 $\lambda_2 = \alpha - \beta i$，而 $\lambda_3, \cdots, \lambda_n$ 是其余 $(n-2)$ 个互不相同的实根，则方程（6.2.10）的通解为

$$x_t = c_1 \rho^t \cos \varphi t + c_2 \rho^t \sin \varphi t + c_3 \lambda_3^t + \cdots + c_n \lambda_n^t,$$

其中 $c_1, c_2, \cdots, c_n$ 为任意常数；$\rho = \sqrt{\alpha^2 + \beta^2}$ 为 $\alpha + \beta i$ 的模；$\varphi = \arctan \dfrac{\beta}{\alpha}$ 为 $\alpha + \beta i$ 的幅角.

情形 4 如果 $\lambda = \alpha + \beta i$ 是方程（6.2.10）的一个 k 重复特征根，则方程（6.2.10）的通解中对应于 λ 的项为

$$(\overline{c}_1 + \overline{c}_2 t + \cdots + \overline{c}_k t^{k-1}) \rho^t \cos \varphi t + (\overline{c}_{k+1} + \overline{c}_{k+2} t + \cdots + \overline{c}_{2k} t^{k-1}) \rho^t \cdot \sin \varphi t,$$

其中 $\overline{c}_i$ 为任意常数 $(i = 1, 2, \cdots, k, k+1, \cdots, 2k)$.

对于 n 阶常系数非齐次线性差分方程，如果已知 $\tilde{x}_t$ 是方程（6.2.9）的一个解，x_t 是方程（6.2.9）对应的齐次线性方程的通解，则方程（6.2.9）的通解为 $\tilde{x}_t + x_t$.

常系数非齐次线性差分方程具体求解时，通常使用常数变易法、待定系数法或者 Z 变换等方法，特殊的线性差分方程也可以通过数学软件求解. 这里不再介绍，有兴趣的读者可以参阅相关文献.

5）差分方程的平衡点及其稳定性

如果常数列 $\{a\}$ 是方程（6.2.6）的解，即 $F(t; a, a, \cdots, a) \equiv 0$，则称 a 为方程（6.2.6）的**平衡点**. 如果对于方程（6.2.6）的满足任意初始条件的解 $x_t = x(t)$，都有 $x_t \to a \, (t \to \infty)$，则称这个平衡点 a 是**稳定的**.

一阶常系数线性差分方程

$$x_{t+1} + a x_t = b \tag{6.2.12}$$

（其中 a, b 为常数，且 $a \neq -1, 0$）的通解为

$$x_t = c(-a)^t + \frac{b}{a+1}. \tag{6.2.13}$$

易得 $x^* = \dfrac{b}{a+1}$ 为方程（6.2.12）的平衡点.

定理 6.2.1　对于方程（6.2.13），当且仅当 $|a| < 1$ 时，$x^* = \dfrac{b}{a+1}$ 是稳定的平衡点.

证明　由（6.2.13）式易得.

显然，二阶常系数齐次线性差分方程

$$x_{t+2} + ax_{t+1} + bx_t = 0 \qquad\qquad (6.2.14)$$

的平衡点为 $x^* = 0$. 设方程（6.2.14）的特征根为 λ_1 和 λ_2，则方程（6.2.14）的通解为

$$x_t = c_1\lambda_1^{\,t} + c_2\lambda_2^{\,t}, \qquad\qquad (6.2.15)$$

其中 c_1, c_2 为任意常数.

定理 6.2.2　设 λ_1 和 λ_2 是方程（6.2.14）的两个特征根，当且仅当 $|\lambda_1| < 1$ 且 $|\lambda_2| < 1$ 时，$x^* = 0$ 是稳定的.

证明　由（6.2.15）式易得.

同理，二阶常系数非齐次线性差分方程

$$x_{t+2} + ax_{t+1} + bx_t = r \qquad\qquad (6.2.16)$$

的平衡点为 $x^* = \dfrac{r}{a+b+1}$. 设方程（6.2.16）的特征根为 λ_1 和 λ_2，则方程（6.2.16）的通解为

$$x_t = x^* + c_1\lambda_1^{\,t} + c_2\lambda_2^{\,t}, \qquad\qquad (6.2.17)$$

其中 c_1, c_2 为任意常数.

定理 6.2.3　设 λ_1 和 λ_2 是方程（6.2.16）的两个特征根，当且仅当 $|\lambda_1| < 1$ 且 $|\lambda_2| < 1$ 时，

$x^* = \dfrac{r}{a+b+1}$ 是稳定的.

证明　由（6.2.17）式易得.

上述结果可以推广到 n 阶线性差分方程，即 n 阶线性差分方程的平衡点稳定的条件是：n 阶线性差分方程的特征根 $\lambda_i\,(i = 1, 2, \cdots, n)$ 均满足 $|\lambda_i| < 1$.

对于一阶非线性差分方程

$$x_{n+1} = f(x_n), \qquad\qquad (6.2.18)$$

它的平衡点 x^* 是方程 $x = f(x)$ 的根. 为了讨论 x^* 的稳定性，将方程（6.2.18）的右端在点 x^* 处泰勒展开，只取一次项，则方程（6.2.18）近似为

$$x_{n+1} = f(x^*) + f'(x^*)(x_n - x^*), \qquad\qquad (6.2.19)$$

称之为方程（6.2.18）的近似线性方程. 方程（6.2.18）和方程（6.2.19）的平衡点具有相同的稳定性，于是得到：

当 $|f'(x^*)| < 1$ 时，方程（6.2.18）的平衡点 x^* 是稳定的；

当 $|f'(x^*)| > 1$ 时，方程（6.2.18）的平衡点 x^* 是不稳定的.

6.2.2　市场经济中的蛛网模型

1) 问题的提出

在自由竞争的经济领域里，消费品的上市量和价格会产生周期性的波动现象. 例如，一个时期以来，由于某种消费品的上市量远远大于需求而使得销售不畅，最终导致价格下跌；生产者发现生产这种消费品赔钱，就会转而生产其他消费品. 经过一段时间后，这种消费品的上市量大减，由于供不应求而导致价格回升，生产者看到有利可图，又重操旧业，这样经过一段时间，又将出现供大于求、价格下跌的局面. 在没有外界干预的情况下，这种现象将如此循环下去. 试建立数学模型描述并研究这种现象.

2) 问题分析

在完全自由竞争的市场经济中这种现象通常是不可避免的，这是因为商品的价格是由消费者的需求关系所决定的，商品数量越多，价格越低. 而下一个时期商品的数量由生产者的供应关系决定，商品价格越低，产量越少. 这样的需求和供应关系决定了市场经济中商品的价格和数量必然呈周期性的振荡变化. 在现实世界里，这种振荡会以不同的形式出现，有的振幅逐渐减小趋于平稳，有的则振幅越来越大，如果没有外界的干预，将导致市场崩溃.

3) 定义与说明

x_t 表示第 t 时段商品的数量；

y_t 表示商品的价格；

$t = 1, 2, \cdots$. 这里把时间离散化为时段，1 个时段相当于商品的一个生产周期.

同一时段商品的价格取决于数量，称之为**需求函数**，记作

$$y_t = f(x_t), \tag{6.2.20}$$

它反映消费者对这种商品的需求关系. 由于数量越多价格越低，因此 f 是一个减函数，描述 f 的曲线称为**需求曲线**.

下一个时段商品的数量 x_{t+1} 由上一个阶段的价格 y_t 决定，称之为**供应函数**，记作

$$x_{t+1} = h(y_t) \quad \text{或} \quad y_t = g(x_{t+1}), \tag{6.2.21}$$

它反映生产者的供应关系，其中 g 是 h 的反函数. 由于价格越高，产量越大，因此，g 是一个增函数，描述 g 的曲线称为**供应曲线**.

4) 模型的建立与求解

模型一　蛛网模型

将 $y = f(x)$ 和 $y = g(x)$ 所表示的曲线绘制在同一个平面直角坐标系中，设两条曲线的交点为 $P_0(x_0, y_0)$，有 $y_0 = f(x_0)$，$y_0 = g(x_0)$，因此 P_0 为平衡点，即商品需求和市场供应处于平衡状态. 如果存在某个 t，使得 $x_t = x_0$，则有

$$y_k = y_0, \ x_k = x_0, \ (k = t, t+1, \cdots)$$

即商品的数量保持在 x_0，价格保持在 y_0.

实际上，由于种种干扰，商品的数量和价格不可能永远保持在 P_0 点，不妨设 $x_1 \ne x_0$，以下考虑随着 t 的增加，x_t 和 y_t 的变化情况.

如图 6.2.3 所示，当商品的数量 x_1 给定后，价格 y_1 由 f 上的 P_1 点决定，下一个时段的商品数量 x_2 由 g 上的 P_2 点决定，y_2 又由 f 上的 P_3 点决定．依此类推，可以得到一系列的点 $P_1(x_1, y_1)$，$P_2(x_2, y_2)$，$P_3(x_3, y_3)$，$P_4(x_4, y_4)$，…．图 6.2.3 上的箭头表示确定 P_k 的次序，并且这些点以箭头所示的方向逐渐趋近于 P_0 点．这表明 P_0 点是稳定的平衡点，意味着商品的数量和价格趋于稳定．

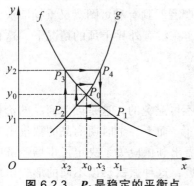
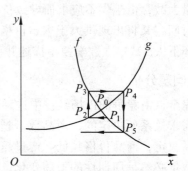

图 6.2.3　　P_0 是稳定的平衡点　　　　　　图 6.2.4　　P_0 是不稳定的平衡点

但是，并不是所有的需求函数和供应函数都趋于稳定．如果给定的 f 和 g 的图形如图 6.2.4 所示，通过类似的分析可以发现，市场经济将按照 P_1，P_2，P_3，P_4，…的规律变化而远离 P_0 点，即 P_0 点是不稳定的平衡点，这意味着商品的数量和价格将出现越来越大的振荡．

由于图 6.2.3 和图 6.2.4 中的折线 P_1，P_2，P_3，P_4，…形似蛛网，因此，这种在经济学中描述商品数量和价格稳定性的图示方法称为**蛛网模型**．在市场经济分析中，需求曲线 f 和供应曲线 g 的具体形式通常是由各时段商品的数量和价格的统计数据得到的．一般地，f 取决于消费者对这种商品的需求程度和他们的消费水平，g 则取决于生产者的生产能力、经营水平等．

在确定了 f 和 g 之后，可以根据 f 和 g 的性质判断平衡点 P_0 的稳定性．观察图 6.2.3 和图 6.2.4 可以发现，在 P_0 点的附近，图 6.2.3 中的 f 比 g 平缓，而图 6.2.4 中的 f 比 g 陡峭．由此可得：当 $|x_1 - x_0|$ 较小时，P_0 点的稳定性由 f 和 g 在 P_0 点处的斜率决定，即当

$$|f'(x_0)| < |g'(x_0)| \qquad (6.2.22)$$

时，P_0 点是稳定的；而当

$$|f'(x_0)| > |g'(x_0)| \qquad (6.2.23)$$

时，P_0 点是不稳定的．由此可见，需求曲线越平缓，供应曲线越陡峭，越有利于市场经济的稳定．

蛛网模型只是定性地分析了供求曲线对市场经济的影响，要定量地描述这种影响，还需要建立定量分析的数学模型．

模型二　差分方程模型

在 P_0 点附近，曲线 f 和 g 可以用直线近似．令 $K_1 = |f'(x_0)|$，$K_2 = \dfrac{1}{|g'(x_0)|}$，则近似于 f 和 g 的方程为

$$y_t - y_0 = -K_1(x_t - x_0)，K_1 > 0， \qquad (6.2.24)$$

$$x_{t+1} - x_0 = K_2(y_t - y_0), \ K_2 > 0. \tag{6.2.25}$$

将（6.2.24）式代入（6.2.25）式，得

$$x_{t+1} - x_0 = -K_1 K_2(x_t - x_0), \tag{6.2.26}$$

而且（6.2.26）式对 $t = 1, 2, \cdots$ 均成立，即有

$$x_2 - x_0 = -K_1 K_2(x_1 - x_0),$$

$$x_3 - x_0 = -K_1 K_2(x_2 - x_0),$$

$$\cdots\cdots\cdots$$

$$x_t - x_0 = -K_1 K_2(x_{t-1} - x_0),$$

$$x_{t+1} - x_0 = -K_1 K_2(x_t - x_0).$$

从上向下依次将上式代入下式，即得

$$x_{t+1} - x_0 = (-K_1 K_2)^t (x_1 - x_0), \tag{6.2.27}$$

（6.2.27）式是一阶常系数线性差分方程，它的解为

$$x_{t+1} = (-K_1 K_2)^t (x_1 - x_0) + x_0. \tag{6.2.28}$$

要使得 P_0 为稳定的平衡点，需满足 $t \to \infty$ 时，$x_{k+1} \to 0$. 由（6.2.28）式可知，$t \to \infty$ 时，$x_{t+1} \to 0$ 的条件为 $K_1 K_2 < 1$，即

$$K_1 < \frac{1}{K_2}. \tag{6.2.29}$$

再由 K_1 与 K_2 的定义可知，（6.2.29）式和（6.2.22）式是一致的.

同理可得，P_0 点不稳定的条件是

$$K_1 > \frac{1}{K_2}. \tag{6.2.30}$$

这与（6.2.23）式也是一致的.

模型解释：

$K_1 = |f'(x_0)|$ 是需求曲线 f 在点 x_0 处的斜率的绝对值，在这个问题中，由（6.2.24）式可知，K_1 表示商品供应量减少 1 个单位时价格的上涨幅度；$K_2 = \dfrac{1}{|g'(x_0)|}$ 是供应曲线 g 在点 x_0 处的斜率的绝对值的导数，在这个问题中，由（6.2.25）式可知，K_2 表示价格上涨 1 个单位时（下一个时段）商品供应的增加量. 因此，K_1 的大小反映了消费者对商品需求的敏感程度. 一般来说，人们对生活必需品的价格比较敏感，则 K_1 较大；人们对非必需品的价格不敏感，则 K_1 较小. 而 K_2 的大小则反映了生产经营者对商品价格的敏感程度. 目光短浅者一看到价格上涨，就增加生产，致使 K_2 较大；高瞻远瞩者有长远的计划，使得 K_2 较小.

为方便讨论，现取 K_2 为常数，则 K_1 越小，需求函数 f 越平缓，表明消费者对商品需求

的敏感程度越小，（6.2.29）式就越容易成立，越有利于经济稳定. 同理，取 K_1 为常数，则 K_2 越小，供应函数 g 越陡峭，表明生产者对价格的敏感程度越小，（6.2.29）式也越容易成立，越有利于经济稳定. 反之，当 K_1 和 K_2 较大时，表明消费者对商品需求和生产者对价格都很敏感，式（6.2.30）容易成立，经济不稳定.

模型改进：

在现实生产中，管理水平和素质较高的决策者要确定商品的数量 x_{k+1}，除了考虑前一个时段的价格 y_k 之外，还需要考虑其他因素. 例如，前两个时段的价格 y_{k-1} 等. 现假设供应函数（6.2.21）为

$$x_{t+1} = g\left(\frac{y_t + y_{t-1}}{2}\right), \tag{6.2.31}$$

则（6.2.25）式改写为

$$x_{t+1} - x_0 = \frac{K_2}{2}(y_t + y_{t-1} - 2y_0). \tag{6.2.32}$$

由（6.2.24）式可得

$$y_{t-1} = y_0 - K_1(x_{t-1} - x_0). \tag{6.2.33}$$

将（6.2.24）式和（6.2.33）式代入（6.2.32）式，整理得

$$2x_{t+1} + K_1 K_2 x_t + K_1 K_2 x_{t-1} = (1 + K_1 K_2)x_0, \quad t = 2, 3, \cdots. \tag{6.2.34}$$

这是一个二阶常系数非齐次线性差分方程，它所对应的齐次方程的特征方程为

$$2\lambda^2 + K_1 K_2 \lambda + K_1 K_2 = 0,$$

特征根为

$$\lambda_{1,2} = \frac{-K_1 K_2 \pm \sqrt{(K_1 K_2)^2 - 8K_1 K_2}}{4}.$$

当 $K_1 K_2 > 8$ 时，

$$\lambda_2 = \frac{-K_1 K_2 - \sqrt{(K_1 K_2)^2 - 8K_1 K_2}}{4} < -\frac{K_1 K_2}{4}.$$

因此，$|\lambda_2| > 2$. 由定理 6.2.3，P_0 点不稳定. 而当 $K_1 K_2 < 8$ 时，

$$|\lambda_{1,2}| = \left[\left(\frac{K_1 K_2}{4}\right)^2 + \left(\frac{1}{4}\sqrt{8K_1 K_2 - (K_1 K_2)^2}\right)^2\right]^{\frac{1}{2}} = \sqrt{\frac{K_1 K_2}{2}}.$$

由定理 6.2.3，要使 P_0 为稳定的平衡点，λ_1 和 λ_2 须满足 $|\lambda_{1,2}| < 1$，即

$$K_1 K_2 < 2.$$

因此，当 $K_1 K_2 < 2$ 时，P_0 点是稳定的. 与（6.2.29）式相比较，模型改进后，K_1 和 K_2 的取值范围扩大了，这是因为决策者的管理水平和素质的提高对市场经济的稳定起着有利影响的作用.

习题 6

1. 用层次分析法解决如下的实际问题：

（1）学校评选优秀学生或者优秀班级，试给出若干准则，构造层次结构模型．可分为相对和绝对评价两种情况讨论．

（2）为大学毕业生建立一个选择去向的层次结构模型．

2. 在市场经济的蛛网模型中，继续讨论下列问题：

（1）因为一个时段上市的商品不能立即售完，其数量也会影响到下一段的价格，所以 y_{n+1} 由 x_{n+1} 和 x_n 决定．再设 x_{n+1} 仍只取决于 y_n，给出稳定平衡的条件．

（2）如果除了 y_{n+1} 由 x_{n+1} 和 x_n 决定之外，x_{n+1} 也由 y_n 和 y_{n+1} 确定，试分析稳定平衡的条件是否还会放宽．

3. 已知一种昆虫每 2 周产卵一次，6 周后死亡．孵化后的幼虫 2 周后成熟，平均产卵 100 个，4 周龄的成虫平均产卵 150 个．假设每个卵发育为 2 周龄成虫的成活率为 0.09，2 周龄的成虫发育为 4 周龄成虫的成活率为 0.2.

（1）假设开始时，0～2 周，2～4 周，4～6 周龄的昆虫数目相等，计算 2 周、4 周、6 周后各种周龄的昆虫数目；

（2）讨论这种昆虫各种周龄的昆虫数目的变化趋势，各周龄的昆虫的比例是否有一个稳定值；

（3）假设使用了一种除虫剂来控制昆虫的数目，已知使用后各周龄昆虫的成活率减半，问这种除虫剂是否有效．

7　概率模型与计算机模拟

由于未来往往是不确定的，而不确定往往可以用随机变量来刻画，故现实中的几乎所有模型都带有随机因素，这为概率模型的应用提供了广阔的空间. 模拟就是利用物理的、数学的模型来类比、模仿现实系统及其演变过程，以寻求过程规律的一种方法. 它的基本思想是建立一个试验模型，这个模型包含所研究系统的主要特点，通过对这个试验模型的运行，获得所要研究系统的必要信息. 很多实际模型难以理论分析，但我们可利用计算机模拟，进而得到一些关键的特征值，为我们的决策提供依据. 本章首先给出了几个概率模型，包括马氏链模型和排队模型，最后给出了计算机模拟的基本方法和软件实现.

7.1　马氏链模型

根据过去预测未来一直是科学研究中的重要内容之一，科学预测是建立在事物发展规律基础之上的科学推断. 马氏链模型是应用马尔可夫链及转移概率矩阵的原来对事件的未来变化趋势进行预测，从而提供决策的依据.

7.1.1　马氏链基本理论

定义 7.1.1　定义在 $(\Omega, \mathcal{F}, P)$ 上的随机过程 $X = \{X_n, n \in \mathbf{N}\}$，状态空间为 $S = \{i_0, i_1, \cdots\}$，对于 $\forall$ 正整数 $n, m \in T$，$i_0, i_1, i_2, \cdots i_{n+1} \in S$，下式成立

$$P\{X_{n+m} = i_{n+1} \mid X_0 = i_0, X_1 = i_1, \cdots, X_n = i_n\} = P\{X_{n+m} = i_{n+1} \mid X_n = i_n\},$$

则称 X 为**马尔可夫链**（MC），简称**马氏链**.

Markov 性是说，如果给定了随机过程的历史和现在信息，去判断系统在将来某个时刻的转移概率，则历史信息无用，起作用的只是现在信息，因此马氏性也简称无记忆性.

MC 的统计特性完全由初始分布 $P(X_0 = i_0)$ 和条件概率 $P\{X_{n+1} = j \mid X_n = i\}$ 决定，如何确定这个条件概率是马氏链理论和应用中的重要问题之一.

定义 7.1.2　称 $p_{ij}^{(k)}(n) = P\{X_{n+k} = j \mid X_n = i\}$ 为 X 在时刻 n 的 k 步转移概率，其中 $i, j \in S$. 如果转移概率与 n 无关，则称为**齐次马氏链**，并记 $p_{ij}(n) = p_{ij}$. 一步转移概率简称**转移概率**.

下面讨论齐次马氏链，通常将齐次两字省略. 由全概率公式和 Markov 性可得：

定理 7.1.1　设 $\{X_n, n \in \mathbf{N}\}$ 为马氏链，则对任意整数 $n \geq 0$，$1 \leq l < n$ 和 $i, j \in S$，n 步转移概率 $p_{ij}^{(n)}$ 具有下列性质：

（1） $p_{ij}^{(n)} = \sum_{k \in S} p_{ik}^{(l)} p_{kj}^{(n-l)}$ ；

（2） $P^{(n)} = PP^{(n-1)} = P^n$.

（2）只是（1）的矩阵表现形式而异. （1）式简称 C-K 方程，它在马氏链的转移概率计

算中起着重要的作用. C-K 方程有以下直观意义：马氏链从状态 i 出发，经过 n 步转移到状态 j，可以从状态 i 出发，经过 l 步转移到中间状态 k，再经 $n-l$ 步转移到状态 j，而中间状态取遍状态空间 S.

称 $p_j = P\{X_0 = j\}$ 和 $p_j(n) = P\{X_n = j\}, (j \in S)$ 为 $\{X_n, n \in \mathbf{N}\}$ 的**初始概率**和**绝对概率**，并分别称 $\{p_j, j \in S\}$ 和 $\{p_j(n), j \in S\}$ 为**初始分布**和**绝对分布**.

初始分布表示了马氏链在开始时刻所处状态的概率，而转移概率则表达了马氏链在状态转移过程的规律，因此初始分布和转移概率决定了马氏链的有限维分布，从而也决定了马氏链的统计规律.

对于用马氏链描述的实际系统，人们非常关心经过长时间转移后，系统处于各个状态的概率是多少以及马氏链是否具有统计上的稳定性.

定义 7.1.3   设马氏链 $\{X_n, n \geq 1\}$ 的状态空间为 $S = \{1, \cdots, n, \cdots\}$，如果对任意 $i, j \in S$，则转移概率 $\lim_{n \to \infty} p_{ij}^{(n)} = \pi_j$（不依赖 i），则称此链具有遍历性.

定理 7.1.2   设齐次马氏链 $X = \{X_n, n \in \mathbf{N}\}$ 的状态空间为 S，转移概率矩阵为 P，如果存在某个正整数 m，使得 $P^m = (p_{ij}^{(m)})$ 的每个元素大于 0，则 $X = \{X_n, n \in \mathbf{N}\}$ 是不可约的，且是遍历的.

定理 7.1.2 给出了判断马氏链遍历性的一个充分条件，很有意义.

定义 7.1.4   设 $X = \{X_n, n \in \mathbf{N}\}$ 是齐次马氏链，如果对任意 $i, j \in S$，有 $\lim_{n \to \infty} p_{ij}^{(n)} \triangleq \pi_j$，且 $\sum_{j \in S} \pi_j = 1, \pi_j \geq 0$，则概率分布 $\{\pi_j, j \in S\}$ 称为 X 的极限分布.

如果概率分布 $\{\pi_j, j \in S\}$ 满足 $\pi_j = \sum_{i \in S} \pi_i p_{ij}$，称为 X 的平稳分布（不变分布）.

若马氏链的初始分布 $P(X_0 = j) = p_j$ 为平稳分布，则 X_1 的分布将是

$$P(X_1 = j) = \sum_{i \in S} P(X_1 = j \mid X_0 = i) P(X_0 = i) = \sum_{i \in S} p_{ij} p_i = p_j.$$

这与 X_0 分布是相同的，依次递推，$X_n, n = 0, 1, 2, \cdots$ 都有相同分布，这也是称为不变分布的原因. 不变分布的存在性是有条件的，一般以如下极限定理加以论述.

定理 7.1.3（**极限定理**）对于不可约非周期马氏链，若它是遍历的，则 $\pi_j = \lim_{n \to \infty} p_{ij}^{(n)} > 0, j \in S$ 是不变分布且是唯一的不变分布.

7.1.2 马氏链模型

1）市场占有率的马氏链模型

市场占有率过程充满着控制、反馈、反复，这与马氏链有着相似之处，因此可将市场占有率问题认为是一个随机的 Markov 过程.

（1）预测市场占有率的数学模型.

假定市场基本稳定，没有突发事件，比如没有新竞争者进入等. 根据有关统计数据对 $[0, +\infty)$ 进行适当划分，计算转移概率 p_{ij}，得到 $P = (p_{ij}, i, j \in I)$，然后计算 m 步的转移概率矩阵 $P^{(m)} = (p_{ij}^{(m)})$，即 m 个周期后的市场占有率的转移矩阵. 假设初始市场占有率为

$P^{(\mathrm{T})}(0) = (p_1, p_2, \cdots, p_n)$，则有 m 个周期之后的市场占有率为

$$P^{(\mathrm{T})}(m) = P^{(\mathrm{T})}(m-1)P = P^{(\mathrm{T})}(0)P^m.$$

我们发现，当 m 大到一定程度时，$P^{(\mathrm{T})}(m)$ 将不会有多少改变，即有稳定的市场占有率，设其稳定值为：$\pi = (\pi_1, \pi_2, \cdots, \pi_n)$，且满足 $\pi_1 + \pi_2 + \cdots + \pi_n = 1$. 如果市场的顾客流动趋向稳定不变，则经过一段时期以后的市场占有率将会出现稳定的平衡状态，即顾客流动不会影响市场占有率，而且这种占有率与初始分布无关.

一般 n 个状态的稳定市场占有率（平稳分布）可通过解方程组

$$\begin{cases} \pi = \pi P, \\ \sum_{k=1}^{n} \pi_k = 1 \end{cases}$$

得到. 当市场条件改变的时候，我们用此法得到的结果与现实差距太大，如果贸然使用，会出现错误，因此此时要特别分析.

（2）案例分析.

下面结合具体案例，说明马尔可夫决策的应用步骤. 预测 A, B, C 三个厂家生产的某种抗病毒药在未来的市场占有情况，其具体步骤如下：

① 进行市场调查，主要调查两件事：

（ⅰ）目前的市场占有情况. 若购买该药的总共 1000 家对象（购买力相当的医院、药店等）中，买 A, B, C 三药厂的各有 400 家、300 家、300 家，那么 A, B, C 三药厂目前的市场占有份额分别为：40%, 30%, 30%. 称（0.4, 0.3, 0.3）为目前市场的占有分布，即初始分布.

（ⅱ）查清使用对象的流动情况. 流动情况的调查可通过发放信息调查表来了解顾客以往的资料或将来的购买意向，也可从下一时期的订货单得出. 我们从 A, B, C 三个厂家的销售部门得到订货情况表即表 7.1.1：

表 7.1.1　订货情况表

		下季度订货情况			合计
		A	B	C	
来自	A	160	120	120	400
	B	180	90	30	300
	C	180	30	90	300
合计		520	240	240	1000

② 建立数学模型：假定顾客相同间隔时间的流动情况不因时期的不同而发生变化，以 1, 2, 3 分别表示顾客买 A, B, C 三厂家的药这三个状态，以季度为模型的步长，那么根据表 7.1.1，由大数定律可得模型的转移概率矩阵：

$$P = \begin{pmatrix} \dfrac{160}{400} & \dfrac{120}{400} & \dfrac{120}{400} \\ \dfrac{180}{300} & \dfrac{90}{300} & \dfrac{30}{300} \\ \dfrac{180}{300} & \dfrac{30}{300} & \dfrac{90}{300} \end{pmatrix} = \begin{pmatrix} 0.4 & 0.3 & 0.3 \\ 0.6 & 0.3 & 0.1 \\ 0.6 & 0.1 & 0.3 \end{pmatrix}.$$

矩阵中的第一行（0.4，0.3，0.3）表示目前是 A 厂的顾客下季度有 40%仍买 A 厂的药，转为买 B 厂和 C 厂的各有 30%. 其他类推.

由 P 我们可以计算任意的 k 步转移矩阵，如三步转移矩阵：

$$P^{(3)} = P^3 = \begin{pmatrix} 0.496 & 0.252 & 0.252 \\ 0.504 & 0.252 & 0.244 \\ 0.504 & 0.244 & 0.252 \end{pmatrix}.$$

从这个矩阵的各行可知，三个季度以后各厂家顾客的流动情况. 如从第二行（0.504，0.252，0.244）知，B 厂的顾客三个季度后有 50.4%转向买 A 厂的药，25.2%仍买 B 厂的，24.4%转向买 C 厂的药.

（3）进行预测：设 $P^{(T)}(k) = (p_1(k), p_2(k), p_2(k))$ 表示预测对象 k 季度以后的市场占有率，初始分布则为 $P^{(T)}(0) = (p_1, p_2, p_3)$，市场占有率的预测模型为

$$P^{(T)}(k) = P^{(T)}(0) \cdot P^k = P^{(T)}(k-1) \cdot P.$$

由第一步 $P^{(T)}(0) = (0.4, 0.3, 0.3)$，我们可预测任意时期 A, B, C 三厂家的市场占有率. 三个季度以后的预测值为

$$P^{(T)}(3) = P^{(T)}(0) \cdot P^3 = (0.5008 \quad 0.2496 \quad 0.2496).$$

大致上，A 厂占有一半的市场，B 厂、C 厂各占四分之一.

当市场出现平衡状态时，求出唯一解：$\pi_1 = 0.5$，$\pi_2 = 0.25$，$\pi_3 = 0.25$，这就是 A, B, C 三家的最终市场占有率.

2）计算机故障的马氏链模型

某计算机机房的一台计算机经常出故障，研究者每隔 15 min 观察一次计算机的允许状态，收集了 24 h 的数据（共做 97 次观察）. 用 1 表示正常状态，用 0 表示不正常状态，所得的数据序列如下：

111001001111111001111011111100111111111110001101101110111
10110110101111011101110111111100110111111100111

设 $X = \{X_n, n = 1, 2, \cdots, 97\}$ 为第 n 个时段计算机的状态，可以认为它是一个时齐的马氏链，状态空间 $S = \{0, 1\}$，求得 96 次状态转移的情况如下：

0→0，8 次；0→1，18 次；1→0，18 次；1→1，52 次.

因此，一步转移概率矩阵可用频率近似表示为

$$P \approx \begin{pmatrix} \dfrac{8}{8+18} & \dfrac{18}{8+18} \\ \dfrac{18}{18+52} & \dfrac{52}{18+52} \end{pmatrix} = \begin{pmatrix} \dfrac{4}{13} & \dfrac{9}{13} \\ \dfrac{9}{35} & \dfrac{26}{35} \end{pmatrix} = \begin{pmatrix} 0.3077 & 0.6923 \\ 0.2571 & 0.7429 \end{pmatrix}.$$

显然，X 是只包含正常返状态的不可约齐次马氏链，故存在唯一的不变分布，为 $\pi = (0.2708, 0.7292)$，平均返回步数为 $(3.6923, 1.3714)$，即计算机达到平稳状态时，处于 0 的概率为 0.2708，处于 1 的概率为 0.7292. 如果计算机现在处于状态 0，再次返回 0，所需平均

步数为 3.6923，由状态 1 再次返回状态 1 所需的平均步数为 1.3714.

MATLAB 程序如下：

```
X=[111001001111111001111011111100111111111100011101
    1011110110110101111011101111011111110011011111
    00111];
n1=length(X);
P1=zeros(2);
P=[];
for    i=1:1:n1-1
        for    j=1:1:2
                if    X(i)==j-1&X(i+1)==0    P1(j,1)=P1(j,1)+1;
                elseif    X(i)==j-1&X(i+1)==1    P1(j,2)=P1(j,2)+1;
                end
            end
end
P1    %转移频数矩阵
for    i=1:1:2
    if    sum(P1(i,:))==0    P1(i,:)=P1(i,:);
    else    P1(i,:)=P1(i,:)/(sum(P1(i,:)));
    end
end
P=P1    %一步转移矩阵
E=eye(2);
e1=ones(2,1);
b1=zeros(1,2);
bbfb=[b1 1]/([P-E e1])    %平稳分布
1./bbfb
```

7.2 $M|M|c|\infty$ 排队模型及其在超市管理中的应用

收银人员在数量和时间上的配备事关超市运行的成本和效益. 对该问题的研究已出现许多模型，如线性回归模型、时间序列模型、投入产出模型等，但是这些模型因其静态性、确定性而限制了其准确性. 本节避免了这些模型的局限性，采用随机动态理论对该问题进行研究，建立了 $M|M|c|\infty$ 模型，并运用 SPSS 软件对客流量进行泊松检验，得到了超市的一些排队指标，这对超市管理人员具有一定的参考价值.

7.2.1 $M|M|c|\infty$ 排队模型

在 $M|M|c|\infty$ 排队系统中有 c 个服务台独立地并行服务，当顾客到达时，若服务台空闲

则立刻接受服务，否则排队等待，直到服务台空闲再接受服务. 假定顾客的到来服从参数为 $\lambda > 0$ 的泊松过程，服务时间服从 $\mathrm{Exp}(\mu)$（$\mu > 0$），密度函数为 $f(t) = \mu \mathrm{e}^{-\mu t}$，可见平均服务率为 μ，整个系统的平均服务率为 $c\mu$，系统容量无穷大且到达与服务相互独立，而服务原则是先到先服务，排队模型如图 7.2.1 所示.

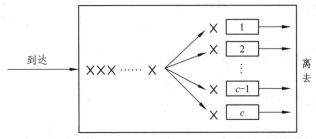

图 7.2.1　多服务窗口等待制 $M\,|\,M\,|\,c\,|\,\infty$ 排队模型框图

假定 $N(t)$ 表示在时刻 t 系统中的顾客数，由于系统没有限制顾客来源和系统容量，故系统的可能状态集 $E = \{0, 1, 2, \cdots\}$.

令 $p_{ij}(\Delta t) = P\{N(t + \Delta t) = j\,|\,N(t) = i\}$，显然

$$p_{ij}(\Delta t)=\begin{cases}\lambda\Delta t+o(\Delta t),\ j=i+1,i\geqslant 0,\\ i\mu\Delta t+o(\Delta t),\ j=i-1,i=1,2,\cdots,c-1,\\ c\mu\Delta t+o(\Delta t),\ j=i-1,i=c,c+1,\cdots,\\ o(\Delta t),|i-j|\geqslant 2.\end{cases}$$

于是 $\{N(t), t \geqslant 0\}$ 为 $E = \{0, 1, 2, \cdots\}$ 上的生灭过程，其中参数为 $\lambda_j = \lambda, j \geqslant 0$，$\mu_j=\begin{cases}j\mu,j=1,2,\cdots,c,\\ c\mu,j\geqslant c+1.\end{cases}$

令 $\rho = \dfrac{\lambda}{\mu}$，$\rho_c = \dfrac{\lambda}{c\mu}$ 表示该**系统的负荷水平**或**强度**，$p_k = \lim\limits_{t\to\infty} P\{N(t) = k\}$，$k \geqslant 0$，则当 $\rho_c < 1$ 时平稳分布 $\{p_k, k \geqslant 0\}$ 存在且与初始分布无关. 当系统处于平衡时，可由 K 氏代数方程或生灭过程的极限定理求出相应的平衡分布

$$p_k=\begin{cases}\dfrac{\rho^k}{k!}p_0,0\leqslant k\leqslant c-1,\\[2mm] \dfrac{1}{c!c^{k-c}}\rho^k p_0,k\geqslant c.\end{cases}$$

由正则性可得出 $p_0=\left[\displaystyle\sum_{k=0}^{c-1}\frac{\rho^k}{k!}+\frac{\rho^c}{c!(c-\rho)}\right]^{-1}$.

因为是等待制，故到达系统的顾客迟早会接受服务，故 $P_{\text{损}} = 0$；系统的相对通过能力 $Q = 1 - P_{\text{损}} = 1$，表示单位时间内被服务完顾客数与请求服务顾客数的比值.

在统计平衡下，等待队长 L_q 显然有分布

$$P\{L_q = 0\} = \sum_{j=0}^{c} p_j,$$

$$P\{L_q = k\} = p_{c+k}, k = 1, 2, \cdots.$$

当 $\rho_c < 1$ 时有

$$\overline{L}_q = E(L_q) = \sum_{k=c}^{\infty}(k-c)p_k = \sum_{k=c}^{\infty}(k-c)\frac{1}{c!c^{k-c}}\rho^k p_0 = \frac{p_0\rho^c}{c!}\sum_{k=c}^{\infty}(k-c)\left(\frac{\rho}{c}\right)^{k-c}$$

$$= \frac{p_0\rho^c}{c!}\sum_{k=c}^{\infty}(k-c)\rho_c^{k-c} = \frac{p_0\rho^c\rho_c}{c!}\left(\sum_{k=1}^{\infty}x^k\right)'\bigg|_{x=\rho_c} = \frac{\rho_c}{(1-\rho_c)^2}p_c = \frac{\rho^{c+1}}{(c-1)!(c-\rho)^2}p_0.$$

如果 $\overline{L}_q$ 较大，则说明系统的工作效率很低，反之则否.

$$E(L_q^2) = \sum_{k=c}^{\infty}(k-c)^2 p_k = \sum_{l=1}^{\infty}l^2 p_{l+c} = \sum_{l=1}^{\infty}\frac{l^2}{c!c^l}(c\rho_c)^{l+c}p_0$$

$$= \frac{\rho^c\rho_c^2 p_0}{c!}\sum_{l=1}^{\infty}l(l-1)\rho_c^{l-2} + \frac{\rho^c\rho_c p_0}{c!}\sum_{l=1}^{\infty}l\rho_c^{l-1} = \frac{2\rho^c\rho_c^2 p_0}{c!(1-\rho_c)} + \overline{L}_q = \frac{1+\rho_c}{1-\rho_c}\overline{L}_q,$$

$$DL_q = E(L_q^2) - [E(L_q)]^2 = \overline{L}_q\left(\frac{1+\rho_c}{1-\rho_c} - \overline{L}_q\right).$$

令 L_f 表示正在被服务的顾客数（即平均忙着的服务台个数），显然 L_f 的分布列为

$$P\{L_f = k\} = p_k, \quad k = 0, 1, \cdots, c-1,$$

$$P\{L_f = c\} = \sum_{j=c}^{\infty}p_j.$$

$$\overline{L}_f = E(L_f) = \sum_{k=0}^{c-1}kp_k + c\sum_{k=c}^{\infty}p_k = \sum_{k=1}^{c-1}\frac{1}{(k-1)!}\rho^k p_0 + \frac{p_0}{(k-1)!}\rho^c\sum_{k=0}^{\infty}\rho_c^k$$

$$= \rho\left\{1 - p_{c-1} - \sum_{k=c}^{\infty}p_k\right\} + \frac{\rho^c}{(1-\rho_c)(c-1)!}p_0 = \rho,$$

显然与服务台个数 c 无关.

显然系统队长：

$$L_s = L_q + L_f.$$

系统平均队长：

$$\overline{L}_s = E(L_s) = E(L_q + L_f) = \frac{\rho_c}{(1-\rho_c)^2}p_c + \rho,$$

$$D(L_s) = EL_s^2 - (EL_s)^2 = \rho + \frac{\rho_c p_c}{(1-\rho_c)^3}[(1+\rho_c) + c(1-\rho_c)^2] - \frac{(\rho_c p_c)^2}{(1-\rho_c)^4}.$$

令等待服务时间为 W_q，逗留时间为 T，则由 Little 公式得

$$\overline{W}_q = EW_q = \frac{\overline{L}_q}{\lambda} = \frac{\rho_c}{\lambda(1-\rho_c)^2}p_c,$$

$$E(T) = \frac{\overline{L}_s}{\lambda} = \overline{W}_q + \frac{1}{\mu} = \frac{\rho_c}{\lambda(1-\rho_c)^2}p_c + \frac{1}{\mu},$$

$$\text{var}(T) = \frac{2p_c}{c^{c+1}(1-\rho_c)^3\mu^2} - \frac{p_c^2}{c^{c+1}(1-\rho_c)^4\mu^2} + \frac{1}{\mu^2} = \frac{1}{c^{c+1}(1-\rho_c)^3\mu^2}(2-p_c) + \frac{1}{\mu^2}.$$

由于系统中有 c 个服务台，故来到系统中的顾客必须等待的概率

$$C(c,\rho) = \sum_{k=c}^{\infty} p_k = \sum_{k=c}^{\infty} p_c\rho_c^{k-c} = \frac{p_c}{1-\rho_c} = \frac{cp_c}{c-\rho}, \quad \rho_c = \frac{\lambda}{\mu c} < 1,$$

其中 $p_c = \dfrac{\rho_c}{c!}p_0$.

可以验证，当 $c=1$ 时，上述结果退化为 $M|M|1|\infty$ 排队系统的有关结果；当 $c\to\infty$ 时，可逼近 $M|M|\infty$ 的有关结果；在统计平衡下，$M|M|\infty$ 的输出过程和输入过程相同.

7.2.2 实例分析

从某超市索取数据（2010 年 7~12 月的每日来客流量）作为样本，如表 7.2.1 所示.

表 7.2.1 某超市顾客数

日期 \ 月份	七月	八月	九月	十月	十一月	十二月
1 日	1970	2042	1940	1991	2035	2024
2 日	2006	2028	2008	1965	2008	1978
3 日	2023	1996	1993	2070	2001	2037
4 日	2035	1924	2007	1989	1970	1987
5 日	1950	1994	2030	2044	2072	1972
6 日	2115	1936	2006	1925	2013	2084
7 日	2073	2039	1987	2037	1993	2032
8 日	2065	1960	1980	2096	1979	2075
9 日	2076	2075	2047	1998	2024	2013
10 日	2002	2009	1941	1957	2056	1971
11 日	1994	2131	2027	2063	1947	2065
12 日	1973	1998	1987	2054	2027	1957
13 日	1998	2035	2030	2007	1973	1964
14 日	2094	2015	2044	2005	2014	1933
15 日	2004	2015	2113	1945	1980	1950
16 日	2066	2009	1937	1928	2004	2018
17 日	1999	2018	2094	2012	1971	1940
18 日	2044	2041	1997	2042	2025	1992
19 日	2032	1993	2008	1971	2058	1975
20 日	1963	2058	1992	2000	1975	1978

续表 7.2.1

月份 日期	七月	八月	九月	十月	十一月	十二月
21 日	2069	2028	1998	2013	1948	1970
22 日	2035	2040	2063	1956	2023	1941
23 日	1916	1942	2051	2104	2024	2001
24 日	2040	1991	2087	2012	1978	2048
25 日	1989	2093	1975	2072	2037	2064
26 日	2054	1990	1986	2018	1987	1922
27 日	1973	1938	2007	2022	1972	1996
28 日	2048	1986	2096	2000	2084	2022
29 日	1964	1943	2027	1971	2032	1984
30 日	1968	2003	1986	1965	2075	1932
31 日	2030	2033		2016		2021

　　显然，这是时间序列数据，由此可画出折线图进行初步分析：打开 Excel，单击"图表向导"，选中"折线图"，做相应设置，可得顾客流量的折线图 7.2.2.

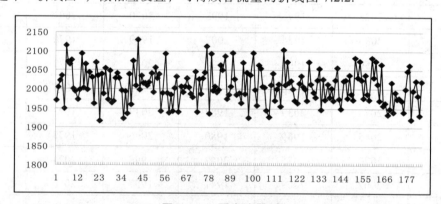

图 7.2.2　顾客流量图

　　由折线图可知，数据在 2000 附近波动，基本没有太大的波动，根据以往经验我们猜测每日顾客数服从泊松分布.

　　运用 SPSS 统计软件的单样本 K-S 检验方法验证总体是否来自泊松分布. 单样本 K-S 检验既是非参数检验，也是拟合优度检验，它可以利用样本数据，推断总体是否服从某一理论分布.

　　其基本原理是：首先，在已知理论分布下做出累计频率分布，接着做出观察的累计频率分布，然后对两者进行比较，确定两种分布的最大差异. 若样本服从理论分布，则最大差异值不应太大，否则，就应拒绝原假设.

　　具体步骤如下：首先，给定原假设 H_0：样本来自的总体与指定理论分布无显著差异，显著性水平为 α，一般取 $\alpha = 0.05$. 在 H_0 成立的前提下，计算各样本观测值在理论分布中出现的累计概率值 $F(x)$.

其次，计算各样本观测值的实际累计概率 $S(x)$，计算实际概率值与理论概率值的差 $D(x)$.

最后，计算差值序列中的最大绝对差值，即 $D = \max(|S(x_i) - F(x_i)|)$. 通常由于实际累计概率为离散值，因此 D 修正为：$D = \max((\max(|S(x_i) - F(x_i)|), \max(|S(x_{i-1}) - F(x_i)|))$. 若统计量 D 的概率 P 值小于 α，则应拒绝 H_0；如果 P 大于 α，则接受 H_0，即认为样本来自的总体与理论分布没有显著差异.

SPSS 操作步骤如下：

（1）选择文件|打开|数据（文件类型选.xls）|选定"超市每日来客流量.xls"并单击"确定".

（2）选择分析|非参数检验|1-样本 K-S(1)，可打开单样本 K-S 检验主对话框. 将左侧变量"来客人数"移入"检验变量"列表框中，在主对话框下方的"检验分布"选项组中选择"泊松分布"复选框. 点击"选项"按钮，对话框中选择"描述性"复选框，输出描述性统计量.

（3）单击"确定"按钮，执行单样本 K-S 检验.

输出结果如表 7.2.2 ~ 7.2.3 所示.

表 7.2.2　单样本 Kolmogorov-Smirnov 检验

	统计量	输出值
Poisson 参数 a, b	N	184
	均值	2009.21
最极端差别	绝对值	.034
	正	.034
	负	-.029
	Kolmogorov-Smirnov Z	.460
	渐近显著性(双侧)	.984

a. 检验分布为 Poisson 分布.　b. 根据数据计算得到

表 7.2.3　描述性统计

N	均值	标准差	极小值	极大值
184	2009.21	44.526	1916	2131

由显著水平 $p = 0.984 > 0.05$，可认为每日的客人数服从泊松分布. 这也可做如下定性解释：超市附近的每一个居民每天去不去超市相当于做了一次贝努利实验，所以每天去超市的估计数服从二项分布 $B(n, p)$，超市附近的居民很多相当于 $n \to \infty$，由泊松定理可知，每天到达超市的顾客人数近似服从泊松分布. 由实际可知每日到达人数相互独立，即客流量具有独立增量. 综上可知，来客流量服从泊松过程.

又因超市有 10 个收银台但平时只开启 5 个，所以超市收银系统可看作 $M|M|c|\infty$ 排队系统.

由表 7.2.3 可知，来客流量的均值为 2009.21，假定每天工作 8 小时，则

$$\lambda = \frac{2009.21}{8 \times 60} = 4.1859.$$

又知 $c = 5$, $\mu = 1.2$ 人/分钟，所以

$$\rho = \frac{\lambda}{\mu} = 3.4883, \ \rho_c = \frac{\rho}{c} = 0.6977 .$$

系统中来客的期望数

$$\overline{L}_s = E(L_s) = \frac{\rho_c}{(1 - \rho_c)^2} p_c + \rho = 4.3519,$$

$$D(L_s) = \rho + \frac{\rho_c p_c}{(1 - \rho_c)^3}[(1 + \rho_c) + c(1 - \rho_c)^2] - \frac{\rho_c^2 p_c^2}{(1 - \rho_c)^4} = 3.4786 .$$

平均逗留时间

$$E(T) = \frac{\rho_c}{\lambda(1 - \rho_c)^2} p_c + \frac{1}{\mu} = 1.0396.$$

逗留时间方差

$$\mathrm{var}(T) = \frac{1}{c^{c+1}(1 - \rho_c)^3 \mu^2}(2 - p_c) + \frac{1}{\mu^2} = 0.6975,$$

顾客必须等待的概率

$$C(c, \rho) = \frac{p_c}{1 - \rho_c} = 0.3742 .$$

该超市需提供的服务台区间为 $(4.3519 - \sqrt{3.4786}, 4.3519 + \sqrt{3.4786})$ ，即 $(2.4868, 6.2170)$. 同理可得服务时间区间为（ $0.2045, 1.8747$ ）. 该超市提供的服务台数为 5 时，每一个来客的平均等待时间是 1.0396 分钟，需要等待的概率为 0.3742. 可见超市提供 5 个服务台可轻松满足顾客结账需求，但为节约成本，我们可以尝试提供 4 个服务台，此时每一个来客的平均等待时间是 2.0256 分钟，需要等待的概率为 0.7321.

超市管理人员在收银人数的分配中，应根据当地群众的消费习惯与来客流量及时调整收银人员的数量. 如超市在节假日因促销而来客人数突然大增，该超市有 10 个收银台，能满足最大客流量，因此可以说明该超市收银台的配比是合理的. 但该模型所假定的平稳性也限制了其对现实的适应性，这也是我们今后改善模型的方向.

7.3　计算机仿真

数学模型在某种意义下描述了对象内在特性的数量关系，其结果容易推广，特别是得到解析形式答案时，更易推广. 而计算机模拟则完全模仿对象的实际演变过程，难以得到数字结果分析的内在规律，但对于那些因内部机理过于复杂，目前尚难建立数学模型的实际对象，用计算机模型获得一定的定量结果，可谓是解决问题的有效手段. 本节将简要介绍模拟方法，给出随机数的生成方法，举例介绍计算机仿真的基本思想及软件实现.

7.3.1　随机变量仿真

模拟又称为仿真，它的基本思想是建立一个试验模型，这个模型包含所研究系统中的主要特点. 通过这个实验模型的运行，获取所研究系统的必要信息.

（1）物理模拟：对实际系统及其过程用功能相似的实物系统去模仿. 例如，军事演习、船艇实验、沙盘作业等. 物理模拟通常花费较大、周期较长，且在物理模型上改变系统结构和系数都较困难. 而且，许多系统无法进行物理模拟，如社会经济系统、生态系统等.

（2）数学模拟：在一定的假设条件下，运用数学运算模拟系统的运行，称为**数学模拟**. 现代的数学模拟都是在计算机上进行的，也称为**计算机模拟**. 与物理模型相比，计算机模拟具有明显的优点：成本低，时间短，重复性高，灵活性强，改变系统的结构和系数都比较容易. 在实际问题中，面对一些带随机因素的复杂系统，用分析方法建模常常需要作许多简化假设，与面临的实际问题可能相差甚远，以致解答根本无法应用. 这时，计算机模拟几乎成为唯一的选择.

蒙特卡洛（Monte Carlo）方法是一种应用随机数来进行计算机模拟的方法. 此方法对研究的系统进行随机观察抽样，通过对样本值的观察统计，求得所研究系统的某些参数. 对随机系统用概率模型来描述并进行实验，称为**随机模拟方法**. 主要步骤有：建立恰当模型→设计实验方法→从一个或者多个概率分布中重复生成随机数→分析模拟结果.

用统计模拟方法解决实际问题时，涉及的随机现象的分布规律是各种各样的，这就要求产生该分布规律的随机数. 我们也只有产生各种不同分布的随机数，才能在计算机上进行模拟计算. 常把产生各种随机变量的随机数这一过程称为**对随机变量进行模拟**，或称为**对随机变量进行抽样**. 称产生某个随机变量的随机数的方法为**抽样法**.

定义 7.3.1　若随机变量 X 的分布函数为 $F(x)$，则 X 的一个样本值称为一个 F **随机数**；若 $F(x)$ 有密度函数 $f(x)$ 时，也称为 f **随机数**. $U[0,1]$ 的 n 个独立样本值称为 n **个均匀随机数**，简称**随机数**.

在实际应用中，常见的数学软件都可以产生很好的均匀分布的伪随机数，它们能很好地近似真实均匀分布随机数，所以可以认为有一个"黑箱"能产生任意所需的均匀随机数，其他随机数都是在此基础上得到的. 利用均匀随机数生成一般分布随机数最常用的方法是**反函数法**.

如果分布函数 $F(x)$ 严格单调，$u \sim U[0,1]$，则

$$P(F^{-1}(u) \leqslant x) = P(u \leqslant F(x)) = F(x),$$

即 $F^{-1}(u)$ 是一个 F 随机数，其中 $u \sim U[0,1]$. 但很多分布函数并非严格单调，如离散型随机变量，不存在逆函数，故可定义广义的逆函数 $F^{-1}(u) = \inf\{x : F(x) \geqslant u\}$.

定理 7.3.1　如果 $F(x)$ 是分布函数，$u \sim U[0,1]$，则 $F^{-1}(u) = \inf\{x : F(x) \geqslant u\}$ 是一个 F 随机数. 若 $X \sim G(x)$，则 $Y = F^{-1}(G(X)) \sim F(x)$.

下面给出 MATLAB 软件中的随机数生成函数（见表 7.3.1）.

表 7.3.1　Matlab 软件随机数生成命令

分　布	累加分布逆函数	注　释
二项分布 $B(n, p)$	binornd(n, p, N, M)	生成 N 行 M 列 $B(n, p)$ 随机数
泊松分布 $P(b)$	poissrnd(b)	生成为 b 的泊松分布随机数
负二项分布 $NB(r, p)$	nbinrnd(r, p)	生成 r, p 的负二项分布随机数
超几何分布 $h(n, N, M)$	hygernd(n, M, N)	生成为 n, M, N 的超几何分布随机数
均匀分布	unidrnd, unifrnd	生成离散与连续均匀分布分位数
正态分布 $N(A, B)$	normrnd(A, B)	生成为 A, B 的正态分布随机数
指数分布 $\mathrm{Exp}(b)$	exprnd(b)	生成为 b 的指数分布随机数
自由度为 n 的卡方分布	chi2rnd(n)	生成为 n 的卡方分布随机数
f 分布 $F(m, n)$	frnd(m, n)	生成为 m, n 的 f 分布随机数
学生氏 t 分布 $t(n)$	trnd(n)	生成为 n 的 t 分布随机数

7.3.2　实例分析及其 MATLAB 实现

在统计分析的推断中，很多感兴趣的量都可表示为某随机变量函数的期望

$$\mu = E_f[h(X)] = \int_X h(x) f(x) \mathrm{d}x ,$$

其中 f 为随机变量 X 的密度函数. 当 $X_1, \cdots, X_n$ 是总体 f 的简单随机样本时，由大数定律可知，具有相同期望和有限方差的随机变量的平均值收敛于其共同的均值，即当 $m \to \infty$ 时，

$$\hat{\mu}_{\mathrm{MC}} = \frac{1}{m} \sum_{i=1}^{m} h(X_i) \to E_f[h(X)], \mathrm{a.s} ,$$

故 $\bar{\mu}_{\mathrm{MC}} = \dfrac{1}{m} \displaystyle\sum_{i=1}^{m} h(x_i)$ 可作为 $E_f[h(X)]$ 的估计值，这就是 Monte-Carlo 方法.

如果 $h(X)$ 的方差存在，则

$$\widehat{\mathrm{var}(\hat{h}_m)} = \frac{1}{m-1} \sum_{i=1}^{m} [h(x_i) - \bar{\mu}_{\mathrm{MC}}]^2 \triangleq v_m .$$

由中心极限定理可知，当 $m \to \infty$ 时，$\dfrac{\hat{h}_m - E_f[h(X)]}{\sqrt{\mathrm{var}(h(X))}} \approx N(0, 1)$，故有 μ 的近似置信界和统计推断.

中心极限定理可用来评价其收敛速度：

$$\sqrt{m}(\hat{\mu}_{\mathrm{MC}} - \mu) \to N(0, \sigma^2)，依分布收敛，$$

其中 $\sigma^2 = \mathrm{var}(h(X))$. 因此，M-C 近似的误差项是 $O(m^{-\frac{1}{2}})$，它与 X 的维数无关. 这一基本特征奠定了 M-C 在科学和统计领域中潜在的作用.

1）圆周率的估计

假定 $y=f(x)=\sqrt{1-x^2}$，$0\le x\le 1$，下面利用蒙特卡洛方法估计圆周率 π（见图 7.3.1）．

显然，正方形的面积为 1，$\frac{1}{4}$ 单位圆的面积为 $\frac{\pi}{4}$，如果我们能用蒙特卡洛方法估计出 $\frac{1}{4}$ 单位圆面积，就可近似得到 π 的估计值．

模拟思想如下：首先生成 n 对均匀随机数 (x_i, y_i)，假如 m 对随机数满足 $y\le\sqrt{1-x^2}$，$0\le x\le 1$，则 $\frac{1}{4}$ 单位圆面积的估计值为 $\frac{m}{n}$．

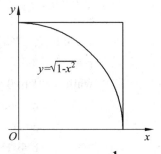

图 7.3.1　正方形内 $\frac{1}{4}$ 单位圆

MATLAB 程序如下：

```
%估计圆周率，每次模拟 100000 次，共模拟 10 次．
A=[];
for j=1:1:10
    n=100000;
    m=0;
    for i=1:1:n
        x=unifrnd(0,1);
        y=unifrnd(0,1);
        if   y<=(1-x^2)^0.5
        m=m+1;
        end;
    end
    A(j)=m/n*4;
end
A, mean(A), std(A)    % A 为 10 次模拟的圆周率
```

某次模拟的结果如下：

```
A=
    3.1385  3.1422  3.1321  3.1442  3.1410  3.1366  3.1430  3.1389  3.1439  3.1504
```

期望：3.1411，标准差：0.005

可见模拟效果不错．值得注意的是随机模拟的每次结果可能不一致，但差别不大．

2）赌博模型

假如甲的初始财产为 a 元，乙为 b 元，且每一局甲胜的概率为 p，共模拟 50000 次．

MATLAB 程序如下：

```
time1=0;
time2=0;
```

```
sum=0;
num=50000;%num 为模拟的次数
for i=1:num
    k=0;
    a=10; b=5;   %a, b 分别表示甲、乙的初始财产
    p=0.55;   %每一局甲胜的概率
    while a>0&b>0 w=rand(1,1);
            if w<=p
            a=a+1;
            b=b-1;
            else b=b+1;
            a=a-1;
            end
            k=k+1;
    end
    sum=sum+k;
    if a==0
      time1=time1+1;
      end;
    if b==0
    time2=time2+1;
    end;
end
p1=time1/num, p2=time2/num   %p1, p2 分别表示甲、乙破产的概率
mean=sum/num   %赌博的平均次数
```

一次模拟结果如表 7.3.2 所示.

表 7.3.2　随机模拟结果

甲的财产 a	乙的财产 b	每局甲胜的概率 p	最终甲破产的概率	赌博次数
10	5	0.55	0.0909	33
5	10	0.55	0.3336	50
5	100	0.55	0.3663	617

由此可见，如果甲在单次博弈中获胜的概率大于乙，即使乙拥有更多的财产，甲也有可能逃脱破产的厄运且概率很大，对于此次博弈来说，甲逃脱破产的概率为 0.6337. 可见只要长时间参与不利博弈，破产的概率是很大的，时间越长，概率越大，极限为 1.

3）马氏链

设 $\{X_n, n \in \mathbf{N}\}$ 是具有是三个状态 0, 1, 2 的 Markov 链，其一步转移概率矩阵为

$P = \begin{pmatrix} 0.75 & 0.25 & 0 \\ 0.25 & 0.5 & 0.25 \\ 0 & 0.75 & 0.25 \end{pmatrix}$，假定初始状态为 3. 我们现在通过计算机对此马尔可夫链进行随机模拟，即生成一个样本函数.

第一步：打开 File|New|M-File，输入下面程序代码，保存为 dis_rand.m，即建立生成离散随机数函数.

```
function y=dis_rand(x,p,n)
% dis_rand 产生离散分布随机数
% x：可能取值；　p：取值概率；　n：拟生成随机数的数目
cp=cumsum(p);
y=zeros(1,n);
for i=1:n
    y(i)=x(sum(cp<=rand(1))+1);
end
```

第二步：在命令窗口输入如下程序代码.

```
P=[3/4,1/4,0;1/4,1/2,1/4;0,3/4,1/4;];    %一步转移矩阵
m=10000;  %样本函数的长度
m1=length(P(1,:));  %状态空间的个数
S=[];
S(1)=3;  %MC 初始状态
x=[1,2,3];  %状态空间，从 1 开始计数
N=zeros(1,m1);
for i=1:1:m-1
    for j=1:1:m1
        if S(i)==j
            S(i+1)=dis_rand(x,P(j,:),1);
            N(j)=N(j)+1;
        end
    end
end
for i=1:1:m1
    if S(m)==i
        N(i)=N(i)+1;
    end
end
S-1   %样本函数
N    %状态出现的频数
```

4）火炮射击

在我方某前沿防守地域，敌人以一个炮排（含两门火炮）为单位对我方进行干扰和破坏。为躲避我方打击，敌方对其阵地进行了伪装并经常变换射击地点。经过长期观察发现，我方指挥所对敌方目标的指示有 50% 是准确的，而我方火力单位，在指示正确时，有 $\frac{1}{3}$ 的射击效果能毁伤敌人一门火炮，有 $\frac{1}{6}$ 的射击效果能全部消灭敌人。现在希望能用某种方式把我方将要对敌人实施的 20 次打击结果显现出来，确定有效射击的比率及毁伤敌方火炮的平均值。

分析： 这是一个概率问题，可以通过理论计算得到相应的概率和期望值，但这样只能给出作战行动的最终静态结果，而显示不出作战行动的动态过程。为了能显示我方 20 次射击的过程，现采用模拟的方式。

实际上，很多问题是不能通过理论计算解决的，但我们可以通过随机模拟的方法得到问题的数值解。

（1）问题分析。需要模拟出以下两件事：

① 观察所对目标的指示正确与否；模拟试验有两种结果，每种结果出现的概率都是 $\frac{1}{2}$，即生成随机数 $\begin{pmatrix} 0 & 1 \\ 0.5 & 0.5 \end{pmatrix}$。

② 指示正确时，我方火力单位的射击结果情况，模拟试验有三种结果：毁伤 1 门火炮的可能性为 $\frac{1}{3}$（即 $\frac{2}{6}$），毁伤两门的可能性为 $\frac{1}{6}$，没能毁伤敌火炮的可能性为 $\frac{1}{2}$，即生成随机数 $\begin{pmatrix} 0 & 1 & 2 \\ \frac{1}{2} & \frac{1}{3} & \frac{1}{6} \end{pmatrix}$。指示错误时，毁伤 0 门火炮。

（2）随机模拟。我们共模拟 $m=10$ 次，每次给出 $n=10\,000$ 次打击结果，模拟 MATLAB 程序如下：

```
m=10;
C=[];
D=[];
for j=1:1:m
    n=10000;
    N=0;
    A=dis_rand([0,1],[0.5,0.5],n);
    x=[0,1,2];
    p=[1/2,1/3,1/6];
    for i=1:1:n
        if A(i)==0
            B(i)=0;
        else B(i)=dis_rand(x,p,1);
        end
```

```
        if B(i)>0
            N=N+1;
        end
    end
    C(j)=mean(B);
    D(j)=N/n;
end
```

C, mean(C), std(C)   %C为打击毁伤敌方火炮的m次平均值

D, mean(D), std(D)   %D为打击毁伤敌方火炮的m次命中率

一次模拟结果为：

C = 0.3339   0.3352   0.3408   0.3342   0.3428   0.3271   0.3414   0.3297   0.3306   0.3206

D = 0.2528   0.2493   0.2549   0.2473   0.2540   0.2489   0.2543   0.2484   0.2481   0.2397

显然，mean(C)=0.3336, std(C)=0.0070, mean(D)=0.2948, std(C)=0.0046, 即毁伤敌方火炮的平均值为 0.3336，毁伤敌方火炮的命中率为 0.2948.

（3）理论分析.

设 $i = \begin{cases} 0, & \text{观察所对目标指示不正确}, \\ 1, & \text{观察所对目标指示正确}, \end{cases}$ A_0：射中敌方火炮的事件；A_1：射中敌方 1 门火炮的事件；A_2：射中敌方两门火炮的事件. 则由全概率公式：

$$E = P(A_0) = P(j=0)P(A_0 \mid j=0) + P(j=1)P(A_0 \mid j=1) = \frac{1}{2} \times 0 + \frac{1}{2} \times \frac{1}{2} = 0.25,$$

$$P(A_1) = P(j=0)P(A_1 \mid j=0) + P(j=1)P(A_1 \mid j=1) = \frac{1}{2} \times 0 + \frac{1}{2} \times \frac{1}{3} = \frac{1}{6},$$

$$P(A_2) = P(j=0)P(A_2 \mid j=0) + P(j=1)P(A_2 \mid j=1) = \frac{1}{2} \times 0 + \frac{1}{2} \times \frac{1}{6} = \frac{1}{12},$$

$$E_1 = 1 \times \frac{1}{6} + 2 \times \frac{1}{12} \approx 0.3333.$$

由于 $0.3333 \approx 0.3336$，$0.25 \approx 0.2948$，且标准差很小，所以随机模拟结果可信，可靠.

故我们令 $m=1$，$n=20$，变量 A 为打击指示结果，0 表示指示错误，1 表示指示正确；B 为打击毁伤火炮结果，0, 1, 2 分别表示毁伤 0, 1, 2 门火炮，模拟结果省略. 虽然模拟结果与理论计算不完全一致，但它却能更加真实地表达实际战斗的动态过程.

5）排队问题

排队论是一门研究随机服务系统工作过程的理论和方法. 在这类系统中，服务对象到达时间以及每个服务对象的服务时间都是随机的. 排队论通过对每个个别随机服务现象的统计研究，指出反映这些随机现象平均特性的规律，从而为设计新的服务系统和改进现有服务系统的工作提供依据. 目前，解析方法的应用基本上局限于服务对象到达以及服务时间都服从指数分布这一最简单的排队系统. 对复杂排队系统，如果用解析方法来解决，虽然理论上做了不少研究和探讨，但是求解还是比较困难和烦琐，因此目前采用模拟的方法解决比较复杂的排队问题.

单服务员的排队模型：某商店有一个售货员，顾客陆续来到，售货员逐个接待顾客. 当到来的顾客较多时，一部分顾客便须排队等待，被接待后的顾客便离开商店. 设顾客到来间隔时间服从参数为 0.1 的指数分布，对顾客的服务时间服从 [4,15] 上的均匀分布，排队按先到先服务规则，队长无限制. 假定一个工作日为 8 小时，时间以分钟为单位.

（1）模拟一个工作日内完成服务的个数及顾客平均等待时间.

（2）模拟 100 个工作日的每日完成服务的个数及每日顾客的平均等待时间.

符号说明：

w：总等待时间；

$c(i)$：第 i 个顾客的到达时刻；

$b(i)$：第 i 个顾客开始服务时刻；

$e(i)$：第 i 个顾客服务结束时刻；

$x(i)$：第 i−1 个顾客与第 i 个顾客到达之间的时间间隔；

$y(i)$：对第 i 个顾客的服务时间.

我们模拟 n 日内完成服务的个数及顾客平均等待时间，程序如下：

```
n=1;   %模拟的天数
for j=1:1:n
    i=1;
    w=0;
    x(i)=exprnd(10);
    c(i)=x(i);
    b(i)=x(i);
    while b(i)<=480
        y(i)=unifrnd(4,15);
        e(i)=b(i)+y(i);
        w=w+b(i)-c(i);
        i=i+1;
        x(i)=exprnd(10);
        c(i)=c(i-1)+x(i);
        b(i)=max(c(i),e(i-1));
    end
    i=i-1;
    t(j)=w/i;
    m(j)=i;
end
t, m    %t 为每日平均等待时间, m 为每日完成的顾客数.
```

当 $n=1$ 时，可得一个工作日内完成服务的个数及顾客平均等待时间.

当 $n=100$ 时，可得 100 个工作日的每日完成服务的个数及每日顾客的平均等待时间.

由于存在随机性，每次结果模拟可能不一样，故我们略去模拟结果.

6) 破产模型

设保险公司在时刻 t 的盈余（surplus）可表示为

$$U(t) = u + ct - \sum_{k=1}^{N(t)} X_k ,$$

其中 u 是初始资本；c 是保险公司单位时间内征收的保费；X_k 表示第 k 次索赔额；$N(t)$ 表示到时刻 t 发生的索赔次数. 上述模型是 Lundberg-Cramer 经典破产模型.

假定在 Lundberg-Cramer 经典破产模型中 $u = 100$，$c = 110$，$N(t)$ 服从参数为 10 的泊松过程，$X_i, i = 1, 2, \cdots$ 独立同分布于均值为 10 的指数分布，下面进行计算机仿真.

由于计算机不可能对于无穷长时间进行模拟，故我们选取很长时间作为终止点，比如 $t = 1000$，然后对 Lundberg-Cramer 模型进行仿真，并考察保险公司在时间 $[0, 1000]$ 内的是否破产，最后利用破产的频率来估计破产概率.

MATLAB 程序如下：

```
n=1000;
U=[];
S=[];
x1=[],
u=0;
c=110;
m=0;
M=0;   %n 为模拟终止时间
for i=1:1:1000    %共模拟 1000 次
    N=poissrnd(10,1,n);
    for j=1:1:n
        x=exprnd(10,1,N(j));
        x1(j)=sum(x);
        if j==1
          S(j)=x1(j);
          else S(j)=S(j-1)+x1(j);
        end
        if S(j)>110*j+u m=1;
          break;
          else m=0;
        end
    end
    M=M+m;
end
M/1000   %保险公司破产概率
```

模拟结果显示：当 $u=100$，则 $P(T \leqslant 1000)$ 在 0.3 附近；当 $u=0$，则 $P(T \leqslant 1000)$ 在 0.7 附近.

如果想提高估计精度，可以增大样本容量，即增加模拟次数，但模拟时间会增长，因为运算量增大.

习题 7

1. 设一只蚂蚁在直线上爬行，原点处一只蜘蛛在等待捕食，N 处有一只挡板，蚂蚁到 N 后只能返回. 设蚂蚁向左和向右爬的概率分别为 p 和 $1-p$，且每次爬行的单位为 1，开始时蚂蚁处于 $n, 0 < n < N$.

（1）证明蚂蚁被吃掉的概率为 1；

（2）求蚂蚁平均爬行多久后被吃掉；

（3）利用计算机仿真此模型.

2. 设某自选商场只有一个收款窗口，顾客按泊松过程到达收款窗口，平均每分钟到达 1 人，收款员视顾客排队队长改变其收款速度：假定当排队长度超过 5 人时，他平均用 40 秒服务完一位顾客；反之平均用 50 秒速度服务完一个顾客，求相应的目标参量.

3. 利用蒙特卡洛方法计算定积分 $\int_0^2 2x^2 \mathrm{d}x$，并分析试验误差.

8 回归与时间序列模型

回归分析是确定两种或两种以上变量间相互依赖的定量关系的一种统计分析方法. 它基于观测数据建立变量间适当的依赖关系, 以分析数据内在规律, 并可用于预报、控制等问题; 是统计学中一个非常重要的分支, 在自然科学、管理科学和社会、经济领域有着非常广泛的应用.

（1）按照涉及自变量的多少, 可分为一元和多元回归分析;

（2）按照自变量和因变量之间的关系类型, 可分为线性和非线性回归分析.

如果回归分析中只包括一个自变量和一个因变量,且二者的关系可用一条直线近似表示, 称为**一元线性回归分析**. 如果回归分析中包括两个或两个以上的自变量, 且因变量和自变量之间是线性关系, 则称为**多元线性回归分析**.

所谓**时间序列**就是按照时间顺序记录的一列有序数据. 对时间序列进行观察、研究, 寻找它发展变化的规律, 预测它未来的走势就是**时间序列分析**. 作为数理统计学的一个专业分支, 时间序列分析遵循数理统计学的基本原理, 也具有利用观测信息估计总体的性质. 但由于时间的不可重复性, 使得我们在任意时刻只能得到唯一的序列观测值, 这种特殊的数据结构导致时间序列分析有着非常特殊、自成体系的分析方法.

时域分析方法主要从**自相关**的角度揭示时间序列的发展规律. 相对**谱分析**而言, 其理论基础扎实, 操作步骤规范, 分析结果易于解释, 目前已广泛应用在自然科学与社会科学的各个领域, 成为时间序列分析的主流方法. 本书主要运用时域分析方法建立模型. **基本思想**是: 事件的发展都具有一定的惯性, 用统计语言描述就是序列值之间存在一定的相关关系, 且这种相关关系具有某种统计规律. 时域分析的重点就是寻找这种规律, 并拟合出适当的数学模型来描述这种规律, 进而利用拟合模型来预测序列未来走势.

回归模型与时间序列模型都可用于预测. 回归预测法是研究变量与变量之间相互关系的一种统计方法, 应用回归分析从一个或几个自变量的值去预测因变量的值. 回归预测中因变量和自变量在时间上是并进关系, 即因变量的预测值要由并进的自变量的值来旁推, 这类方法不仅考虑了时间因素, 而且考虑了变量之间的因果关系. 时间序列预测法是一种考虑变量随时间发展变化规律并用该变量以往的统计资料建立数学模型做外推的预测方法, 由于时间序列预测法所需要的只是序列本身的历史数据, 因此, 这类方法应用得非常广泛.

本章扼要介绍回归与时间序列模型原理, 运用目前国内最流行的统计软件进行案例分析.

8.1 统计回归模型

线性统计模型是现代统计学中应用最为广泛的模型之一, 因为许多变量之间具有线性或近似线性关系; 虽然有些变量之间是非线性的, 但是经过适当变换后的新变量之间具有近似线性关系.

8.1.1　一元线性回归模型

一元线性回归预测法是指成对的两个变量数据分布大体上呈直线趋势时，采用适当的计算方法，建立一元线性回归模型，然后根据自变量的变化，来预测因变量的发展变化. 一元线性回归模型是描述两个变量之间统计关系最简单的回归模型，但通过它的建立过程，可了解回归分析的基本统计思想及在实际问题中的应用原理.

一元线性回归模型为

$$y = \beta_0 + \beta_1 x + \varepsilon , \quad \varepsilon \sim N(0, \sigma^2) . \tag{8.1.1}$$

对于获得的独立的样本观测值 $(x_1, y_1), (x_2, y_2), \cdots, (x_n, y_n)$，如果它们符合（8.1.1）模型，则

$$y_i = \beta_0 + \beta_1 x_i + \varepsilon_i, \ i = 1, \cdots, n, \ \varepsilon_i 独立同分布于 N(0, \sigma^2) . \tag{8.1.2}$$

假定 x 是非随机变量，由此可见

$$y_i \sim N(\beta_0 + \beta_1 x_i, \sigma^2) , \ i = 1, \cdots, n .$$

即从变量的属性看，每一个 y_i 都是随机变量，我们得到的实际观测值只是这个随机变量的一次实现. 在很多情况下，习惯用大写字母表示随机变量，小写字母表示随机变量的观测值，本书不作区分，读者根据上下文判断. 对 y_i 取期望运算可得到

$$E(y_i) = \beta_0 + \beta_1 x_i, \ i = 1, \cdots, n ,$$

即

$$E(y) = \beta_0 + \beta_1 x .$$

这个均值回归函数在平面坐标系上的图像是一条直线，可以称为**回归直线**，β_1 是直线的**斜率**，表示 x 每增加一单位时 Ey 的增加量.

在实际的回归分析中，必须根据观测到的数据来估计 β_0, β_1 的取值 $\hat{\beta}_0, \hat{\beta}_1$，称由此得到的方程

$$\hat{y} = \hat{\beta}_0 + \hat{\beta}_1 x$$

为 y 关于 x 的**一元线性回归方程**. 由于存在误差项，（8.1.2）不是普通意义上的线性方程组. 实际上，这组关系式中只有两个未知数，但观测值的数量可以达到几十个或更多. 也就是说，所有这些数据形成方程组的基本特点是方程的个数多于未知数，通常采用**普通最小二乘法**（ordinary least square, OLS）对 β_0, β_1 进行估计. 其准则就是：对每一对样本观测值 (x_i, y_i)，观测值 y_i 与预测值 $\hat{y}_i = E(y_i)$ 的离差平方和最小，这样，估计 β_0, β_1 的问题就转化为一个最优化问题，即求 $\hat{\beta}_0, \hat{\beta}_1$ 使得偏差平方和

$$Q(\beta_0, \beta_1) = \sum_{i=1}^{n} (y_i - \beta_0 - \beta_i x_i)^2$$

最小.

令 Q 关于 β_0, β_1 的偏导等于 0，

$$\left. \frac{\partial Q}{\partial \beta_0} \right|_{\beta_0 = \hat{\beta}_0} = -2 \sum_{i=1}^{n} (y_i - \hat{\beta}_0 - \hat{\beta}_i x_i) = 0 , \qquad \left. \frac{\partial Q}{\partial \beta_1} \right|_{\beta_1 = \hat{\beta}_1} = -2 \sum_{i=1}^{n} (y_i - \hat{\beta}_0 - \hat{\beta}_i x_i) x_i = 0 .$$

这组方程称为**正规方程组**. 解得最小二乘估计为

$$\begin{cases} \hat{\beta}_0 = \overline{y} - \hat{\beta}_1 \overline{x}, \\ \hat{\beta}_1 = \dfrac{\sum\limits_{i=1}^{n}(x_i-\overline{x})(y_i-\overline{y})}{\sum\limits_{i=1}^{n}(x_i-\overline{x})^2}. \end{cases} \tag{8.1.3}$$

若记 $L_{xy} = \sum\limits_{i=1}^{n}(x_i-\overline{x})(y_i-\overline{y}) = \sum\limits_{i=1}^{n}x_i y_i - n\overline{x}\,\overline{y}$ ，$L_{xx} = \sum\limits_{i=1}^{n}(x_i-\overline{x})^2$ ，则式（8.1.3）可简写为

$$\begin{cases} \hat{\beta}_0 = \overline{y} - \hat{\beta}_1 \overline{x}, \\ \hat{\beta}_1 = \dfrac{L_{xy}}{L_{xx}} = r\sqrt{\dfrac{L_{xx}}{L_{yy}}}. \end{cases} \tag{8.1.4}$$

$\hat{y}_i = \hat{\beta}_0 + \hat{\beta}_1 x_i$ 称为**回归值**，$y_i - \hat{y}_i$ 称为**残差**，残差是误差项的估计量，服从正态分布.

在 $\varepsilon \sim N(0,\sigma^2)$ 的假设前提下，最小二乘估计有许多优良性质，具体如下：

定理 8.1.1 在模型（8.1.2）中，有：

（1）$\hat{\beta}_0 \sim N\left(\beta_0, \left(\dfrac{1}{n}+\dfrac{\overline{x}^2}{L_{xx}}\right)\sigma^2\right)$ ，$\hat{\beta}_1 \sim N\left(\beta_1, \dfrac{\sigma^2}{L_{xx}}\right)$ ，$\mathrm{cov}(\hat{\beta}_0,\hat{\beta}_1) = -\dfrac{\overline{x}}{L_{xx}}\sigma^2$ ；

（2）在给定 x_0 ，$\hat{y}_0 = \hat{\beta}_0 + \hat{\beta}_1 x_0 \sim N\left(\beta_0 + \beta_1 x_0, \left(\dfrac{1}{n}+\dfrac{(x_0-\overline{x})^2}{L_{xx}}\right)\sigma^2\right)$.

此定理说明 $\hat{\beta}_0,\hat{\beta}_1$ 分别为 β_0,β_1 的无偏估计；$\hat{y}_0$ 是 $y_0 = \beta_0 + \beta_1 x_0 + \varepsilon$ 的无偏估计；除 $\overline{x}=0$ 外，$\hat{\beta}_0,\hat{\beta}_1$ 是相关的. 要提高 $\hat{\beta}_0,\hat{\beta}_1$ 的估计精度（即降低它们的方差），就要求 n ，L_{xx} 大（即要求样本足够多，数据 $x_1,\cdots,x_n$ 分散）.

利用回归系数的最小二乘估计可以给出回归方程 $\hat{y} = \hat{\beta}_0 + \hat{\beta}_1 x$ ，但回归方程不一定有意义. 如果 $\beta_1 = 0$ ，则因变量 y 与自变量 x 之间没有真正意义的线性关系，即自变量的变化对因变量并没有影响，所以我们要对回归系数 β_1 作显著性检验.

检验假设：

$$H_0: \beta_1 = 0 \quad \text{vs}\, H_1: \beta_1 \neq 0.$$

当 H_0 成立时，构造统计量 $t = \dfrac{\hat{\beta}_1 \sqrt{L_{xx}}}{\hat{\sigma}} \sim t(n-2)$. 给定显著性水平 α ，对于双侧检验，若 $|t| \geqslant$ 临界值时拒绝原假设，认为 β_1 显著不为 0，或者当 $P(|t|>|t\text{值}|) = p \leqslant \alpha$ 时，拒绝原假设，回归系数 β_1 显著.

对回归方程显著性的另一个检验是 F 检验. F 检验是采用方差分析的思想，通过研究数据的波动，检验回归方程的显著性. 数据总的波动用总偏差平方和

$$\mathrm{SST} = \sum(y_i-\overline{y})^2$$

刻画. 为什么使用平方和来刻画 y 的观测值所表达的信息呢？可以这样认为，y 既然是变量，

取值必然不同，把所有取值对均值差异作为变动的描述是合理的. 平方和的形式能保证得到完美的数学结果，也便于应用，所以回归分析上主要使用平方和，这种分析逻辑与方差分析是一致的. 推导检验统计量的依据是**总平方和分解公式**

$$SST = SSR + SSE，其中 SSR = \sum (\hat{y}_i - \overline{y})^2，SSE = \sum (y_i - \hat{y}_i)^2.$$

SSR 称为**回归平方和**，表示 y 的预测值和总平均值之间的差异，SSE 称为**残差平方和**，它是回归方程所不能解释的变量 y 的取值波动.

定理 8.1.2　在模型（8.1.2）中，则在上述记号下，有：

（1）$SSE/\sigma^2 \sim \chi^2(n-2)$，SSR, SSE, $\overline{y}$ 相互独立；

（2）在 H_0 成立条件下，则有 $SSR/\sigma^2 \sim \chi^2(1)$.

我们可以考虑采用 $F = \dfrac{SSR/1}{SSE/(n-2)}$ 作为检验统计量. 在 $\beta_1 = 0$ 时，$F \sim F(1, n-2)$，故给定显著水平 α，拒绝域为 $F \geqslant F_{1-\alpha}(1, n-2)$，若拒绝原假设，则说明回归方程显著.

我们称 $R^2 = \dfrac{SSR}{SST}$ 为样本决定系数. 它是衡量自变量与因变量关系密切程度的指标，表示自变量解释因变量变动的百分比，反映回归直线与样本观测值的拟合优度. 可见，决定系数取值于 0 与 1 之间，并取决于回归模型所解释的因变量方差的百分比.

建立回归模型的目的是为了应用，而预测是回归模型最重要的应用. 当回归方程通过检验后，就可用来做估计和预测.

（1）当 $x = x_0$ 时，x_0 与 $x_1, \cdots, x_n$ 都不相同，寻找均值 $E(y_0) = \beta_0 + \beta_1 x_0$ 的点估计和区间估计，这是**估计问题**.

当 $x = x_0$ 时，y_0 是一个随机变量，我们要对该分布的均值给出估计，其中一个直观估计是

$$\hat{y}_0 = \hat{E}(y_0) = \hat{\beta}_0 + \hat{\beta}_1 x_0.$$

为了得到 $E(y_0)$ 的区间估计，需要知道 $\hat{y}_0$ 的分布，由定理 8.1.1 有

$$\hat{y}_0 = \hat{\beta}_0 + \hat{\beta}_1 x_0 \sim N\left(\beta_0 + \beta_1 x_0, \left(\frac{1}{n} + \frac{(x_0 - \overline{x})^2}{L_{xx}}\right)\sigma^2\right).$$

又由定理 8.1.2，可知 $SSE/\sigma^2 \sim \chi^2(n-2)$ 且与 $\hat{y}_0$ 相互独立. 记 $\hat{\sigma}^2 = \dfrac{SSE}{n-2}$，则

$$\frac{(\hat{y}_0 - Ey_0)\Big/ \sqrt{\dfrac{1}{n} + \dfrac{(x_0 - \overline{x})^2}{L_{xx}}}\,\sigma}{\sqrt{\dfrac{SSE}{\sigma^2(n-2)}}} = \frac{\hat{y}_0 - Ey_0}{\sqrt{\dfrac{1}{n} + \dfrac{(x_0 - \overline{x})^2}{L_{xx}}}\,\hat{\sigma}} \sim t(n-2).$$

于是 $E(y_0)$ 的置信区间为

$$[\hat{y}_0 - \delta_0, \hat{y}_0 + \delta_0]，其中 \delta_0 = t_{1-\alpha/2}(n-1)\sqrt{\dfrac{1}{n} + \dfrac{(x_0 - \overline{x})^2}{L_{xx}}}\,\hat{\sigma}.$$

（2）当 $x \neq x_0$ 时，y_0 的观测值在什么范围内？由于 y_0 是随机变量，为此只能求一个区间，使 $P(|y_0 - \hat{y}_0| \leqslant \delta) = 1 - \alpha$，称区间 $[\hat{y}_0 - \delta, \hat{y}_0 + \delta]$ 为 y_0 的概率为 $1 - \alpha$ 的**预测区间**，这是**预测问题**.

事实上，$y_0 = E(y_0) + \varepsilon$，通常假定 $\varepsilon \sim N(0, \sigma^2)$，因此 y_0 的最可能取值仍为 $\hat{y}_0$. 由于 $y_0, \hat{y}_0$ 相互独立，故

$$y_0 - \hat{y}_0 \sim N\left(0, \left(1 + \frac{1}{n} + \frac{(x_0 - \bar{x})^2}{L_{xx}}\right)\sigma^2\right).$$

因此

$$\frac{y_0 - \hat{y}_0}{\sqrt{1 + \frac{1}{n} + \frac{(x_0 - \bar{x})^2}{L_{xx}}}\hat{\sigma}} \sim t(n-2).$$

则 y_0 的预测区间为

$$[\hat{y}_0 - \delta, \hat{y}_0 + \delta]，\text{ 其中 } \delta = t_{1-\alpha/2}(n-1)\sqrt{1 + \frac{1}{n} + \frac{(x_0 - \bar{x})^2}{L_{xx}}}\hat{\sigma}.$$

例 8.1.1 在研究甘肃人均消费水平的问题中，把人均消费额记作 y（元），把人均收入记作 x（元），我们收集到 1978—2007 年 30 年的样本数据 $(x_i, y_i), i = 1, 2, \cdots, n$，见表 8.1.1.

表 8.1.1 甘肃人均收入表

年份	人均收入	人均消费	年份	人均收入	人均消费	年份	人均收入	人均消费
1978	100.93	88.18	1988	345.14	276.98	1998	1393.05	939.55
1979	111.57	96.69	1989	375.80	296.38	1999	1412.98	944.90
1980	153.41	125.54	1990	430.99	339.24	2000	1428.70	1084.00
1981	158.63	135.23	1991	446.42	403.41	2001	1508.61	1127.37
1982	174.16	141.05	1992	489.47	419.68	2002	1590.30	1153.29
1983	213.06	162.68	1993	550.83	537.76	2003	1673.00	1336.85
1984	221.05	178.39	1994	723.73	674.17	2004	1852.00	1464.34
1985	257.00	204.61	1995	880.34	915.25	2005	1980.00	1819.58
1986	282.89	232.79	1996	1100.59	986.34	2006	2134.00	1855.49
1987	302.82	252.84	1997	1210.00	976.27	2007	1393.05	939.55

试建立一元线性回归模型，并给出相应的分析.

解 （1）根据表 8.1.1 的数据，在 SPSS17.0 中文版中，选择图形|旧对话框|散点|点状|简单分布|定义，将变量[x], [y]依次选入"x 轴，y 轴"条形框中. 右单击画好的散点图，添加拟合线，结果见图 8.1.1.

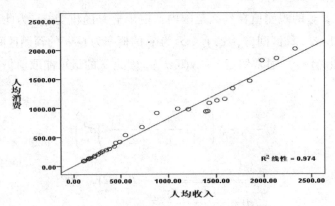

图 8.1.1　甘肃农村人均收入与消费

从图 8.1.1 上看，样本数据点大致落在一条直线附近，这说明变量 x, y 之间具有明显的线性关系. 从图上还可以看出，这些样本点又不都在一条直线上，表明 x, y 的关系并不是确定关系. 事实上，影响消费的因素还有很多，比如物价水平、消费习惯和消费心理等.

（2）写出一元线性回归方程.

在 SPSS17.0 中，选择分析(Analyze)|回归(Regression)|线性(Linear)，将[y]移入"因变量(Dependent)"文本框，将[x]移入"自变量（Independent）"文本框，单击"统计量（Statistic）"按钮，选中全部输出统计量. 其他按钮做相应设置，单击继续|确定，结果如下.

用 SPSS 软件直接计算因变量的单个新值 y_0 与平均值 $E(y_0)$ 的置信区间. 方法是在计算回归之前，把自变量新值 x_0 输入样本数据中，而因变量相应数据空缺，在保存对话框中选"均值"，计算因变量 $E(y_0)$ 的置信区间，或选择"单值"计算因变量单个新值 y_0 的置信区间，同时还可以选择置信水平.

表 8.1.2　模 型 汇 总

Model Summary[b]				
Model	R	R Square	Adjusted R Square	Std. Error of the Estimate
1	.987[a]	.974	.973	95.48886
a. Predictors: (Constant), 人均收入　　b. Dependent Variable: 人均消费				

由表 8.1.2 看到，样本决定系数 $R^2 = 0.974$. 从相对水平上看，回归方程能够减少因变量 y 的 97.4%的方差波动，回归标准差 $\hat{\sigma} = 95.48886$；从绝对水平上看，y 的标准差由回归前的 $\sqrt{9759555.970/29} = 580.1176$ 减少到回归后的 95.48886.

表 8.1.3　方差分析表

ANOVA[b]					
Model		Sum of Squares	df	Mean Square	F	Sig.
1	Regression	9504248.535	1	9504248.535	1042.347	.000[a]
	Residual	255307.435	28	9118.123		
	Total	9759555.970	29			

从方差分析表 8.1.3 中看到，$F = 1042.347$，显著性 Sig ≈ 0，即 p 值 $\approx 0 < 0.05$，说明 y 对 x 的线性回归高度显著，这与散点图的结果是一致的.

表 8.1.4

Coefficients[a]							
	Unstandardized Coefficients		Standardized Coefficients	t	Sig.	95.0% Confidence Interval for B	
	B	Std. Error	Beta			Lower Bound	Upper Bound
(Constant)	3.432	27.888		.123	.903	−53.695	60.558
人均收入	.816	.025	.987	32.285	.000	.764	.868

从表 8.1.4 得到回归方程为 $\hat{y} = 3.432 + 0.816x$，回归系数 β_1 的检验 t 值为 32.285，显著性 Sig ≈ 0. 另外，常数项 β_0 的置信度 95% 的区间估计为 $(-53.695, 60.588)$，β_1 的置信度 95% 的区间估计为 $(0.764, 0.868)$.

当所建的模型通过检验之后，就可作预测，由 2008 年的人均收入为 2723.80，可预测 2008 年人均消费 y_0，用 SPSS 软件计算出点预测值 $\hat{y}_0$ 及置信水平为 95% 的置信区间为

点预测值 $\hat{y}_0$：2226.63390；

置信区间：$(2005.63501, 2447.63278)$；

平均值 $E(y_0)$：$(2123.76931, 2329.49848)$.

2008 年人均消费的真实值为 2400.95，真实值在置信区间内，预测结果还是可信的. 我们由回归方程可知：

① 甘肃农村人均收入每增加 1 元，大约有 0.816 元用于消费，这从一个侧面说明，甘肃农村十分落后，人均收入基本上都用来满足人的基本需求了.

② 人均收入的增长与人均消费的增长成正相关关系，这大致符合现阶段的实际情况.

8.1.2 多元线性回归模型

一元线性回归模型仅仅使用了一个解释变量，在实际数据分析中，一个解释变量的解释能力往往很差，所以经常考虑更多解释变量，多元线性回归模型是更多解释变量的基本工具. 本节介绍了多元线性回归模型及其应用. 多元回归计算量很大，手工计算已经不可能完成且容易出错，我们提倡采用计算机软件完成计算.

考虑多元线性回归模型

$$\begin{cases} y = X\beta + \varepsilon, \\ E\varepsilon = 0, \\ \mathrm{cov}(\varepsilon) = \sigma^2 I_n. \end{cases} \qquad (8.1.5)$$

其中 $\quad y = \begin{pmatrix} y_1 \\ y_2 \\ \vdots \\ y_n \end{pmatrix}, \quad X = \begin{pmatrix} 1 & x_{11} & x_{12} & \cdots & x_{1p} \\ 1 & x_{21} & x_{22} & \cdots & x_{2p} \\ \vdots & \vdots & \vdots & & \vdots \\ 1 & x_{n1} & x_{n2} & \cdots & x_{np} \end{pmatrix}, \quad \beta = \begin{pmatrix} \beta_0 \\ \beta_1 \\ \vdots \\ \beta_p \end{pmatrix}, \quad \varepsilon = \begin{pmatrix} \varepsilon_1 \\ \varepsilon_2 \\ \vdots \\ \varepsilon_n \end{pmatrix}.$

随机向量 y 称为观测向量，矩阵 X 为 $n \times (p+1)$ 矩阵，称为**回归设计矩阵**或**资料矩阵**. 在实际中，X 的元素是预先设定并可以控制的，人的主观因素可作用于其中，因此称为设计矩阵. β

为未知参数向量，ε 为随机误差向量.

求参数向量 β 的估计的一个重要方法是最小二乘法，即寻找 β 的估计使 $\varepsilon = y - X\beta$ 的长度平方达到最小.

$$Q(\beta) = \|y - X\beta\|^2 = (y - X\beta)'(y - X\beta) = y'y - 2y'X\beta + \beta'X'X\beta .$$

求导可得

$$\frac{\partial Q(\beta)}{\partial \beta} = -2X'y + 2X'X\beta = 0 ,$$

即 $X'X\beta = X'y$，称为正规方程.

此方程有唯一解的充要条件是 $X'X$ 的秩为 $p+1$，即 $\mathrm{rank}(X) = p+1$. 其唯一解 $\hat{\beta} = (X'X)^{-1}X'y$ 称为 β 的最小二乘估计（LSE）.

事实上对 $\forall \beta$，

$$\|y - X\beta\|^2 = \|y - X\hat{\beta} + X(\hat{\beta} - \beta)\|^2$$
$$= \|y - X\hat{\beta}\|^2 + (\hat{\beta} - \beta)'X'X(\hat{\beta} - \beta) + 2(\hat{\beta} - \beta)'X'(y - X\hat{\beta}).$$

因 $\hat{\beta}$ 满足正规方程，所以 $X'(y - X\hat{\beta}) = 0$，因而上式第三项为零. 又因 $X'X$ 是正定矩阵，故第二项非负，于是

$$Q(\beta) = \|y - X\beta\|^2 \geqslant \|y - X\hat{\beta}\|^2 = Q(\hat{\beta}) ,$$

等号成立当且仅当 $(\hat{\beta} - \beta)'X'X(\hat{\beta} - \beta) = 0$，即 $\hat{\beta}$ 确实使 $Q(\beta)$ 达到最小.

经验线性回归方程 $\hat{y} = X\hat{\beta}$ 是否逼真刻画了 y 与 $x_1, \cdots, x_p$ 的真实关系，还需进一步做统计分析.

对总离差平方和分解得

$$\sum_{i=1}^{n}(y_i - \overline{y})^2 = \sum_{i=1}^{n}(\hat{y}_i - \overline{y})^2 + \sum_{i=1}^{n}(y_i - \hat{y})^2 ,$$

简记为 SST = SSR+SSE .

定理 8.1.3　对于多元线性模型，假设误差向量 $\varepsilon \sim N(0, \sigma^2 I_n)$，则

$$\hat{\beta} \sim N(\beta, \sigma^2(X'X)^{-1}) , \quad \frac{\mathrm{SSE}}{\sigma^2} \sim \chi^2_{n-p-1} , \quad \frac{(\mathrm{SST}-\mathrm{SSE})}{\sigma^2} \sim \chi^2_p , \quad \frac{(\mathrm{SST}-\mathrm{SSE})/m}{\mathrm{SSE}/(n-p-1)} \sim F_{m, n-p-1} .$$

回归方程的显著性检验就是检验原假设 $H_0: \beta_1 = \cdots = \beta_p = 0$. 由定理 8.1.3 构造检验统计量 $F = \dfrac{(\mathrm{SST}-\mathrm{SSE})/p}{\mathrm{SSE}/(n-p-1)}$. 当 H_0 成立时，$F \sim F(p, n-p-1)$，对给定显著水平 α，当 $F > F_{1-\alpha}$ $(p, n-p-1)$ 时拒绝 H_0，表明随机变量 y 与 $x_1, \cdots, x_p$ 有线性关系，否则接受 H_0.

在多元线性回归中，回归方程的显著性并不意味着每个自变量对 y 的影响都显著，因此我们总想从回归方程中剔除不重要的变量，重新建立更为简单的回归方程，所以就要对每个自变量进行显著性检验.

假设 $H_0: \beta_j = 0, j = 1, \cdots, p$，显然 $\hat{\beta} \sim N(\beta, \sigma^2 (X'X)^{-1})$．记 $(X'X)^{-1} = (c_{ij})$，$i, j = 0, 1, \cdots, p$，于是有

$$E\hat{\beta}_j = \beta_j, \quad \mathrm{var}(\hat{\beta}_j) = c_{jj}\sigma^2,$$

即

$$\hat{\beta}_j \sim N(\beta_j, c_{jj}\sigma^2).$$

据此可以构造统计量 $t_j = \hat{\beta}_j / (\sqrt{c_{jj}}\hat{\sigma})$，其中 $\hat{\sigma} = \sqrt{\sum_{i=1}^{n} (y_i - \hat{y}_i)^2 / (n - p - 1)}$．

当 H_0 成立时，$t_j \sim t(n - p - 1)$．设显著性水平为 α，当 $|t_j| \geqslant t_{1-\alpha/2}$ 时拒绝 H_0，认为 β_j 显著不为 0，即 x_j 对 y 的线性效果显著，反之则否．

由 $P(|(\hat{\beta}_j - \beta_j)/\sqrt{c_{jj}}\hat{\sigma}| < t_{1-\alpha/2}) = 1 - \alpha$ 可得 β_j 的 $1 - \alpha$ 的置信区间为

$$(\hat{\beta}_j - t_{1-\alpha/2}\sqrt{c_{jj}}\hat{\sigma}, \hat{\beta}_j + t_{1-\alpha/2}\sqrt{c_{jj}}\hat{\sigma}).$$

拟合优度用于检验回归方程对样本观测值的拟合程度，在多元线性回归中，样本决定系数 $R^2 = \mathrm{SSR/SST}$ 的取值在 $[0,1]$ 区间，越接近 1，表明回归拟合效果越好．与 F 检验相比，R^2 可以更直观地反映回归拟合的效果，但是并不能作为严格的显著性检验．

在实际应用中，决定系数 R^2 多大，才能通过拟合优度检验？这要视具体情况来定．但要注意的是拟合优度并不是检验模型优劣的唯一标准，有时为了使模型在结构上有较合理的经济解释，即便 R^2 在 0.7 左右，我们也对模型以肯定的态度．R^2 与回归方程中自变量的数目以及样本容量 n 有关，当样本容量 n 与自变量个数接近时，R^2 易接近 1，其中隐含了一些虚假成分，因此我们在由 R^2 决定模型优劣时，一定要慎重．为了使模型参数估计更有效，样本容量 n 应大于解释变量个数 p，这告诉我们在收集数据时应尽可能多收集一些样本数据．

例 8.1.2　研究货运总量 y（万吨）与工业总产值 x_1（亿元）、农业总产值 x_2（亿元）、居民非商品支出性 x_3（亿元），数据见表 8.1.5.

表 8.1.5

编号	货运量 y	工业总产值 x_1	农业总产值 x_2	居民非商品支出性 x_3
1	160	70	35	1.0
2	260	75	40	2.4
3	210	65	40	2.0
4	265	74	42	3.0
5	240	72	38	1.2
6	220	68	45	1.5
7	275	78	42	4.0
8	160	66	36	2.0
9	275	70	44	3.2
10	250	65	42	3.0

首先建立 y 与 x_1, x_2, x_3 的三元线性回归方程，SPSS 软件操作方法同一元线性回归一样，其结果如表 8.1.6 所示.

表 8.1.6 参数估计及显著性检验

Model		Unstandardized Coefficients		Standardized Coefficients	t	Sig.
		B	Std. Error	Beta		
1	(Constant)	−348.280	176.459		−1.974	.096
	工业总产值 x1	3.754	1.933	.385	1.942	.100
	农业总产值 x2	7.101	2.880	.535	2.465	.049
	居民非商品支出性 x3	12.447	10.569	.277	1.178	.284

由于 x_3 的 p 值=0.284，不显著，予以剔除，并建立 y 与 x_1, x_2 的二元线性回归方程，其结果如表 8.1.7 所示.

表 8.1.7 模 型 汇 总

Model Summary				
Model	R	R Square	Adjusted R Square	Std. Error of the Estimate
1	.872[a]	.761	.692	24.081

从 Model Summary 表 8.1.7 中看到，样本决定系数 $R^2 = 0.761$，从相对水平上看，回归方程能够减少因变量 y 的 76.1%的方差波动.

表 8.1.8 方 差 分 析

ANOVA[b]					
Model	Sum of Squares	df	Mean Square	F	Sig.
1 Regression	12893.199	2	6446.600	11.117	.007[a]
Residual	4059.301	7	579.900		
Total	16952.500	9			

从 ANOVA 方差分析表 8.1.8 中看到，$F = 11.117$，显著性 Sig ≈ 0.007，说明 x_1, x_2 从整体上对 y 有十分显著的影响，即回归方程高度显著.

表 8.1.9 回归系数的参数估计及显著性检验

Coefficients[a]								
Model		Unstandardized Coefficients		Standardized Coefficients	t	Sig.	95.0% Confidence Interval for B	
		B	Std. Error	Beta			Lower Bound	Upper Bound
1	(Constant)	−459.624	153.058		−3.003	.020	−821.547	−97.700
	工业总产值 x1	4.676	1.816	.479	2.575	.037	.381	8.970
	农业总产值 x2	8.971	2.468	.676	3.634	.008	3.134	14.808

从 Coefficients 系数表 8.1.9 中得到回归方程

$$\hat{y} = -459.624 + 4.676x_1 + 8.971x_2.$$

回归系数 β_1 的检验 t 值=2.575，显著性 $\text{Sig} \approx 0.037 < \alpha = 0.05$. 回归系数 β_2 的检验 t 值为 3.634，显著性 $\text{Sig} \approx 0.008 < \alpha = 0.05$，即显著性水平 $\alpha = 0.05$ 时，两个回归系数均显著，β_1 的置信度 95% 的区间估计为（0.381, 8.970），β_2 的置信度 95% 的区间估计为（3.134, 14.808）.

8.1.3　非线性回归模型

在许多实际问题中，变量之间的关系并不都是线性的，通常会遇到某些现象的被解释变量与解释变量之间呈现出某种曲线关系. 对于曲线回归问题，显然不能照搬前面线性回归的建模方法.

一些曲线回归模型通过函数变换可以转化为线性回归模型，利用线性回归求解未知参数，并做回归诊断，如有下列模型：

（1）$y = \beta_0 + \beta_1 \mathrm{e}^x + \varepsilon$：只需令 $x' = \mathrm{e}^x$，即可化为 y 对 x' 的线性形式

$$y = \beta_0 + \beta_1 x' + \varepsilon.$$

（2）$y = \beta_0 + \beta_1 x + \beta_2 x^2 + \cdots + \beta_p x^p + \varepsilon$：可以令 $x_1 = x, x_2 = x^2, \cdots, x_p = x^p$，于是得到 y 关于 $x_1, x_2, \cdots, x_p$ 的线性表达式

$$y = \beta_0 + \beta_1 x_1 + \beta_2 x_2 + \cdots + \beta_p x_p + \varepsilon.$$

本来只有一个变量 x，是一元 p 次多项式回归，在线性化后，变为 p 元线性回归.

（3）$y = a\mathrm{e}^{bx}\mathrm{e}^{\varepsilon}$：对等式两边同时取自然对数，得

$$\ln y = \ln a + bx + \varepsilon.$$

令 $y' = \ln y$，$\beta_0 = \ln a$，$\beta_1 = b$，于是得到 y' 关于 x 的一元线性回归模型

$$y' = \beta_0 + \beta_1 x + \varepsilon.$$

（4）$y = a\mathrm{e}^{bx} + \varepsilon$：当 b 未知时，我们不能通过对等式两边同时取自然对数的方法将回归模型线性化，只能用非线性最小二乘法求解.

需要指出的是，新引进的自变量只能依赖于原始变量，而不能与未知参数有关. （3）和（4）的回归参数的估计值是有差异的. 对于误差项的形式，首先应该由数据的经济意义确定，然后由回归拟合效果做检验. 以前，由于没有非线性回归软件，人们总希望非线性回归可以线性化，因而误差项的形式就假定可以把模型线性化. 现在利用计算机软件可以容易地解决非线性回归问题，因而对误差项形式的应该做正确的选择.

在 SPSS 软件中给出了 10 种常见的可线性化的曲线回归方程. 其中自变量以 t 表示，见表 8.1.10.

表 8.1.10

英文名称	中文名称	方程形式
Linear	线性函数	$y = b_0 + b_1 t$
Logarithm	对数函数	$y = b_0 + b_1 \ln t$
Inverse	逆函数	$y = b_0 + \dfrac{b_1}{t}$
Quadratic	二次曲线	$y = b_0 + b_1 t + b_2 t^2$
Cubic	三次曲线	$y = b_0 + b_1 t + b_2 t^2 + b_3 t^3$
Power	幂函数	$y = b_0 t^{b_1}$
Compound	复合函数	$y = b_0 b_1^t$
S	S 形函数	$y = \exp\left(b_0 + \dfrac{b_1}{t} \right)$
Logistic	逻辑函数	$y = \dfrac{1}{\dfrac{1}{u} + b_0 b_1^t}$, u 是预先给定的常数
Growth	增长曲线	$y = \exp(b_0 + b_1 t)$
Exponent	指数函数	$y = b_0 \exp(b_1 t)$

对于以上曲线回归函数，选用 SPSS 的 Regression 命令下的 Curve Estimation 命令，可以很方便地直接拟合各种曲线回归，而不必做任何变量变换.

例 8.1.3　选取 1980—2010 年天水地区 GDP 数据（见表 8.1.11），建立回归模型，从而对未来 3 年的数据进行预测.

表 8.1.11　甘肃天水 GDP　　　　　　单位：万元

年份	GDP	人均 GDP	年份	GDP	人均 GDP
1980	55467	222	1996	673198	2125
1981	63455	204	1997	614920	1903
1982	72594	231	1998	726019	2221
1983	83049	263	1999	741279	2241
1984	95009	298	2000	811094	2417
1985	108694	405	2001	885618	2608
1986	120095	367	2002	988060	2889
1987	136744	495	2003	1101045	3197
1988	168100	599	2004	1282506	3699
1989	181600	636	2005	1461676	4189
1990	204049	698	2006	1663925	4738
1991	230346	778	2007	1962073	5550
1992	266954	889	2008	2265698	6626
1993	373528	1236	2009	2600022	7584
1994	457707	1448	2010	3002285	9202
1995	563107	1815			

点击图形|旧对话框|散点，根据已知数据绘制出 GDP 与时间关系的散点图，见图 8.1.2.

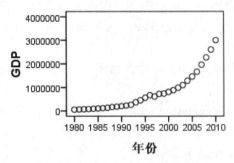

图 8.1.2 甘肃天水 GDP 散点图

由散点图知，GDP 与时间 t 呈现某种曲线关系. 从散点图中还可以看到 GDP 大致为指数函数形式. 从经济学的角度来看，当 GDP 的年增长速度大致相同时，其趋势线就是指数函数形式.

单击分析|回归|曲线估计，将[GDP]移入"因变量(Dependent)"文本框，变量选择[时间]，模型选中二次型、复合、增长、指数文本框，选中"显示 ANOVA 表格"文本框，单击"确定"，结果如表 8.1.12 和图 8.1.3 所示.

表 8.1.12 模型汇总和参数估计值

方程	模型汇总					参数估计值		
	调整 R^2	F	df1	df2	Sig.	常数	b1	b2
二次	.966	429.224	2	28	.000	276645.367	−61309.813	4396.465
复合	.991	3356.891	1	29	.000	50940.999	1.141	
增长	.991	3356.891	1	29	.000	10.838	.132	
指数	.991	3356.891	1	29	.000	50940.999	.132	

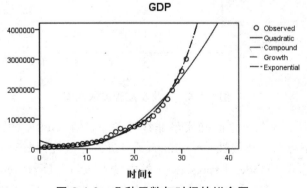

图 8.1.3 几种函数与时间的拟合图

由 R^2 可知，复合函数、增长函数、指数函数拟合效果最好，二次函数次之. 在曲线回归函数中，复合函数 $y = b_0 b_1^t$，增长曲线 $y = \exp(b_0 + b_1 t)$，指数函数 $y = b_0 \exp(b_1 t)$ 这三个曲线方程实际是等价的，只是表达形式不同．在图 8.1.3 中，我们也发现这三个曲线方程重合．在本例中，复合函数的形式与经济意义更加吻合，因此我们用复合函数对其进行拟合和预测．

单击分析|回归|曲线估计，将[GDP]移入"因变量（Dependent）"文本框，变量选择[时间]，模型文本框中选中复合，单击"保存"按钮，保存变量文本框全选，在预测个案文本框中，选中"预测范围"，观测值填入 34，单击继续|确定，未来三年的预测值为 3502841.67157，3997953.97747，4563048.37746．

在 SPSS 软件的回归（Regression）命令下的曲线估计（Curve Estimation）中仅给出了 10 种常见的可线性化的曲线回归方程，而我们经常遇到其他形式的且不能线性化的曲线回归方程，这时只能用非线性最小二乘求解．

例 8.1.4　一位药物学家使用下面的非线性模型对药物反应拟合回归模型

$$y_i = c_0 - \frac{c_0}{1 + \left(\dfrac{x_i}{c_2}\right)^{c_1}} + \varepsilon_i,$$

其中自变量 x 为药剂量，用级别表示；因变量 y 为药物反应程度，用百分数表示．3 个参数 c_0, c_1, c_2 都是非负的，根据专业知识，c_0 的上限是 100%，3 个参数的初始值取为 $c_0 = 100$，$c_1 = 5, c_2 = 4.8$，测得 9 个反应数据如表 8.1.13 所示．

表 8.1.13　药物反应数据

x	1	2	3	4	5	6	7	8	9
$y(\%)$	0.5	2.3	3.4	24.0	54.7	82.1	94.8	96.2	96.4

首先用 SPSS 软件画出散点图，见图 8.1.4．

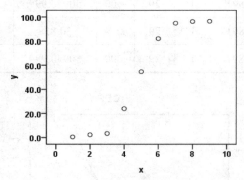

图 8.1.4　药物反应程度散点图

从图 8.1.4 看到，y 与 x 之间确实呈非线性关系，在 SPSS 的分析（Analyze）|回归（Regression）菜单下点选"非线性（Nonlinear）"，进入非线性回归对话框，将 y 点入"因变量"框，在模型表达式（model Expression）框中输入回归函数 c0 −c0/(1+(x/c2)**c1)，然后点击参数（Parameters），进入参数设置框，在"名称"中输入"c0"，"初始值"中输入"100"，点击"添加"，然后以同样方式给参数 c1，c2 赋初值(SPSS 输入时，可用 c0, c1, c2 代替 c_0, c_1, c_2)，点击"继续"，再点击"确定"．输出结果见表 8.1.14 ~ 8.1.16．

表 8.1.14 非线性最小二乘估计迭代过程

Iteration History[b]				
Iteration Number[a]	Residual Sum of Squares	Parameter		
		c0	c1	c2
1.0	172.788	100.000	5.000	4.800
1.1	32.607	97.794	6.579	4.745
2.0	32.607	97.794	6.579	4.745
2.1	20.202	99.579	6.737	4.801
3.0	20.202	99.579	6.737	4.801
3.1	20.188	99.533	6.763	4.799
4.0	20.188	99.533	6.763	4.799
4.1	20.188	99.541	6.761	4.800
5.0	20.188	99.541	6.761	4.800
5.1	20.188	99.540	6.761	4.800
6.0	20.188	99.540	6.761	4.800
6.1	20.188	99.541	6.761	4.800

Derivatives are calculated numerically

a. Major iteration number is displayed to the left of the decimal, and minor iteration number is to the right of the decimal

b. Run stopped after 12 model evaluations and 6 derivative evaluations because the relative reduction between successive residual sums of squares is at most SSCON = 1.00E-008

表 8.1.15 方差分析表

ANOVA[a]			
Source	Sum of Squares	df	Mean Squares
Regression	37839.852	3	12613.284
Residual	20.188	6	3.365
Uncorrected Total	37860.040	9	
Corrected Total	14917.889	8	

Dependent variable: y

a. R squared = 1 − (Residual Sum of Squares) / (Corrected Sum of Squares) = .999

表 8.1.16 参 数 估 计

Parameter Estimates				
Parameter	Estimate	Std. Error	95% Confidence Interval	
			Lower Bound	Upper Bound
c0	99.541	1.567	95.705	103.376
c1	6.761	.422	5.729	7.794
c2	4.800	.050	4.677	4.922

经过 6 步迭代后收敛，相关指数 $R^2 = 0.99865$，说明非线性回归拟合效果很好，对于非线性回归不再满足平方和分解式，即 $SST \neq SSR + SSE$.

通过以上分析可认为药物反应程度 y 与药剂量 x 符合以下非线性回归方程：

$$\hat{y} = 99.541 - \frac{99.541}{1 + \left(\dfrac{x}{4.7996}\right)^{6.7612}}.$$

8.2 自变量的选择与逐步回归

在建立一个实际问题的回归模型时，我们首先碰到的问题就是确定回归自变量. 一般情况下，都是根据所研究问题的目的，结合经济理论罗列出对因变量可能有影响的一些变量作为自变量. 如果遗漏了重要变量，回归方程的效果肯定不好；如果考虑的变量过多，这些自变量对问题的研究可能不重要，有些自变量的数据质量可能很差，有些变量可能和其他变量有很大的重叠，不仅计算量增加很多，而且得到的回归方程的稳定性很差，都会影响回归方程的应用. 从 20 世纪 60 年代开始，关于回归自变量的选择成为统计学中研究的热点问题. 统计学家们提出了许多回归选元的准则，并给出了许多行之有效的选元方法.

本节从自变量选择对估计和预测的影响出发，介绍自变量选择常用的几个准则，详细讨论逐步回归方法及其应用.

8.2.1 自变量选择对估计和预测的影响

设研究某一实际问题涉及对因变量有影响的因素共有 m 个，回归模型为

$$y = \beta_0 + \beta_1 x_1 + \cdots + \beta_m x_m + \varepsilon, \quad (8.2.1)$$

称为**全回归模型**.

如果从所有可供选择的 m 个变量中挑选出 p 个，记为 $x_1, \cdots, x_p, p \leqslant m$，构成的回归模型为

$$y = \beta_0 + \beta_1 x_1 + \cdots + \beta_p x_p + \varepsilon, \quad (8.2.2)$$

称模型（8.2.2）式为**选模型**.

1）全模型正确而误用选模型的情况

（1）在 $x_j, j=1,\cdots,p$ 与 $x_{p+1},\cdots,x_m$ 的相关系数不全为 0 时，选模型回归系数的最小二乘估计是全模型相应参数的有偏估计.

（2）选模型的预测也是有偏的.

（3）选模型的参数估计有较小的方差.

（4）选模型的预测残差有较小的方差.

（5）选模型预测的均方误差比全模型预测的方差更小.

（1）、（2）表明误用选模型产生的弊端是：选模型的参数估计值是全模型相应参数的有偏估计，尤其做预测，预测值也是有偏的.

（3）、（4）表明误用选模型产生的好处是：用选模型做预测，残差的方差比全模型预测的方差小.

（5）表明即使全模型正确，但如果其中有一些自变量对因变量影响很小或回归系数方差过大，我们丢掉这些变量后，用选模型预测可以提高预测精度.

2）选模型正确而误用全模型的情况

（1）如果选模型正确，从无偏性的角度看，全模型的预测值有偏的.

（2）从均方预测误差的角度看，全模型的预测误差将更大.

可见，一个好的回归模型，并不是考虑的自变量越多越好. 在建立回归模型时，选择自变量的基本指导思想是"少而精". 哪怕我们丢掉了一些对因变量 y 还有些影响的自变量，由选模型估计的保留变量的回归系数的方差，要比由全模型所估计的相应变量的回归系数的方差小. 而且，对于所预测的因变量的方差来说也是如此. 丢掉了一些对因变量 y 有影响的自变量后，所付出的代价是估计量产生了有偏性. 然而，尽管估计量是有偏的，但预测偏差的方差会下降. 另外，如果保留下来的自变量有些对因变量无关紧要，那么方程中包括这些变量会导致参数估计和预测的有偏性和精度降低.

8.2.2　所有子集回归

有 m 个可供选择的变量 $x_1,\cdots,x_m$，由于每个自变量都有入选和不入选两种情况，这样 y 关于这些自变量的所有可能的回归方程就有 (2^m-1) 个.

从数据与模型拟合优劣的直观考虑出发，认为残差平方和 SSE 最小的回归方程就是最好的；另外，还可用复决定系数 R^2 来衡量回归拟合的好坏. 然而这两种方法都有明显的不足. 这是因为 $\text{SSE}_{p+1} \leqslant \text{SSE}_p$，$R_{p+1}^2 \geqslant R_p^2$，如果按残差平方和最小或复决定系数 R^2 最大原则来选择自变量，那么毫无疑问的变量越多越好. 这样，由于多重共线性，给变量的回归系数估计值带来不稳定性，加上变量的预测误差积累，参数数目增加，将使估计值的误差增大.

准则 1　自由度调整复决定系数 $R_a^2 = 1 - \dfrac{n-1}{n-p-1}(1-R^2)$ 达到最大.

显然有 $R_a^2 \leqslant R^2$. R_a^2 随着自变量的增加并不一定增大. 从拟合优度的角度追求"最优"，则所有回归子集中 R_a^2 最大者对应的回归方程就是"最优"方程.

准则 2　赤池信息量 AIC 达到最小.

AIC 准则是日本统计学家赤池（Akaike）于 1974 年根据极大似然估计原理提出的一种较为一般的模型选择准则，简记为 AIC. AIC 准则既可用来作回归方程自变量的选择，又可用于时间序列分析中自回归模型的定阶. 我们会在后面详细讲解.

准则 3　统计量 $C_p = (n-m-1)\dfrac{\mathrm{SSE}_p}{\mathrm{SSE}_m} - n + 2p$ 达到最小.

根据上面的性质，即使全模型正确，但仍有可能选模型以期有更小的预测误差，1964 年马勒斯（Mallows）基于此原理从预测的角度提出一个可以用来选择自变量的 C_p 统计量.

考虑在 n 个样本点上，用选模型作回报预测时，预测值与期望值的相对偏差平方和为

$$J_p = \frac{1}{\sigma^2}\sum_{i=1}^{n}(\hat{y}_{ip} - E(y_i))^2 = \frac{1}{\sigma^2}\sum_{i=1}^{n}(\hat{\beta}_{0p} + \hat{\beta}_{1p}x_{i1} + \cdots + \hat{\beta}_{pp}x_{ip} - (\beta_0 + \beta_1 x_{i1} + \cdots + \beta_m x_{im}))^2.$$

可以证明，

$$E(J_p) = \frac{E(\mathrm{SSE}_p)}{\sigma^2} - n + 2(p+1).$$

略去无关的常数 2，据此构造出统计量

$$C_p = \frac{\mathrm{SSE}_p}{\hat{\sigma}^2} - n + 2p = (n-m-1)\frac{\mathrm{SSE}_p}{\mathrm{SSE}_m} - n + 2p.$$

8.2.3　逐步回归与多重共线性

"最优"的回归方程就是包含所有对 Y 有影响的变量，而不包含对 Y 影响不显著的变量回归方程，选择"最优"的回归方程有以下几种方法：

（1）从所有可能的因子（变量）组合的回归方程中选择最优者（所有子集回归）；

（2）**前进法**的思想是变量由少到多，每次增加一个，直至没有可引入的变量为止；

（3）**后退法**与前进法相反，首先用全部 m 个变量建立一个回归方程，然后在这 m 个变量中选择一个最不重要的变量，将它从方程中剔除.

（4）"有进有出"的**逐步回归分析**. 它在筛选变量方面较为理想，基本思想为：从一个自变量开始，视自变量 y 对作用的显著程度，从大到小地依次逐个引入回归方程. 当引入的自变量由于后面变量的引入而变得不显著时，要将其剔除掉. 引入一个自变量或从回归方程中剔除一个自变量，为逐步回归的一步. 对于每一步都要进行 F 值检验，以确保每次引入新的显著性变量前回归方程中只包含对 y 作用显著的变量. 这个过程反复进行，直至既无不显著的变量从回归方程中剔除，又无显著变量可引入回归方程时为止.

在逐步回归中需要注意的一个问题是引入自变量和剔除自变量的显著性水平 α 值是不相同的，要求 $\alpha_{进} < \alpha_{出}$，否则可能产生"死循环". 也就是当 $\alpha_{进} \geqslant \alpha_{出}$ 时，如果某个自变量的显著性 P 值在 $\alpha_{进}$ 与 $\alpha_{出}$ 之间，那么这个自变量将被引入、剔除、再引入、再剔除、…，循环往复，以至无穷.

多元线性回归模型的一个基本假设就是设计矩阵 X 的秩为 $p+1$，即要求 X 中列向量之间线性无关，反之则称自变量 $x_1, \cdots, x_p$ 之间存在**完全多重共线性**. 这在实际问题中并不多见. 常见的是，存在不全为 0 的 $p+1$ 个数 $c_0, c_1, \cdots, c_p$，使得

$$c_0 + c_1 x_1 + \cdots + c_p x_p \approx 0,\ i = 1, 2, \cdots, n,$$

这时我们称 $x_1, \cdots, x_p$ 之间存在**多重共线性**，也成为**复共线性**.

当回归方程的解释变量之间存在着很强的线性关系，回归方程的检验高度显著. 有些与因变量 y 的简单相关系数的绝对值很高的自变量，其回归系数不能通过显著性检验，甚至出现有的回归系数所带符号与实际经济意义不符时，我们就认为自变量间存在着多重共线性. 我们可以用方差扩大因子法判断多重共线性.

对自变量作中心标准化，则 $X^{*'}X^* = (r_{ij})$ 为自变量的相关阵. 记 $C = (c_{ij}) = (X^{*'}X^*)^{-1}$，称其主对角线元素 VIF $= c_{jj}$ 为自变量 x_j 的方差扩大因子，有

$$\mathrm{var}(\hat{\beta}_j) = c_{jj}\sigma^2 / L_{jj} , \quad j = 1, \cdots, p . \tag{8.2.3}$$

其中 L_{jj} 为 x_j 的离差平方和. 由式（8.2.3）可知，用 c_{jj} 作为衡量自变量 x_j 的方差扩大程度的因子是恰如其分的. 记 R_j^2 为自变量 x_j 对其余 $(p-1)$ 个自变量的复决定系数，已经证明有

$$c_{jj} = \frac{1}{1 - R_j^2} . \text{ 可知 VIF} \geqslant 1 .$$

由于 R_j^2 度量了自变量 x_j 与其余 $p-1$ 个自变量的线性相关程度，R_j^2 也就越接近于 1，VIF 也就越大；反之，x_j 与其余 $p-1$ 个自变量的线性相关程度越弱，自变量间的多重共线性也就越弱，R_j^2 就接近于零，VIF 也就越接近于 1. 由此可见 VIF 的大小反映了自变量之间是否存在多重共线性，因此可由它来度量多重共线性的严重程度. 这表明，当 VIF $\geqslant 10$ 时，说明自变量 x_j 与其余自变量之间有严重的多重共线性.

消除多重共线性的方法很多，常用的有以下几种：

（1）根据实际情况，剔除一些自变量.

在选择回归模型时，可以将筛选自变量的方法、方差扩大因子的多重共线性检验与自变量的经济意义结合起来考虑，以引进或剔除自变量. 如，首先用筛选变量的方法选元，舍去一些变量；当回归方程中仍存在多重共线性时，有几个变量的方差扩大因子大于 10，我们可以把方差扩大因子最大者所对应的自变量首先剔除，再重新建立回归方程；如果仍然存在严重的多重共线性，则再继续剔除方差扩大因子最大者所对应的自变量，直到回归方程中不存在严重的多重共线性为止. 当然也可先用所有自变量作回归，根据方差扩大因子的大小依次剔除变量，直至消除多重共线性为止，然后再作自变量选元；或者根据研究问题的经济意义筛选变量.

（2）增大样本容量.

（3）采用岭估计法、主成分回归法、偏最小二乘法等.

8.2.4 实例分析

财政收入是一国政府实现政府职能的基本保障，对国民经济的运行及社会的发展起着非凡的作用. 首先，它是一个国家各项收入得以实现的物质保证. 一个国家财政收入规模的大小通常是衡量其经济实力的重要标志. 其次，财政收入是国家对经济实行宏观调控的重要经济杠杆. 财政收入的杠杆既可通过增收和减收来发挥总量调控作用，也可通过对不同财政资金缴纳者的财政负担大小的调整，来发挥结构调整的作用. 财政收入的增长情况关系着一个

国家经济的发展和社会的进步. 因此，研究财政收入的增长显得尤为重要.

利用回归分析的方法对我国财政收入建立回归模型，进而对我国财政收入进行综合评价. 其数据如表 8.2.1 所示，来源于《中国统计年鉴 2011》. 考虑选择以下 7 项指标：

x_1：农业增加值（亿元）；　　　x_2：工业增加值（亿元）；

x_3：建筑业增加值（亿元）；　　x_4：人口数（万人）；

x_5：社会消费总额（亿元）；　　x_6：受灾面积（万公顷）；

x_7：服务业（亿元）.

表 8.2.1　中国财政收入

年份	x_1	x_2	x_3	x_4	x_5	x_6	x_7	y
1978	1018.4	1607.0	138.2	96259	2239.1	50760	872.5	1132.3
1979	1258.9	1769.7	143.8	97542	2619.4	39370	878.9	1146.4
1980	1359.4	1996.5	195.5	98705	2976.1	44530	982	1159.9
1981	1545.6	2048.4	207.1	100072	3309.1	39790	1076.6	1175.8
1982	1761.6	2162.3	220.7	101654	3637.9	33130	1163	1212.3
1983	1960.8	2375.6	270.6	103008	4020.5	34710	1338.1	1367
1984	2295.5	2789.0	316.7	104357	4694.5	31890	1786.3	1642.9
1985	2541.6	3448.7	417.9	105851	5773	44370	2585	2004.8
1986	2763.9	3967.0	525.7	107507	6542	47140	2993.8	2122
1987	3204.3	4585.8	665.8	109300	7451.2	42090	3574	2199.4
1988	3831.0	5777.2	810.0	111026	9360.1	50870	4590.3	2357.2
1989	4228.0	6484.0	794.0	112704	10556.5	46990	5448.4	2664.9
1990	5017.0	6858.0	859.4	114333	11365.2	38470	5888.4	2937.1
1991	5288.6	8087.1	1015.1	115823	13145.9	55470	7337.1	3149.5
1992	5800.0	10284.5	1415.0	117171	15952.1	51330	9357.4	3483.4
1993	6882.1	14143.8	2284.7	118517	20182.1	48830	11915.7	4349
1994	9457.2	19359.6	3012.6	119850	26796	55040	16179.8	5218.1
1995	11993.0	24718.3	3819.6	121121	33635	45821	19978.5	6242.2
1996	13844.2	29082.6	4530.5	122389	40003.9	46989	23326.2	7408
1997	14211.2	32412.1	4810.6	123626	43579.4	53429	26988.1	8651.1
1998	14599.6	33429.8	5262.0	124810	46405.9	50145	30580.5	9876
1999	14770.0	35861.5	5172.1	125786	48342.5	49980	33873.4	11444.1
2000	14944.7	40033.6	5522.3	126743	52748.3	54688	38714	13395.2
2001	15781.3	43580.6	5931.7	127627	58625.6	52215	44361.6	16386
2002	16537.0	47431.3	6465.5	128453	65643.2	46946	49898.9	18903.6
2003	17381.7	54945.5	7490.8	129227	71794.3	54506	56004.7	21715.3

续表 8.2.1

年份	x_1	x_2	x_3	x_4	x_5	x_6	x_7	y
2004	21412.7	65210.0	8694.3	129988	82746.9	37106	64561.3	26396.5
2005	22420.0	77230.8	10367.3	130756	98469.2	38818	74919.3	31649.3
2006	24040.0	91310.9	12408.6	131448	108564.2	41091	88554.9	38760.2
2007	28627.0	110534.9	15296.5	132129	133499.2	48992	111351.9	51321.8
2008	33702.0	130260.2	18743.2	132802	156501.7	39990	131340	61330.4
2009	35226.0	135239.9	22398.8	133450	171107.4	47214	148038	68518.3
2010	40533.6	160867.0	26714.4	134091	192836.6	37426	173087	83101.5

由于变量较多，为了了解各变量间的简单相关关系，选择分析|相关性|双变量，将目标变量移入右侧"变量"文本框，单击"确定"，部分结果见表 8.2.2.

表 8.2.2 相关系数阵

		Y	$X1$	$X2$	$X3$	$X4$	$X5$	$X6$	$X7$
Pearson Correlation	Y	1.000	.954	.990	.993	.727	.985	−.132	.995
	$X1$	.954	1.000	.985	.976	.883	.990	.008	.977
	$X2$	.990	.985	1.000	.994	.804	.999	−.076	.998
	$X3$	.993	.976	.994	1.000	.776	.993	−.078	.996
	$X4$	.727	.883	.804	.776	1.000	.822	.261	.784
	$X5$	.985	.990	.999	.993	.822	1.000	−.055	.997
	$X6$	−.132	.008	−.076	−.078	.261	−.055	1.000	−.084
	$X7$	.995	.977	.998	.996	.784	.997	−.084	1.000

从表 8.2.2 可以看出，y 与 x_1, x_2, x_3, x_5, x_7 的相关系数都在 0.9 以上，说明所选自变量与 y 高度线性相关，可以建立回归分析模型. 但是为了挑选出对因变量 y 有显著影响的自变量，下面就用逐步回归法来完成. 选择分析|回归|线性，将[y]移入因变量，[x1~x7]移入"自变量"，"方法"对话框选择"逐步"，可得部分结果如表 8.2.3 所示.

表 8.2.3 逐步回归结果

Coefficients[a]								
Model		Unstandardized Coefficients		Standardized Coefficients	t	Sig.	Collinearity Statistics	
		B	Std. Error	Beta			Tolerance	VIF
1	(Constant)	−1112.049	485.459		−2.291	.029		
	x7	.462	.008	.995	55.576	.000	1.000	1.000
2	(Constant)	2045.095	376.457		5.432	.000		
	x7	.652	.018	1.404	35.309	.000	.045	22.436
	x1	−.827	.079	−.419	−10.531	.000	.045	22.436

续表 8.2.3

Model		Unstandardized Coefficients		Standardized Coefficients	t	Sig.	Collinearity Statistics	
		B	Std. Error	Beta			Tolerance	VIF
3	(Constant)	2062.255	318.805		6.469	.000		
	x7	.517	.041	1.114	12.691	.000	.007	152.394
	x1	−.855	.067	−.433	−12.767	.000	.044	22.737
	x3	.969	.270	.305	3.583	.001	.007	143.482
4	(Constant)	2193.238	292.015		7.511	.000		
	x7	.333	.077	.717	4.350	.000	.002	659.047
	x1	−1.029	.088	−.521	−11.731	.000	.021	47.784
	x3	1.183	.256	.373	4.613	.000	.006	158.203
	x2	.204	.074	.416	2.742	.011	.002	558.046
5	(Constant)	2156.729	275.834		7.819	.000		
	x7	.504	.108	1.086	4.658	.000	.001	1481.730
	x1	−.675	.186	−.342	−3.633	.001	.004	241.623
	x3	.898	.276	.283	3.249	.003	.005	206.880
	x2	.284	.080	.579	3.565	.001	.001	718.056
	x5	−.251	.118	−.618	−2.122	.043	.000	2314.108

a. Dependent Variable: y

由此表 8.2.3 知，回归方程为

$$\hat{y} = 2156.729 - 0.675x_1 + 0.284x_2 + 0.898x_3 - 0.251x_5 + 0.504x_7 .$$

其变量的进入步骤是：第一步引入 x_7，第二步引入 x_1，第三步引入 x_3，第四步引入 x_2，第五步引入 x_5，SPSS 软件默认进入的显著性为 0.05，逐出的显著性是 0.1. 从回归系数的检验可以看出，5 个自变量都通过了检验，但 x_1, x_5 的回归系数为负值，与经济意义不符. 从表 8.2.2 中也看到，y 与 x_1, x_5 为正相关，负的回归系数无法解释，这是由自变量之间仍存在多重共线性造成的. 由表 8.2.2 知，被引入的 5 个变量之间存在较高的相关性，为了进一步确定各自变量之间是否存在多重共线性，利用方差扩大因子法进行检验. 由表 8.2.3 中 VIF 知，5 个变量方差扩大因子都很大，远远超过 10，说明自变量之间存在着严重的多重共线性. 下面采用剔除自变量的方法消除多重共线性. 由于 x_5 的方差扩大因子 VIF $= 2314.108$ 为最大，我们首先剔除 x_5，建立 y 关于 x_1, x_2, x_3, x_7 的回归方程，回归模型仍存在较强多重共线性，再依次剔除 x_7, x_2.

当用 y 与变量 x_1, x_3 建立回归方程时，有关计算结果如表 8.2.4.

表 8.2.4　用 y 与变量 x_1, x_3 建立回归方程时输出结果

Coefficients[a]							
Model		Unstandardized Coefficients		Standardized Coefficients	t	Sig.	Collinearity Statistics
		B	Std. Error	Beta			Tolerance	VIF
1	(Constant)	1032.861	776.011		1.331	.193		
	x1	−.628	.162	−.318	−3.869	.001	.047	21.124
	x3	4.136	.261	1.303	15.845	.000	.047	21.124
a. Dependent Variable: y								

由表 8.2.4 知，变量的方差扩大因子仍然大于 10，而且 x_1 的回归系数是负值，得不到合理的解释，说明此回归模型仍然存在多重共线性，但是两个变量的方差扩大因子相等. 考虑到我们国家是农业大国，农业增加值是影响我国财政收入的主要因素，因此保留 x_1 更容易解释其实际意义. 用 y 与 x_1 建立回归方程，结果如表 8.2.5 ~ 8.2.7 所示.

表 8.2.5　模 型 汇 总

Model Summary				
Model	R	R Square	Adjusted R Square	Std. Error of the Estimate
1	.954[a]	.910	.907	6592.9191
a. Predictors: (Constant), x1				

表 8.2.6　方 差 分 析

ANOVA[b]					
Model		Sum of Squares	df	Mean Square	F	Sig.
1	Regression	1.362E10	1	1.362E10	313.309	.000[a]
	Residual	1.347E9	31	4.347E7		
	Total	1.497E10	32			
a. Predictors: (Constant), x1;b. Dependent Variable: y						

表 8.2.7　回 归 系 数

Coefficients[a]							
Model		Unstandardized Coefficients		Standardized Coefficients	t	Sig.	Collinearity Statistics
		B	Std. Error	Beta			Tolerance	VIF
1	(Constant)	−7250.853	1726.876		−4.199	.000		
	x1	1.883	.106	.954	17.701	.000	1.000	1.000
a. Dependent Variable: y								

由表 8.2.5 ~ 8.2.7 知，回归方程为

$$\hat{y} = -7250.853 + 1.883x_1,$$

样本决定系数 $R^2 = 0.910$，参数及模型都通过显著性检验.

结论：农业增加值 x_1 对财政收入有正影响，每增加 1 个单位，财政收入就会增加 1.883 个单位. 7 个初始变量经过筛选，最后只剩下农业增加值变量，这也许可能出乎读者意料. 其实，这既是意料之外，也是意料之内，我国作为一个农业大国，"三农问题"关系到国民素质、经济发展，关系到社会稳定、国家富强. 21 世纪的中国，城市的现代化，二、三产业的发展，城市居民的殷实，都受制于农村的进步、农业的发展、农民的小康. 我国的国民经济发展潜力巨大，若仅从量上考察，我国的重大经济问题都依赖于农村、农业，农民问题的突破.

本题采用岭估计法、主成分回归法、偏最小二乘法等消除共线性效果更好，由于篇幅有限，这里不作以介绍. 本节仅通过此题使读者了解筛选变量的方法、多重共线性的诊断与处理问题.

8.3　基于 ARIMA 模型的天水市粮食产量预测与决策

农业不仅是国民经济的基础，也是经济发展的基石，如果一个国家农业落后，则经济发展后劲不足且很难发展，世界上发达国家的农业一般都比较发达. 自古以来，民以食为天，粮食作为一种特殊商品备受关注. 由于保证粮食安全是一项长期的、艰苦的历史任务，所以粮食生产的预测与决策也历来受到各级政府与学者的普遍关注. 天水市位于甘肃东南部，是甘肃省第二大城市，也是第一人口大市，粮食产量年均递增率超过 2.00%，对甘肃粮食安全生产作出了突出贡献. 但天水是典型的雨养农业区，境内沟壑纵横，土山起伏，山地面积占总耕地面积的 92%，属于温带半湿润与半干旱地带的过渡区，其自然条件不利于农业生产，干旱、春季低温、连阴雨等农业气象灾害频繁发生，受气象因素制约粮食产量低而不稳定，主要靠天吃饭. 在这种情况下，对天水市粮食产量预测采用以往确定性因素分解方法往往得不到良好的效果，而非平稳序列的随机分析方法充分利用了随机性信息，预测效果较好. 本节根据天水市 1978—2010 年的粮食产量，建立了基于 ARIMA(0,1,(2,11)) 的粮食产量预测模型，拟合效果较好，最后利用此模型预测了天水市未来 3 年的粮食产量，并对预测结果进行了分析，提出了相关建议.

8.3.1　ARIMA 模型

现实生活中的许多时间序列都是非平稳的，但它们经差分后会显示出平稳时间序列的性质，这时我们称该非平稳时间序列为**差分平稳时间序列**，对差分平稳时间序列可以用 ARIMA 模型进行拟合.

具有如下结构的模型称为**求和自回归移动平均**（autoregressive integrated moving average）模型，记为 ARIMA(p, d, q).

$$\begin{cases} \Phi(B)\nabla^d x_t = \Theta(B)\varepsilon_t, \\ E(\varepsilon_t) = 0, \text{var}(\varepsilon_t) = \sigma^2, E(\varepsilon_t\varepsilon_s) = 0, s \neq t, \\ Ex_t\varepsilon_s = 0, \forall s < t, \end{cases} \tag{8.3.1}$$

其中 $\nabla^d = (1-B)^d$；$\{\varepsilon_t\}$ 为零均值白噪声序列；$\Phi(B) = 1 - \phi_1 B - \cdots - \phi_p B^p$ 为平稳可逆 ARMA(p,q) 模型的自回归系数多项式；$\Theta(B) = 1 - \theta_1 B - \cdots - \theta_p B^q$ 为平稳可逆 ARMA(p,q) 模型的移动平滑系数多项式.

（8.3.1）式可简记为

$$\nabla^d x_t = \frac{\Theta(B)}{\Phi(B)}\varepsilon_t, \tag{8.3.2}$$

其中 $\{\varepsilon_t\}$ 为零均值白噪声序列.

ARIMA(p,d,q) 模型是指时间序列 d 阶差分后自相关系数最高阶为 p，移动平滑系数最高阶为 q，通常它含有 $p+q$ 个独立的未知系数. ARIMA 模型实质上就是差分运算与 ARMA 模型的组合. 这说明对于非平稳时间序列，只要适当进行差分就可实现平稳，而后对差分后的平稳序列建立 ARMA 模型. Cramer 分解定理在理论上保证了适当阶数的差分一定可以充分提取确定性信息. 1 阶差分的本质就是一个**自回归过程**，即当期序列值 $\{x_t\}$ 的变动情况可以延迟一期的历史数据 $\{x_{t-1}\}$ 作为自变量来解释. 差分序列 $\{\nabla x_t\}$ 度量了 $\{x_t\}$ 在 1 阶自回归过程中的产生的随机误差.

因为 d 阶差分后的序列可表示为 $\nabla^d x_t = \sum_{i=0}^{d}(-1)^i C_d^i x_{t-i}$，即差分后的序列等于原序列的若干序列值的加权和，而对其又可拟合**自回归移动平均模型**，所以它称为求和自回归移动平均模型.

特别地，当 $d=0$，ARIMA(p,d,q) 模型就是 ARMA(p,q) 模型；当 $d=1,p=q=0$ 时，ARIMA$(0,1,0)$ 模型为 $x_t = x_{t-1} + \varepsilon_t$，该模型为随机游走（random walk）模型，或醉汉模型.

如果 ARIMA(p,d,q) 模型中有部分自相关系数 ϕ_j，$1 \leqslant j < p$ 或部分移动平滑系数 θ_k，$1 \leqslant k < q$ 为 0，即模型中有部分系数省缺了，那么该模型称为**疏系数模型**，简记为 ARIMA$((p_1,\cdots,p_m)$, $d,(q_1,\cdots,q_n))$，它时常应用在实际问题中.

8.3.2　基于 ARIMA 的天水市粮食产量预测

1）获取观察值序列

从《天水市统计年鉴》（2011）获取天水市 1978 年至 2010 年的粮食产量数据，见表 8.3.1（单位：万吨）.

表 8.3.1　天水市 1978—2010 粮食产量数据　　单位：万吨

年份	产量	年份	产量	年份	产量
1978	53.05	1989	66.20	2000	58.42
1979	41.66	1990	72.58	2001	72.50
1980	44.94	1991	71.32	2002	69.74
1981	40.05	1992	74.88	2003	74.55
1982	44.58	1993	78.94	2004	79.17
1983	52.70	1994	72.34	2005	83.94
1984	49.99	1995	63.63	2006	84.65
1985	55.10	1996	78.18	2007	85.95
1986	50.12	1997	37.40	2008	103.36
1987	48.91	1998	70.82	2009	104.46
1988	59.36	1999	60.85	2010	109.10

2）判断原序列的平稳性及寻找离群点

根据天水市 1978 年至 2010 年的粮食产量数据绘制时序图和自相关图.

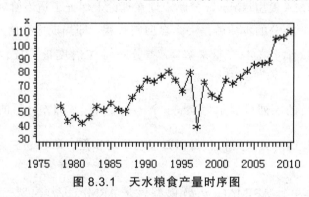

图 8.3.1　天水粮食产量时序图

　　根据时序图容易判定 1978 年至 2010 年天水市粮食产量呈上升趋势，增长幅度不同，初步判断此时间序列为非平稳时间序列.

　　自相关图的横轴表示自相关系数，纵轴表示延迟时期数，用水平方向的垂线表示自相关系数大小. 从自相关图（略）中也可发现，自相关函数衰减速度缓慢，表现出明显的非平稳特征，因此可断定原始序列是非平稳时间序列.

　　由时序图可知，时间序列存在离群点（异常点），即远离序列一般水平的极端大值和小值，故我们需要对时间序列进行异常点诊断. 我们可以将序列值与平滑值进行比较，检验其是否显著地大或小，这种方法通常假定正常值是平滑的，异常点是突变的. 用 $\overline{X_t}^2$ 表示先对序列平滑，再平方得到的数值，$\overline{X_t^2}$ 表示先对序列取平方，再做平滑得到的数值. 令 $S_t^2 = \overline{X_t^2} - \overline{X_t}^2$ 表示方差，如果 $|X_{t+1} - \overline{X_t}| < kS_t$，则认为 X_{t+1} 正常，反之则认为是异常点，其中 k 是常数，一般取值为 3～9 的正整数，开始时，不妨取 $k = 6$.

　　移动平均法的基本思想是对于一个时间序列 $\{X_t\}$，假定在一个比较短的时间间隔里，序列的取值是比较稳定的，它们之间的差异主要是由随机波动造成的. 根据这种假定，我们可以用一定的时间间隔内的平均值作为某一期的估计值. 我们采用 4 期移动平均作为平均值，即 $\tilde{x}_t = \dfrac{1}{4}(x_t + x_{t-1} + \cdots + x_{t-3})$.

如果 X_{t+1} 是异常点，则用 $\hat{X}_{t+1} = 2X_t - X_{t-1}$ 来代替，这实际上线性外推. 这种方法要事先规定连续外推次数，否则因为连续检测到离群点，而无休止外推，最终的外推结果可能会偏差很远，以致会排除原来正常的数据点，我们采用一次外推.

异常点诊断的 MATLAB 程序如下：

```
y1=[数据];
subplot(121);
plot(y1);   %画出时序图
%异常值检验
N=length(y1);
y=zeros(N,1);
z1=zeros(N,1);
z2=zeros(N,1);
z3=zeros(N,1);
s=zeros(N,1);
b=zeros(N,1);
z2=y1.*y1;
for i=1:N
    if i<4
      y(i)=y1(i);
      z3(i)=z2(i);
      s(i)=(z3(i)-y(i)^2)^0.5;
    else y(i)=0.25*(y1(i)+y1(i-1)+y1(i-2)+y1(i-3));   %序列平滑值
          z3(i)=0.25*(z2(i)+z2(i-1)+z2(i-2)+z2(i-3));   %序列平方平滑值
          s(i)=(z3(i)-y(i)^2)^0.5;   %标准差
    end
end
y; %时间序列观测值移动平均平滑
for i=1:N-1
    b(i+1)=y1(i+1)-y(i);
end
for i=4:N-1
    if b(i+1)>5*s(i)|b(i+1)<-5*s(i)
      y1(i+1)   %异常点
      i+1   %异常点位置
```

```
                2*y1(i)-y1(i-1)    %异常点的修正值
                y(i+1)    %异常点的平滑修正值
        end
    end
```

当 $k=6$ 时，$x_{31}=103.36$ 为异常点；当 $k=5$ 时，$x_{20}=37.4$ 及 $x_{31}=103.36$ 都为异常点. 综合时间序列和实际情况，我们采用 $k=5$，两个异常点修正为 $\hat{x}_{20}=92.73$，$\hat{x}_{31}=87.25$.

由于天水市日照充足，气温变化小，因此在各种气象因子中，降水是粮食产量波动的主要因素. 根据夏秋粮生长季节的降水因子普查分析可知，降水量变化最大的月份为 4、5 月，其次为 9、8、6、10 月. 特别是 1994—1999 年连续 6 年的严重旱灾，造成了天水市粮食产量的大幅下降. $x_{20}=37.4$ 为 1997 年天水市粮食产量，当年天水发生了严重的自然灾害，导致了粮食产量大幅减少. 天水继 2007 年粮食产量创历史最好水平的基础上，2008 年粮食生产再夺丰收，首次突破百万吨，达到 103.36 万吨，即离群值 $x_{31}=103.36$，此离群点产生主要原因有：

（1）2007 年，天水市共推广全膜双垄沟播面积 44.14 万亩，全膜玉米平均亩产 672.6 千克，较半膜玉米亩增产 130.9 千克，增产 24.2%，最高亩产达 800 多千克，增收效果明显.

（2）2007 年，天水市积极实施种子、植保、沃土、地膜增粮"四大工程"和"围绕粮食高产创建活动，积极实施科技增粮行动计划"，全面落实支农惠农强农政策和各项增产措施. 2008 年全市落实粮食直补资金 2129 万元，农资综合直补资金 13993 万元，良种补贴资金 1053 万元，农机具购置补贴 760 万元. 粮食生产的科技含量和生产能力进一步提高，这也导致 2009—2010 年粮食的大丰收.

综上所述，可对离群点 $x_{20}=37.4$，$x_{31}=103.36$ 进行修正. 其实，对 $x_{31}=103.36$ 也可以不修正，因为 x_{31} 是由于采用新的耕作方式而导致粮食大幅增产，且新的耕作方式在其后继续采用，而 x_{20} 主要是发生了严重的自然灾害，只对当年有影响，对以后年份的影响可忽略不计. 当然，如果修正可以使得数据更平滑，则修正可以适当降低外界环境变化的幅度，进行可能提高模拟效果. 可见，我们要对离群点进行具体分析，不是所有离群点都一定需要进行修正，进一步而言，也不是所有离群点的修正都可提高拟合效果.

由模拟结果显示，本例中对 x_{31} 修正与不修正的模拟结果基本无区别. 下面我们以两个异常点都修正的数据为例，建立时间序列模型.

3）对修正后序列进行差分

因为原序列呈现出近似的线性趋势，所以选择 1 阶差分. 1 阶差分后序列的时序图如图 8.3.2 所示.

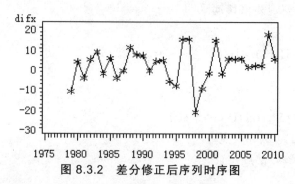

图 8.3.2   差分修正后序列时序图

时间序列建模的 SAS 程序如下：

```
goptions vsize=6cm hsize=8cm;
data example121xz;
input x@@;
difx=dif(x);
year=intnx('year','1jan1978'd,_n_-1);
format year year4.;
cards;
53.05 41.66 44.94 40.05 44.58 52.7 49.99 55.1 50.12 48.91 59.36 66.2
72.58 71.32 74.88 78.94 72.34 63.63 78.18 92.73 70.82 60.85 58.42 72.5
69.74 74.55 79.17 83.94 84.65 85.95 87.25 104.46 109.1
;
proc gplot;
plot x*year difx*year;
symbol v=star c=black i=join;
proc arima data=example121xz;
identify var=x(1) nlag=24;
estimate q=(2 11);
forecast lead=3 id=year out=out;
proc gplot data=out;
plot x*year=1 forecast*year=2 l95*year=3 u95*year=3/overlay;
symbol1 c=black i=none v=star;
symbol2 c=red i=join v=none;
symbol3 c=green I=join v=none;
run;
```

时序图显示出差分后序列在均值附近比较稳定的波动，初步判定平稳. 为进一步判定平稳性，我们考察差分后自相关图，如图 8.3.3 所示. 可见自相关系数快速落到 2 倍标准差之内，故可认为平稳.

```
                              Autocorrelations
Lag    Covariance    Correlation    -1 9 8 7 6 5 4 3 2 1 0 1 2 3 4 5 6 7 8 9 1
 0     67.584969      1.00000       |                    |********************|
 1      0.092850      0.00137       |                .   |        .           |
 2    -22.084686     -.32677        |              ******|        .           |
 3    -10.086192     -.14924        |                .  ***       .           |
 4     13.905581      0.20575       |                .   |****     .           |
 5      5.827770      0.08623       |                .   |**       .           |
 6    -11.328198     -.16761        |                .  ***       .           |
 7      2.142032      0.03169       |                .   |*        .           |
 8     16.016149      0.23698       |                .   |*****    .           |
 9     -6.940884     -.10270        |                .  **        .           |
10    -22.571133     -.33397        |              . ******|       .          |
11    -16.142707     -.23885        |              .  *****|       .          |
12      8.206906      0.12143       |                .   |**       .           |
              "." marks two standard errors
```

图 8.3.3 差分后自相关图

对于平稳序列，我们有一套非常成熟的建模方法，但不是所有的平稳序列都值得建模，只有序列值之间具有密切的相关关系，历史数据对未来发展具有一定影响的序列，才值得挖掘历史数据中的有效信息，并用来预测未来的发展。如果序列之间没有任何相关性，即时间序列具有无记忆性，这种序列称为白噪声序列，没有任何分析价值。为了确定平稳序列是否有分析价值，我们还要进行纯随机性检验（见图 8.3.4）。

```
              Autocorrelation Check for White Noise
To    Chi-           Pr >
Lag   Square  DF   ChiSq    ------------------------Autocorrelations------
6     7.83    6    0.2510   0.001   -0.327  -0.149   0.206   0.086  -0.168
12    20.19   12   0.0636   0.032    0.237  -0.103  -0.334  -0.239   0.121
18    23.18   18   0.1836   0.175    0.027  -0.111   0.028  -0.044  -0.052
```

图 8.3.4　白噪声检验

在显著水平为 0.05 下，我们不能拒绝差分序列是白噪声，但在显著水平 0.1 下，差分序列为非白噪声，还存在分析价值，故我们采用显著水平 0.1，认为差分序列非白噪声。

实际数据往往没有理论完美，故我们不能对实际数据要求太苛刻。虽然 0.0636 > 0.05，但处于拒绝的边界，如果显著水平为 0.1，则可拒绝原假设，针对这种情况，我们一般采用显著水平为 0.1。

4）对差分序列建立 ARIMA 模型

```
                     Partial Autocorrelations
Lag    Correlation   -1 9 8 7 6 5 4 3 2 1 0 1 2 3 4 5 6 7 8 9 1
1      0.00137       |                    .     |         .          |
2      -0.32677      |               ******     |         .          |
3      -0.16591      |               .     ***  |         .          |
4      0.10531       |               .          |**       .          |
5      -0.00318      |               .          |         .          |
6      -0.10958      |               .       ** |         .          |
7      0.11275       |               .          |**       .          |
8      0.18699       |               .          |****     .          |
9      -0.12993      |               .      *** |         .          |
10     -0.22088      |               .     **** |         .          |
11     -0.32876      |               *******    |         .          |
12     -0.23324      |               .    ***** |         .          |
                     "." marks two standard errors
```

图 8.3.5　差分后偏自相关图

由自相关图和偏自相关图（见图 8.3.5）可知，我们可尝试建立疏系数模型 MA(2,11)。考虑前面的差分运算，我们实际上对原序列拟合疏系数模型 ARIMA(0,1,(2,11))，模拟结果如图 8.3.6 所示。

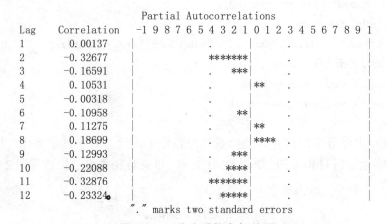

```
               Conditional Least Squares Estimation
                              Standard                Approx
Parameter    Estimate          Error     t Value     Pr > |t|     Lag
MU           1.22789          0.46970      2.61        0.0140       0
MA1,1        0.43736          0.17999      2.43        0.0215       2
MA1,2        0.56263          0.20714      2.72        0.0110       11
AIC          222.9122                       SBC        227.3094
```

图 8.3.6　条件最小二乘估计

由图 8.3.6 可知，拟合模型为

$$\nabla x_t = 1.22789 + \varepsilon_t - 0.43736\varepsilon_{t-2} - 0.56263\varepsilon_{t-11},$$

且系数都通过了显著性检验．理论上已证明：SBC 准则是最优模型真实阶数的相合估计．在所有通过检验的模型中使得两准则最小的模型为相对最优模型，本模型的 AIC = 222.9122，SBC = 227.3094．其实，判断构建模型是否有限的主要标准就是残差序列是否为白噪声，如果残差序列是白噪声，则构建模型有效，反之则否．

```
                   Autocorrelation Check of Residuals
      To    Chi-        Pr >
      Lag   Square  DF  ChiSq -------------------Autocorrelations----------
      6     1.96    4   0.7431  -0.173  -0.020  -0.094   0.120   0.002  -0.018
      12    12.68   10  0.2420  -0.056   0.246  -0.321  -0.243  -0.025   0.008
      18    15.60   16  0.4810   0.085   0.070  -0.134   0.105  -0.065  -0.011
```

图 8.3.7　残差白噪声检验

由图 8.3.7 可知，残差序列为白噪声序列，表明拟合的残差项中不再显著蕴含与样本有关的信息，即模型构建合理．

当模型的参数确定后，可以利用有限记忆预测（Finite Memory Forecasts）和无限记忆预测（Infinite Memory Forecasts）方法，计算第 $t+1$ 期后的点预测值．同时，为了将不确定因素体现在预测中，一般计算预测值的置信度为 95% 的置信区间，预测结果如图 8.3.8 所示．天水市 2011 年粮食产量预测值为 111.0893，真实值为 111.18，预测效果非常好．从整体看，预测值的相对误差控制在 5% 的范围内，预测结果较理想，拟合效果如图 8.3.9 所示．

```
Obs        Forecast       Std Error      95% Confidence Limits
34         111.0893       7.5348         96.3213        125.8572
35         105.7098       10.6558        84.8248        126.5949
36         110.9362       11.4682        88.4590        133.4134
```

图 8.3.8　三期预测值

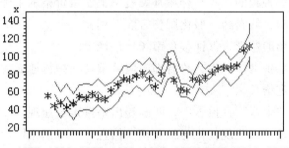

图 8.3.9　拟合效果图

对实际问题进行预测，由于每种方法都具有一定的缺点，故尽量采用多种预测方法进行相互佐证，并且根据具体变化做出相应的修正．如果今年天水大旱或大涝，则用时间序列进行预测就不合适了，因为时间序列预测的前提是外界环境基本不变，这时候，专家预测法也许是更好的选择，因为专家预测法更灵活，更能适应多变的环境．

8.3.3　模型结果分析与建议

利用时间序列模型预测天水市 2011—2013 的粮食产量的结果显示，未来几年天水市粮食生产基本呈现高产波动状态，这主要是因为：天水市农业科技含量在日渐提高，因此在正常情况下，粮食产量也日渐增高. 由于天水田地基本上无水浇地，差不多都是看天吃饭，故降水情况对天水粮食产量的影响非常大，而天水降雨多变，故粮食产量波动也大. 天水市向来重视粮食安全，对粮食生产实行了一系列的支持政策，尤其是近年来的良种补贴，农民直补，农机具购置补贴，农资综合补贴等政策措施，大大增加了天水市粮食增产的可能性. 并且天水市各级农业部门紧紧围绕"强基础，调结构，兴产业，抓改革，促增收"的总体要求，以农业增效，农民增收，农村发展为目标，以发展现代农业为首要任务，有效应对自然灾害，农业工作取得显著成绩. 同时在我国目前存在明显通胀预期的情况下，实现粮食稳定增产至关重要. 为保障未来天水市粮食的有效供应及如何在较高基数的基础上，实现粮食继续增长，提出以下建议：

（1）20 世纪 90 年代以来，天水市温度明显上升而降水明显不够. 以暖干为主要特征的气候变化缩短了作物生长的时间，也降低了作物抗寒、抗旱的能力，加重了其他农业气象灾害和病虫害对作物的危害. 冰雹、霜冻、暴雨、大风为主的极端天气事件虽然减少，但是局部强度大，危害加重. 综上所述，我们应加强对农业基础设施的投入，加快退耕还林草和中低产田的改造步伐，有效治理水土流失，经济相对较为发达的区域要大力推广渠道防渗、管道输水、喷灌、滴灌等技术，发展高效和生态农业. 大力推广科技种田，利用科学技术，提高农业生产抵御自然灾害的能力，改变农业靠天吃饭的局面.

（2）强化各种措施，继续实施政策引导，加大惠农政策扶持力度，保证惠农政策的落实，强化粮食生产激励机制，建立粮食补贴的长效机制，确保种粮补贴发到农民手中，提升种粮的积极性.

（3）加大对农资市场的监管力度，农资价格直接牵扯到种粮成本，农资价格近年来水涨船高，直接影响到农民种粮的成本，种粮补贴赶不上农资价格的上涨，政府部门应该加强管理，稳定农资市场，防止假农药、假化肥伤害农民利益.

（4）加强粮食市场的监管，保证粮食市场价格稳定.

（5）粮食问题关系到国计民生，政府部门应该重视保护耕地面积，确保粮食播种面积，才能保证粮食产量稳定增长.

在中国共产党的"十八"大报告中，明确提出坚持走农业现代化道路，这是对农业现代化的最新定位，它明确了农业现代化与工业化、信息化、城镇化同等重要，具有不可替代的战略地位，也表明了四个现代化相互依存，互相促进，不可分割.

习题 8

1. 据观察，个子高的人一般腿都长，今从 16 名成年女子测得数据如表 8.1 所示，希望从中得到身高 x 与下体长 y 之间的回归关系.

表 8.1   身高 x 与下体长 y 观测数据   单位：cm

x	143	145	146	147	149	150	153	154
y	88	85	88	91	92	93	93	95
x	155	156	157	158	159	160	162	164
y	96	98	97	96	98	99	100	102

2. 全国人均消费金额记作 y（元），人均国民收入记为 x（元），数据如表 8.2 所示．试建立一元线性回归模型和时间序列模型，并进行相应分析．

表 8.2

年份	人均收入	人均消费	年份	人均收入	人均消费
1980	460	234.75	1990	1634	797.08
1981	489	259.26	1991	1879	890.66
1982	525	280.58	1992	2287	1063.39
1983	580	305.97	1993	2939	1323.22
1984	692	347.15	1994	3923	1736.32
1985	853	433.53	1995	4854	2224.59
1986	956	481.36	1996	5576	2627.06
1987	1104	545.40	1997	6053	2819.36
1988	1355	687.51	1998	6392	2958.18
1989	1512	756.27			

3. 用表 8.3 数据建立 GDP 与 x1, x2 的回归（GDP = x1+x2+x3），对得到的二元回归方程 $\hat{y} = 2914.6+0.607x1+1.709x2$，你能够合理地解释两个回归系数吗？

表 8.3

年份	GDP	第一产业增加值 x1	第二产业增加值 x2	第三产业增加值 x3
1990	18547.9	5017.0	7717.4	5813.5
1991	21617.8	5288.6	9102.2	7227.0
1992	26638.1	5800.0	11699.5	9138.6
1993	34634.4	6882.1	16428.5	11323.8
1994	46759.4	9457.2	22372.2	14930.0
1995	58478.1	11993.0	28537.9	17947.2
1996	67884.6	13844.2	33612.9	20427.5
1997	74462.6	14211.2	37222.7	23028.7
1998	78345.2	14552.4	38619.3	25173.5
1999	82067.5	14472.0	40557.8	27037.7
2000	89468.1	14628.2	44935.3	29904.6
2001	97314.8	15411.8	48750.0	33153.0
2002	105172.3	16117.3	52980.2	36074.8
2003	117390.2	16928.1	61274.1	39188.0
2004	136875.9	20768.1	72387.2	43720.6

9   多元统计模型

在各个领域的科学研究中，往往需要对反映事物的多个指标（指标在数学上通常称为变量）进行观测，收集数据，以便进行分析、寻找规律. 例如，要衡量一个地区的经济发展，需要观测的指标有：总产值、利润、效益、劳动生产率、物价、信贷、税收等. 多变量无疑会为科学研究提供丰富的信息，但考虑多变量问题时，由于众变量之间往往存在一定的相关性，使得观测数据所反映的信息存在重叠现象，增加了问题分析的复杂性，同时给分析带来不便. 如果分别分析指标，分析又可能是孤立的，而不是综合的，盲目减少指标会损失很多信息，甚至容易产生错误的结论.

如何同时对多个变量的观测数据进行有效的分析和研究？通常可采用多元统计分析方法来解决，通过对多个随机变量观测数据的分析，来研究变量之间的相互关系以及解释这些变量内在的变化规律. 常用的多元统计分析方法有回归分析、判别分析、聚类分析、主成分分析、因子分析、对应分析、典型相关分析等. 这里只介绍最常用的聚类分析、主成分分析、因子分析三种方法，其中聚类分析是对所考查的对象(样品或变量）按相似程度进行分类，主成分分析和因子分析则是设法用较少的综合指标分别综合存在于各变量中的各类信息，使相互依赖的变量变成互不相关的；或把高维空间的数据投影到低维空间，使问题得到简化（降维）而损失的信息又不太多.

9.1   聚类分析

聚类分析是实用多元统计分析的一个新分支，它能够解决许多实际问题，特别是和判别分析、主成分分析、回归分析等方法结合起来使用往往效果更好. 聚类分析的方法很多，有系统聚类法、动态聚类法（又称 K-均值聚类法）、有序样品聚类法、模糊聚类法、图论聚类法、聚类预报法等.

本节首先讲解聚类分析的基本理论，最后以实例介绍系统聚类法，并给出了软件实现.

9.1.1   聚类分析的基本理论

聚类分析的基本思想是找出一些能够度量所考查对象（样品或变量）之间相似程度的统计量，以这些统计量为划分类型的依据，使相似程度较大的对象归为一类，差异较大的归为不同的类.

为了对样品（或变量）进行分类，就必须找到度量样品（或变量）相似程度的统计量. 常用的统计量有两种：一种是相似系数，性质越接近的变量或样品，它们的相似系数的绝对值越接近 1，关系越疏远的变量或样品，它们的相似系数的绝对值越接近 0，把比较相似的归为一类，不相似的归为不同类. 另一种是距离，它是将每一个变量或样品看作 m 维空间的一个点，并用某种度量测量点与点之间的距离，距离较近的归为一类，距离较远的点应属于不同的类.

值得注意的是：在聚类分析时，要考虑所涉及的变量类型（定量变量和定性变量），不同类型的变量在相似程度的度量上存在很大差异．在实际问题中，遇到更多的是定量数据，所以本节只研究定量数据的聚类问题，对于定性数据聚类可参见相关文献．

设有 n 个样品，每个样品测得 p 项指标（变量），原始资料阵为

$$X = \begin{pmatrix} x_{11} & x_{12} & \cdots & x_{1p} \\ x_{21} & x_{22} & \cdots & x_{2p} \\ \vdots & \vdots & & \vdots \\ x_{n1} & x_{n2} & \cdots & x_{np} \end{pmatrix},$$

其中 x_{ij} $(i = 1, 2, \cdots, n; j = 1, 2, \cdots, p)$ 为第 i 个样品的第 j 个指标的观测数据，第 i 行描述了第 i 个样品的信息，第 j 列描述了第 j 个变量的信息，所以两个样品之间的相似性用两行的相似程度来刻画，两个变量之间的相似性用两列的相似程度来刻画．

距离和相似系数都可以度量样品或变量之间的相似程度．在实际问题中，常用距离来测度样品之间的相似程度，用相似系数来度量变量之间的相似程度，下面给出样品间距离和变量间的相似系数的定义．

1）样品间的距离

样品间常用的距离有闵科夫斯基（Minkowski）距离、兰氏距离、马氏距离、斜交空间距离等．这里仅介绍闵科夫斯基（Minkowski）距离．

称

$$d_{ij}(q) = \left(\sum_{t=1}^{m} | x_{it} - x_{jt} | \right)^{1/q}, i, j = 1, 2, \cdots, n$$

为闵科夫斯基(Minkowski)距离．

当 $q = 1$ 时，称它为绝对值距离；当 $q = 2$ 称它为欧氏距离；当 $q \to \infty$ 时，称

$$d_{ij}(\infty) = \max_{1 \leq t \leq m}(| x_{it} - x_{jt} |)$$

为切比雪夫距离．其中，欧氏距离是聚类分析中使用最广泛的距离．

2）变量间的相似系数

（1）夹角余弦：

$$C_{ij}(1) = \cos \alpha_{ij} = \frac{\sum_{t=1}^{n} x_{ti} x_{tj}}{\sqrt{\sum_{t=1}^{n} x_{ti}^2} \sqrt{\sum_{t=1}^{n} x_{tj}^2}}, i, j = 1, \cdots, m,$$

其中 α_{ij} 为向量 X_i, X_j 的夹角．

（2）相关系数：相关系数就是对数据做标准化处理后的夹角余弦，向量 X_i, X_j 的相关系数一般记为 r_{ij}，这里记为 $C_{ij}(2)$．

$$C_{ij}(2) = \frac{\sum_{t=1}^{n}(x_{ti} - \overline{x}_i)(x_{tj} - \overline{x}_j)}{\sqrt{\sum_{t=1}^{n}(x_{ti} - \overline{x}_i)^2}\sqrt{\sum_{t=1}^{n}(x_{tj} - \overline{x}_j)^2}}, i, j = 1, \cdots, m.$$

变量相似性的定义与样品相似性的定义类似，只是样品之间的相似性按行定义，而变量之间按列定义，所以我们用同样的方法也可以给出样品间的相似系数定义及变量间的距离定义.

聚类分析根据分类对象的不同可分为 R 型和 Q 型两种. R 型聚类分析是对变量（指标）进行分类，Q 型聚类分析是对样品进行分类. 例如，假设已得到 1996 年全国 30 个省市自治区经济发展基本情况的八项指标数据. 若对 30 个省市自治区（样品）进行分类，则需进行 Q 型聚类分析；若对八项指标按其相似程度分类，则需进行 R 型聚类分析.

9.1.2　Q 型聚类分析

Q 型聚类分析是对样品进行分类处理. 把性质相近的样品分为一类，性质差异较大的观测分为不同的类，主要目的是对样品进行分类，分类的结果是直观的. 由于使用不同的分类方法通常会得到不同的分类结果，所以对任何观测数据都没有唯一"正确的"的分类方法.

实际应用中，常采用不同的分类方法，对数据进行分析计算，以便对分类提供意见，并由实际工作者决定所需要的分类数及分类情况.

由于我们所考察的数据，一般具有不同的量纲、不同的数量级、不同的取值范围，因此为了能使数据放在一起比较，通常要对数据进行变换处理. 常用的变换有：中心化变换、标准化变换、极差标准化变换、对数变换等.

下面介绍用系统聚类法对样品进行聚类分析.

（1）系统聚类法的基本思想和基本步骤.

设有 n 个样品，每个样品测得 m 个指标. 系统聚类方法的基本思想是：首先定义样品间的距离（或相似系数）与类和类之间的距离. 初始将 n 个样品各自看成一类，然后选择距离最近(或最相似)的一对合并成一个新类，再将距离最近的两类合并成一个新的类. 每一步减少一个类，直至所有样品都成为一个类为止.

这个并类过程可以用谱系图形象地表达出来，基本步骤如下：

① 数据变换：目的是为了便于比较和计算，或改变数据的结构.

② 计算 n 个样品两两间的距离，得样品间的距离矩阵 $D^{(0)}$.

③ 初始（第一步：$i=1$）n 个样品各自看成一类，类的个数 $k=n$，第 t 类 $G_t = \{X_{(t)}\}$，$t = 1, \cdots, n$，此时类间的距离就是样品之间的距离，即 $D^{(1)} = D^{(0)}$，然后对步骤 $i = 2, \cdots, n$ 执行并类过程的步骤④和⑤.

④ 对步骤 i 得到的距离矩阵 $D^{(i-1)}$，合并类间距离最小的两类为新的一类，此时类的总数 $k = n - i + 1$.

⑤ 计算新类与其他类的距离，得到新的距离矩阵 $D^{(i)}$. 若合并后的类的总个数 k 仍大于 1，重复步骤④、⑤；直到类的总个数为 1 时，转到步骤⑥.

⑥ 画谱系聚类图.

⑦　决定分类的个数和各类的成员.

（2）**类间距离的定义**.

系统聚类法的聚类原则取决于样品间的距离（或相似系数）及类间的距离. 上面已经介绍了样品间的距离，常用的是欧氏距离、兰氏距离等，那么类与类之间的距离又如何定义呢?

用不同的分类方法，不同类间距离定义产生了不同系统聚类分析方法，如最短距离法、最长距离法、中间距离法、重心法、类平均法、可变类平均法、可变法及离差平方和法等，这些方法的聚类步骤完全一样，只是类间距离的定义不同. 下面给出其中 4 种类间距离的定义.

①　**最短距离法**：定义类 G_p 和 G_q 之间的距离为两类最近样品之间的距离，即

$$D_{pq} = \min_{i \in G_p, j \in G_q} d_{ij},$$

其中 $i \in G_p$ 表示 $X_{(i)} \in G_p$. 当某步骤类 G_p 和 G_q 合并为 G_r 后，即 $G_r = \{G_p, G_q\}$，按最短距离法计算新类 G_r 与其他类 G_k 的类间距离，其递推公式为

$$D_{rk} = \min_{i \in G_r, j \in G_k} d_{ij} = \min\{\min_{i \in G_p, j \in G_k} d_{ij}, \min_{i \in G_q, j \in G_k} d_{ij}\} = \min\{D_{pk}, D_{qk}\}, (k \neq p, q).$$

②　**类平均法**：定义两类之间的距离的平方为这两类元素两两之间距离的平方，即

$$D_{pq}^2 = \frac{1}{n_p n_q} \sum_{i \in G_p} \sum_{j \in G_q} d_{ij}^2.$$

当某步骤类 G_p 和 G_q 合并为 G_r 后，则任一类 G_k 与 G_r 的距离

$$D_{kr}^2 = \frac{1}{n_k n_r} \sum_{i \in G_k} \sum_{j \in G_r} d_{ij}^2 = \frac{n_p}{n_r} D_{kp}^2 + \frac{n_q}{n_r} D_{kq}^2.$$

③　**重心法**：为了体现每类包含的样品个数，重心法定义两类之间的距离就是两类重心之间的距离. 设 G_p 和 G_q 的重心（即该类样品的均值）分别为 $\bar{X}_p$ 和 $\bar{X}_q$，则 G_p 和 G_q 的距离

$$D_{pq} = d_{\bar{X}_p \bar{X}_q}.$$

④　**离差平方和法**（Ward **最小方差法**）：设将 n 样品分为 k 类：$G_1, \cdots, G_k$，用 $X_i^{(t)}$ 表示 G_t 中第 i 个样品，n_i 为 G_t 样品的个数，$\bar{X}^t$ 为 G_t 的重心，则 G_t 中样品的离差平方和

$$S_t = \sum_{i=1}^{n} (X_i^{(t)} - \bar{X}^{(t)})'(X_i^{(t)} - \bar{X}^{(t)}),$$

k 个类的类间离差平方和为

$$S = \sum_{t=1}^{k} S_t.$$

基本思想是使同类样品的离差平方和尽量小，类与类的离差平方和尽量大. 具体方法是先将 n 个样品各自成一类，然后每减少一类，离差平方和就增大，选择使 S 增加最小的两类合并，直到所有样品归为一类为止.

（3）**类个数的确定**.

如果能够分成若干个很分开的类，则类的个数就比较容易确定；反之，如果无论怎样分都很难分成明显分开的若干类，则类个数的确定就比较困难了. 确定类个数的常用方法有：

① 给定一个阈值 T.

② 观测样品的散点图.

③ 使用统计量，如 R^2 统计量、半偏 R^2 统计量、伪 F 统计量和伪 t^2 统计量.

综上所述，对样品聚类分析时主要考虑以下四个问题：

① 采用哪种聚类方法.

② 样品间按什么刻画相似程度.

③ 类与类之间按什么刻画相似程度.

④ 确定分类个数.

例 9.1.1　对 1996 年《中国统计年鉴》中"全国 30 个省市自治区经济发展基本情况的八项指标"的原始数据进行 Q 型聚类分析（对样品分类）（见表 9.1.1）.

表 9.1.1　全国 30 个省市自治区经济发展基本情况的八项指标

省市自治区	x_1	x_2	x_3	x_4	x_5	x_6	x_7	x_8
北京	1394.89	2505	519.01	8144	373.9	117.3	112.6	843.43
天津	920.11	2720	345.46	6501	342.8	115.2	110.6	582.51
河北	2849.52	1258	704.87	4839	2033.3	115.2	115.8	1234.85
山西	1092.48	1250	290.9	4721	717.3	116.9	115.6	697.25
内蒙古	832.88	1387	250.23	4134	781.7	117.5	116.8	419.39
辽宁	2793.37	2397	387.99	4911	1371.1	116.1	114	1840.55
吉林	1129.2	1872	320.45	4430	497.4	115.2	114.2	762.47
黑龙江	2014.53	2334	435.73	4145	824.8	116.1	114.3	1240.37
上海	2462.57	5343	996.48	9279	207.4	118.7	113	1642.95
江苏	5155.25	1926	1434.95	5943	1025.5	115.8	114.3	2026.64
浙江	3524.79	2249	1006.39	6619	754.4	116.6	113.5	916.59
安徽	2003.58	1254	474	4609	908.3	114.8	112.7	824.14
福建	2160.52	2320	553.97	5857	609.3	115.2	114.4	433.67
江西	1205.11	1182	282.84	4211	411.7	116.9	115.9	571.84
山东	5002.34	1527	1229.55	5145	1196.6	117.6	114.2	2207.69
河南	3002.74	1034	670.35	4344	1574.4	116.5	114.9	1367.92
湖北	2391.42	1527	571.68	4685	849	120	116.6	1220.72
湖南	2195.7	1408	422.61	4797	1011.8	119	115.5	843.83
广东	5381.72	2699	1639.83	8250	656.5	114	111.6	1396.35
广西	1606.15	1314	382.59	5105	556	118.4	116.4	554.97

续表 9.1.1

省市自治区	x_1	x_2	x_3	x_4	x_5	x_6	x_7	x_8
海南	364.17	1814	198.35	5340	232.1	113.5	111.3	64.33
四川	3534	1261	822.54	4645	902.3	118.5	117	1431.81
贵州	630.07	942	150.84	4475	301.1	121.4	117.2	324.72
云南	1206.68	1261	334	5149	310.4	121.3	118.1	716.65
西藏	55.98	1110	17.87	7382	4.2	117.3	114.9	5.57
陕西	1000.03	1208	300.27	4396	500.9	119	117	600.98
甘肃	553.35	1007	114.81	5493	507	119.8	116.5	468.79
青海	165.31	1445	47.76	5753	61.6	118	116.3	105.8
宁夏	169.75	1355	61.98	5079	121.8	117.1	115.3	114.4
新疆	834.57	1469	376.95	5348	339	119.7	116.7	428.76

其中 GDP x_1、居民消费水平 x_2、固定资产投资 x_3、职工平均工资 x_4、货物周转量 x_5、居民消费价格指数 x_6、商品零售价格指数 x_7、工业总产值 x_8.

（1）利用 SAS 软件进行 Q 型聚类分析.

样品间距离采用欧式距离，类间距离采用离差平方和法，用系统聚类法聚类分析，下面给出 SAS 程序及输出结果.

```
data D911;
input group $ x1-x8;
cards;
北京    1394.89   2505    519.01    8144    373.9   117.3   112.6   843.43
天津    920.11    2720    345.46    6501    342.8   115.2   110.6   582.51
……
新疆    834.57    1469    376.95    5348    339.0   119.7   116.7   428.76
;
goptions vsize=13cm hsize=16cm;
proc cluster data=D911 method=ward std pseudo ccc outtree=B911;
var x1-x8;
id group;
proc tree data=B911 horizontal graphics n=3 out=C911;
copy x1-x8;
run;
proc sort data=C911;
by cluster;
proc means data=C911;
by cluster;
var x1-x8;
```

```
proc print data=C911;
run;
```

SAS 输出的谱系聚类图如图 9.1.1 所示.

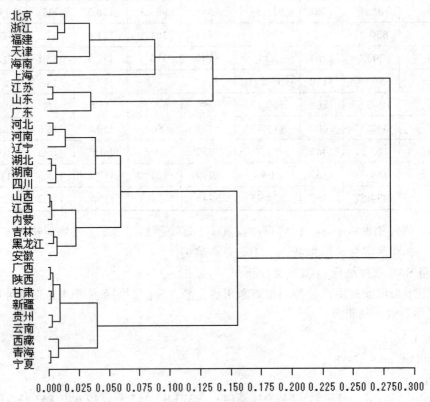

图 9.1.1　谱系聚类图

具体分类结果及每一类各项指标的平均值如表 9.1.2 所示.

表 9.1.2　分类结果及各项指标平均值

类别	第一类	第二类	第三类
该类所包含的地区	江苏，山东，广东，天津，海南，浙江，福建，北京，上海	山西，江西，内蒙古，湖北，湖南，河北，河南，吉林，黑龙江，四川，安徽，辽宁	广西，陕西，青海，宁夏，甘肃，新疆，贵州，云南，西藏
x_1 均值	2929.60	2087.04	691.3211111
x_2 均值	2567.00	1513.67	1234.56
x_3 均值	880.4433333	469.5158333	198.5633333
x_4 均值	6786.44	4539.25	5353.33
x_5 均值	599.8333333	990.2583333	300.2222222
x_6 均值	115.9888889	116.8916667	119.1111111
x_7 均值	112.8333333	115.275000	116.4888889
x_8 均值	1123.80	1037.93	368.9600000

显然，第一类属于经济发达地区，主要集中在沿海一带，第二类属于经济中等发达地区，主要集中在中东部，第三类属于经济相对落后地区，主要集中在西部.

（2）利用 SPSS 软件进行 Q 型聚类分析.

① 启动 SPSS17.0，选择分析（Analyze）|分类（Classify）|系统聚类（Hierarchical Cluste）命令，将左侧列表框中[group]移入"标注个案（Label Case by）"，将[x1～x8]移入"变量（Variable[s]）"列表框中，在"分群"设置中选中"个案".

② 单击右侧的"绘制（Plots）"按钮，在打开的对话框中，选中"树状图（Dendrogram）"复选框，并把"方向"设置为"水平"，即绘制水平谱系图.

③ 单击"方法（Method）"按钮，在打开的对话框中，设置"聚类方法"为 Ward 法，设置"度量标准"为 Euclidean 距离（即欧式距离），设置"标准化"为"标准差为 1"（见图 9.1.2）.

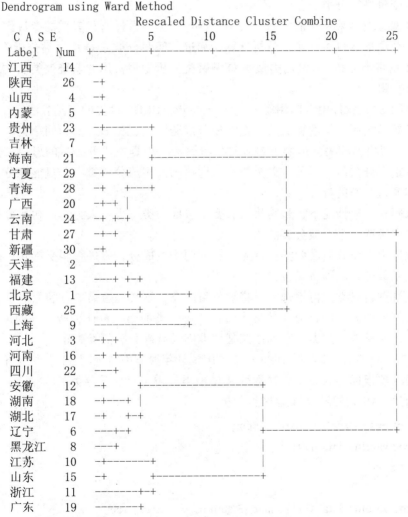

图 9.1.2 SPSS 输出的离差平方和距离谱系图

样品间距离仍采用欧式距离，类间距离用离差平方和法，用系统聚类法进行聚类分析，SPSS 软件与 SAS 软件输出结果相同.

9.1.3　R 型聚类分析

在实际工作中，变量聚类的应用也十分重要．在系统分析或评估过程中，为了避免某些重要因素的遗漏，人们往往在一开始选取指标时，尽可能多地考虑所有的相关因素，而这样做的结果，则是变量过多，变量相关度高，给系统分析与建模带来很大的不便．因此，人们常常希望能研究变量间的相似关系，按照变量的相似关系把它们聚合为若干类，从而观察和解释影响系统的主要原因．

R 型聚类分析是对变量(指标)进行分类处理，用于变量数据比较多且相关性比较强的情形，目的是将性质相近的变量聚为一类，并从中找出代表变量，从而减少变量的个数，以达到降维的效果．R 型聚类分析可以解决以下问题：

（1）了解变量间及变量组合间的亲疏关系．

（2）对变量进行分类．

（3）根据分类结果及它们之间的关系，在每一类中选择有代表性的变量作为典型变量，利用少数几个典型变量进一步作分析计算，如进行回归分析或 Q 型聚类分析等．

对于 R 型聚类分析，可使用类似于 Q 型聚类分析中最常用的系统聚类法的思路和基本步骤对变量进行聚类．

下面介绍 SAS 软件中专门用于变量聚类的 VARCLUS 过程的聚类方法：

基本思想：按照变量的相关关系把它们分成若干类，相似的归为同一类，不相似的归为不同的类．一般根据相关阵或协方差阵对变量聚类，根据主成分分析的思想，使每一类的第一主成分或重心分量所解释的方差为最大，即使第一主成分或重心分量能充分代表这一类，能很好地体现这一类的特征．

基本步骤：一般情况下，最初将所有变量看成一类（也可人为给出初始分类）．

（1）首先挑选一个将被分裂的类．

（2）把选中的类分裂成两类：首先计算前两个主成分，再进行斜交旋转，按照变量与主成分的相似系数最大原则将变量归类．

（3）变量重新归类：再挑选一个将被分裂的类，该类是否需要分裂取决于第一主成分或重心分量所解释的方差的百分比的最小值，或每一类的第二特征根所允许的最大值．通过多次反复循环，变量重新归类，直到按照某种准则没有被分裂的类为止．

例 9.1.2　（例 9.1.1 续）对 1996 年《中国统计年鉴》中"全国 30 个省市自治区经济发展基本情况的八项指标"的原始数据进行 R 型聚类分析（对变量分类）．

（1）利用 SAS 软件进行 R 型聚类分析．

```
goptions vsize=8cm hsize=16cm;
proc varclus data=D911;
var x1-x8;
run;
proc varclus data=D911 maxc=3 summary outtree=tree;
var x1-x8;
run;
proc tree data=tree horizontal graphics;
```

title '用 VARCLUS 过程对变量（元素）的聚类结果';

run;

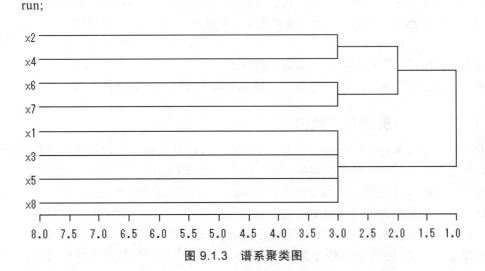

图 9.1.3　谱系聚类图

从输出结果可以看出，将八项指标分为三类比较合适.

第一类包括 x_1, x_3, x_5, x_8，这些是从 GDP、固定资产投资、货物周转量、工业总生产值四个方面反映经济发展状况的，主要是衡量经济总量的指标.

第二类包括 x_2, x_4，这些是从居民消费水平、职工平均工资两个方面反映经济发展状况的，主要是衡量消费水平的指标.

第三类包括 x_6, x_7，这些是从居民消费价格指数、商品零售价格指数两个方面反映经济发展状况的，主要是衡量价格的指标.

（2）**利用 SPSS 软件进行 R 型聚类分析**.

用 SPSS 软件操作时，"分群"中选择"变量"，其他做相应修改得到 8 个变量的谱系聚类图 9.1.4，分析结果同上.

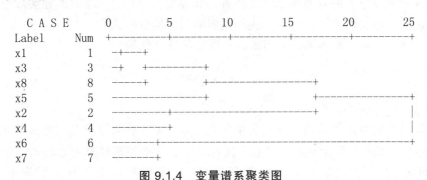

图 9.1.4　变量谱系聚类图

9.2　主成分分析

主成分分析（principal components analysis）也称**主分量分析**或**主轴分析**，是由霍特林于1933 年首先提出的. 主成分分析是利用降维的思想，在损失很少信息的前提下把多个指标转化为少数几个综合指标的多元统计分析方法. 通常把转化生成的综合指标称之为**主成分**, 其中每个主成分都是原始变量的线性组合, 且各个主成分之间互不相关, 这就使得主成分比原始变量在某些方面更具优越性. 这样在研究复杂问题时就可以只考虑少数几个主成分而不至于损失太多信息, 从而更容易抓住主要矛盾, 揭示变量之间的内在关系, 找出事物特征及其发展规律, 同时使问题得到简化, 提高分析效率.

本节主要介绍主成分分析的基本理论和方法及主成分分析的上机实现.

9.2.1　主成分分析的基本理论

在对某一事物进行实证研究中, 为了更全面、准确地反映出事物的特征及其发展规律, 人们往往要考虑与其有关的多个指标. 这样就产生了如下问题: 人们为了避免遗漏重要的信息而考虑尽可能多的指标, 但随着考虑指标的增多增加了问题的复杂性. 同时由于各指标均是对同一事物的反映, 不可避免地造成信息的大量重叠, 这种信息的重叠有时甚至会抹杀事物的真正特征与内在规律. 基于上述问题, 人们就希望在定量研究中涉及的变量较少, 而得到的信息量又较多. 主成分分析正是研究如何通过原来变量的少数几个线性组合来解释原变量绝大多数信息的一种多元统计分析方法.

一般来说, 利用主成分分析得到的主成分与原始变量之间有如下基本关系:

（1）每一个主成分都是各原始变量的线性组合;

（2）主成分的数目大大少于原始变量的数目;

（3）主成分保留了原始变量绝大多数信息;

（4）各主成分之间互不相关.

主成分分析的基本思想就是在保留原始变量尽可能多的信息的前提下达到降维的目的, 从而简化问题的复杂性并抓住问题的主要矛盾. 而这里对于随机变量而言, 其协方差矩阵或相关矩阵正是对各变量离散程度与变量之间的相关程度的信息反映, 而相关矩阵不过是将原始变量标准化后的协方差矩阵. 我们所说的保留原始变量尽可能多的信息, 也就是指使较少的综合变量（主成分）的方差和尽可能接近原始变量方差的总和. 因此在实际求解主成分的时候, 总是从原始变量的协方差矩阵或相关矩阵的结构分析入手.

设 $X=(X_1,\cdots,X_p)'$ 是 p 维随机向量, 考虑它的线性变换:

$$Z_i=a_i'X=a_{1i}X_1+a_{2i}X_2+\cdots+a_{pi}X_p, i=1,2,\cdots,p. \tag{9.2.1}$$

易见 $\mathrm{var}(Z_i)=a_i'\sum a_i$, $\mathrm{cov}(Z_i,Z_j)=a_i'\sum a_j, i,j=1,2,\cdots,p$.

假如我们希望用 Z_1 来代替原来的 p 个变量 $X_1,\cdots,X_p$, 这就要求 Z_1 尽可能多地反映原来 p 个变量的信息. 那么这里所说的"信息"用什么来表达呢? 最经典的方法就是用 Z_1 的方差来表达: $\mathrm{var}(Z_1)$ 越大, 表示 Z_1 包含的信息越多. 但我们对 a_1 必须有某种限制, 否则可使 $\mathrm{var}(Z_1)\to\infty$. 常用的限制是: $a_1'a_1=1$. 如果:

（1）$a_i'a_i=1, i=1,2,\cdots,p$;

（2）当 $i>1$ 时, $a_i'\sum a_j=0, j=1,2,\cdots,i-1$;

（3）$\mathrm{var}(Z_i)=\max\limits_{a'a=1,a'\sum a_j=0,j=1,\cdots,i-1}\mathrm{var}(a'X)$

则称 $Z_i=a_i'X$ 为 X 的第 i 主成分, $i=1,2,\cdots,p$.

从代数学观点看，主成分就是 p 个原始变量的一些特殊线性组合；而从几何上看，这些线性组合正是把由 $X_1,\cdots,X_p$ 构成的坐标系经旋转而产生的新坐标系，新坐标系使之通过样本变差最大的方向.

定理 9.2.1　设 $X=(X_1,\cdots,X_p)'$ 是 p 维随机向量，$D(X)=\Sigma=(\sigma_{ij})$，$\Sigma$ 的特征值 $\lambda_1 \geqslant \lambda_2 \geqslant \cdots \geqslant \lambda_p \geqslant 0, a_1,\cdots,a_p$ 为相应的单位正交特征向量，则 X 的第 i 主成分为

$$Z_i = a_i'X,\ i=1,2,\cdots,p.$$

若记 $\Lambda = \mathrm{diag}(\lambda_1,\cdots,\lambda_p)$，则总体主成分有如下性质：

（1）$D(Z) = \Lambda$.

（2）$\displaystyle\sum_{i=1}^{p}\sigma_{ii} = \sum_{i=1}^{p}\lambda_i$，通常称 $\displaystyle\sum_{i=1}^{p}\sigma_{ii}$ 为原总体 X 的**总方差**.

（3）主成分 Z_k 与原始变量 X_i 的相关系数 $\rho(Z_k,X_i) = \dfrac{\sqrt{\lambda_k}\,a_{ik}}{\sqrt{\sigma_{ii}}}, k,i=1,2,\cdots,p$，称为**因子负荷量**.

主成分分析的目的之一是为了简化数据结构，故在实际应用中一般绝不是用 p 个主成分，而是采用 $m < p$ 个主成分. 为了确定 m，我们引入贡献率的概念：

称 $\lambda_k / \displaystyle\sum_{i=1}^{p}\lambda_i$ 为主成分 Z_k 的**贡献率**，称 $\displaystyle\sum_{i=1}^{m}\lambda_i / \sum_{i=1}^{p}\lambda_i$ 为主成分 $Z_1,\cdots,Z_m$ 的**累计贡献率**. 通常选取 m 使得累计贡献率达到 70% 或 80% 以上，累计贡献率的大小仅表达了 m 个主成分提取了 $X_1,\cdots,X_p$ 的多少信息，但没有表达某个变量被提取了多少信息. 将**前 m 个主成分对原始变量对 X_i 的贡献率** $v_i^{(m)}$ 定义为 X_i 与 $Z_1,\cdots,Z_m$ 的相关系数的平方和，它等于 $v_i^{(m)} = \displaystyle\sum_{k=1}^{m}\rho^2(Z_k,X_i) = \dfrac{1}{\sigma_{ii}}\sum_{k=1}^{m}\lambda_k a_{ik}^2$.

在实际问题中，不同的变量往往有不同的量纲，而通过 Σ 来求主成分首先优先照顾方差 σ_{ii} 大的变量. 这样有时会造成很不合理的结果，但为了消除由于量纲的不同可能带来的一些不合理的影响，常采用将变量标准化的方法，即令 $X_i^* = \dfrac{X_i - EX_i}{\sqrt{\mathrm{var}(X_i)}}$.

主成分分析的主要步骤如下：

（1）根据实际问题选取初始分析变量.

（2）根据初始变量特性判断由协方差阵求主成分还是由相关阵求主成分.

（3）求协差阵或相关阵的特征根及相应单位正交特征向量.

（4）确定主成分个数，并得到主成分的表达式.

（5）根据结果分析实际意义.

在实际问题中，总体协方差阵和相关阵往往未知，从而用样本协方差阵和相关阵估计.

主成分分析的原始变量之间必须有相关性，如果变量之间相互独立，则无法用主成分分析法来进行数据降维，一般在做分析之前，先检验变量之间的相关性.

Bartlett 球形检验的假设为：

原假设：相关系数矩阵为单位矩阵（即变量互不相关）.

备择假设：相关系数矩阵不是单位矩阵（即变量之间有相关关系）.

通过 Bartlett 球形检验的卡方统计量的值、相应的自由度和显著性值来检验变量相关性. 如果显著性值小于 0.05，则认为主成分分析是适宜的. 卡方统计量的值越大，变量之间的相关性越强.

KMO 统计量可比较样本相关系数和样本偏相关系数，它用于检验样本是否适于作主成分分析. KMO 统计量的取值在 0 和 1 之间，该值越大，则样本数据越适于作主成分分析. 一般要求该值大于 0.5，方可做主成分分析.

9.2.2 实例分析

例 9.2.1 （学生身体各指标的主成分分析） 随机抽取 30 名某年级中学生，测量其身高（X_1）、体重（X_2）、胸围（X_3）和坐高（X_4），数据见表 9.2.1. 试对中学生身体指标数据做主成分分析.

表 9.2.1 某年级中学生身体各指标

序号	X_1	X_2	X_3	X_4	序号	X_1	X_2	X_3	X_4
1	148	41	72	78	16	152	35	73	79
2	139	34	71	76	17	149	47	82	79
3	160	49	77	86	18	145	35	70	77
4	149	36	67	79	19	160	47	74	87
5	159	45	80	86	20	156	44	78	85
6	142	31	66	76	21	151	42	73	82
7	153	43	76	83	22	147	38	73	78
8	150	43	77	79	23	157	39	68	80
9	151	42	77	80	24	147	30	65	75
10	139	31	68	74	25	157	48	80	88
11	140	29	64	74	26	151	36	74	80
12	161	47	78	84	27	144	36	68	76
13	158	49	78	83	28	141	30	67	76
14	140	33	67	77	29	139	32	68	73
15	137	31	66	73	30	148	38	70	78

（1）利用 SAS 软件进行主成分分析.

SAS 程序如下：

```
data d921;
input number x1-x4 @@ ;
cards;
1 148 41 72 78    2 139 34 71 76    3 160 49 77 86    4 149 36 67 79
```

```
5 159 45 80 86      6 142 31 66 76      7 153 43 76 83      8 150 43 77 79
9 151 42 77 80     10 139 31 68 74     11 140 29 64 74     12 161 47 78 84
13 158 49 78 83    14 140 33 67 77     15 137 31 66 73     16 152 35 73 79
17 149 47 82 79    18 145 35 70 77     19 160 47 74 87     20 156 44 78 85
21 151 42 73 82    22 147 38 73 78     23 157 39 68 80     24 147 30 65 75
25 157 48 80 88    26 151 36 74 80     27 144 36 68 76     28 141 30 67 76
29 139 32 68 73    30 148 38 70 78
;
proc princomp data=d921 prefix=z out=o921;
var x1-x4;
run;
options ps=32 ls=85;
proc plot data=o921;
plot z2*z1 $ number='*'/href=-1 href=2 vref=0;
run;
proc sort data=o921;
by z1;
run;
proc print data=o921;
var number z1 z2 x1-x4;
run;
quit;
```

输出结果如表 9.2.1、表 9.2.2 所示.

输出 9.2.1　学生身体指标数据的描述统计量和相关阵

Simple Statistics

	x1	x2	x3	x4
Mean	149.0000000	38.70000000	72.23333333	79.36666667
StD	7.3155479	6.46022312	5.15071695	4.27085821

Correlation Matrix

	x1	x2	x3	x4
x1	1.0000	0.8632	0.7321	0.9205
x2	0.8632	1.0000	0.8965	0.8827
x3	0.7321	0.8965	1.0000	0.7829
x4	0.9205	0.8827	0.7829	1.0000

输出 9.2.2　相关阵的特征值和特征向量

Eigenvalues of the Correlation Matrix

	Eigenvalue	Difference	Proportion	Cumulative
1	3.54109800	3.22771484	0.8853	0.8853
2	0.31338316	0.23397420	0.0783	0.9636
3	0.07940895	0.01329906	0.0199	0.9835
4	0.06610989		0.0165	1.0000

```
                    Eigenvectors
                z1          z2          z3          z4
        x1   0.496966   -.543213   -.449627    0.505747
        x2   0.514571    0.210246   -.462330   -.690844
        x3   0.480901    0.724621    0.175177   0.461488
        x4   0.506928   -.368294    0.743908   -.232343
```

　　首先将原始数据标准化, 这时样本协方差阵就是样本相关阵, 从相关阵出发进行主成分分析. 由输出 9.2.2 中相关阵的特征值可以看出, 第一主成分的贡献率已高达 88.53%; 且前两个主成分的累计贡献率已达 96.36%, 因此只需用前两个主成分就能很好地概括这组数据.

　　由前两个特征值对应的特征向量可以写出第一和第二主成分:

$$Z_1 = 0.4970X_1^* + 0.5146X_2^* + 0.4809X_3^* + 0.5069X_4^*$$

$$Z_2 = -0.5432X_1^* + 0.2102X_2^* + 0.7246X_3^* + 0.3683X_4^*$$

　　第一和第二主成分都是标准化后变量 X_i^* ($i = 1, 2, 3, 4$) 的线性组合, 且组合系数就是特征向量的分量.

　　利用特征向量各分量的值可以对各主成分进行解释. 第一大特征值对应的第一个特征向量的各个分量值均在 0.5 附近, 且都是正值, 它反映学生身材的魁梧程度. 身体高大的学生, 他的 4 个部位的尺寸都比较大, 而身体矮小的学生, 他的 4 个部位的尺寸都比较小. 因此我们称第一主成分为大小因子.

　　第二大特征值对应的特征向量中第一 (即身高 X_1 的系数) 和第四个分量 (即坐高 X_4 的系数) 为负值, 而第二 (即体重 X_2 的系数) 和第三个分量 (即胸围 X_3 的系数) 为正值, 它反映学生的胖瘦情况, 故称第二主成分为胖瘦因子.

输出 9.2.3　第二主成分得分对第一主成分得分的散布图

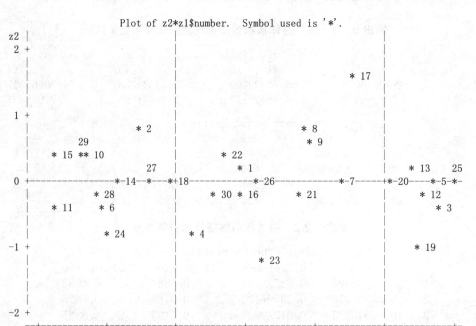

输出 9.2.3 是 PLOT 过程输出图形，从图中可以直观地看出，按学生的身体指标尺寸，这 30 名学生大约应分成三组（以第一主成分得分值为 –1 和 2 为分界点）．每一组包括哪几名学生由每个散点旁边的序号可以得知．更详细的信息可以从 PRINT 过程产生的输出数据列表中得到．

输出 9.2.4　30 名学生的第一主成分得分

Z_1	序号	Z_1	序号	Z_1	序号
−2.78973	11	−1.05587	18	0.918935	9
−2.76619	15	−0.7472	4	1.397171	7
−2.36394	29	−0.49442	30	1.529464	17
−2.32489	10	−0.28226	22	2.104743	20
−2.12466	28	−0.06873	1	2.40148	13
−2.07044	6	−0.06286	16	2.479357	19
−2.02249	24	0.160925	26	2.564669	12
−1.83494	14	0.247283	23	2.69362	5
−1.56845	2	0.782861	21	2.800064	3
−1.34958	27	0.811959	8	3.0341	25

以上输出列表中把 30 个观测按第一主成分从小到大排序后的输出结果．从这里可以得到分为三组时各组学生的更多的信息如下：

$$G_1 = \{11,15,29,10,28,6,24,14,2,27,18\},$$

$$G_2 = \{4,30,22,1,16,26,23,21,8,9,7,17\},$$

$$G_3 = \{20,13,19,12,5,3,25\}$$

若考虑用主成分 Z_1, Z_2 进行聚类，这就是主成分聚类方法．

用 SPSS 软件也可以做主成分分析，具体操作将在下一小节介绍．

9.3　因子分析

因子分析（factor analysis）模型是主成分分析的推广和发展，它也是利用降维的思想，从研究原始变量相关矩阵或协方差阵内部的依赖关系出发，把一些具有错综复杂关系的变量归结为少数几个综合因子的一种多元统计分析方法．

因子分析的思想始于 1904 年 Charles Spearman 对学生考试成绩的研究．近年来，随着电子计算机的高速发展，人们将因子分析的理论成功地应用于心理学、医学、气象、地质、经济学等各个领域，也使得因子分析的理论和方法更加丰富．本节主要介绍因子分析的基本理论及方法，运用因子分析方法分析实际问题及其上机实现等内容．

9.3.1　因子分析的基本理论

因子分析的基本思想是根据相关性大小把原始变量分组，使得同组内的变量之间相关性较高，而不同组的变量间的相关性则较低. 每组变量代表一个基本结构，并用一个不可观测的综合变量表示，这个基本结构就称为**公共因子**. 对于所研究的某一具体问题，原始变量就可以分解成两部分之和的形式，一部分是少数几个不可测的所谓公共因子的线性函数，另一部分是与公共因子无关的特殊因子.

在经济统计中，描述一种经济现象的指标可以有很多，比如要反映物价的变动情况，对各种商品的价格做全面调查固然可以达到目的，但这样做显然耗时耗力，不符合实际工作需要. 实际上，某一类商品中很多商品的价格之间存在明显的相关性或相互依赖性，只要选择几种主要商品的价格或进而对这几种主要商品的价格进行综合，得到某一种假想的"综合商品"的价格，就足以反映某一类物价的变动情况，这里"综合商品"的价格就是提取出来的公共因子. 这样，对各类商品的物价进行类似分析然后加以综合，就可以反映出物价的整体变动情况. 这一过程也就是从一些有错综复杂关系的经济现象中找出少数几个主要因子，每一个主要因子就代表经济变量间相互依赖的一种经济作用，抓住这些主要因子就可以帮助我们对复杂的经济问题进行分析和解释.

又如，某公司对 100 名招聘人员的知识和能力进行测试，出了一份 50 道题的试卷，其内容涉及面较广，但总的来说可归纳为六个方面：语言表达能力、逻辑思维能力、判断事物的敏捷和果断程度、思想修养、兴趣爱好、生活常识等，每个方面都是抽象的、不可观测的公共因子.

再如，为了了解学生的学习能力，观测 n 个学生 p 个科目的成绩，用 $X_1,\cdots,X_p$ 表示 p 个科目，如数学、语文、英语、政治等；$x_{(t)} = (x_{t1},\cdots,x_{tp})$ 表示第 t 个学生的 p 个科目的成绩. 对这些资料进行归纳分析，可以看出各个科目可由两部分组成：

$$X_i = a_i F + \varepsilon_i, i = 1,\cdots,p,$$

其中 F 是对所有 X_i 起作用的公共因子，它表示智能高低的因子，ε_i 是科目 X_i 特有的特殊因子. 这是一个最简单的因子模型，进一步可把这个简单因子模型推广到多个因子的情况，即全体科目 X 所共有的因子有 m 个，如数学推导因子、记忆因子、计算因子等. 分别记为 $F_1, F_2, \cdots, F_m$，即

$$X_i = a_{i1}F_1 + a_{i2}F_2 + \cdots + a_{im}F_m + \varepsilon_i, \ i = 1, 2, \cdots, p.$$

用这 m 个不可观测的不相关的公共因子 $F_1, F_2, \cdots, F_m$（也称为潜因子）和一个特殊因子 ε_i 来描述原始可测的相关变量（科目）$X_1, X_2, \cdots, X_p$，并分析学生的学习能力.

因子分析还可用于对变量或样品的分类处理，我们在得出因子的表达式之后，就可以把原始变量的数据代入表达式得出因子得分值，根据因子得分在因子所构成的空间中把变量或样品点画出来，形象直观地达到分类的目的.

因子分析的主要应用有两个：一是寻找基本结构，简化观测系统，将具有错综复杂关系的对象综合为少数几个因子（不可观测随机变量），以再现因子和原始变量之间的内在联系；二是用于分类，对 p 个变量或 n 个样品进行分类.

因子分析根据研究对象的不同可以分为：

（1）R 型因子分析：用来研究变量之间的相关关系.

（2）Q 型因子分析：用来研究样品之间的相关关系.

设 $X = (X_1, \cdots, X_p)'$ 是可观测的随机向量，$E(X) = \mu, D(X) = \Sigma$；且设 $F = (F_1, \cdots, F_m)'$ $(m < p)$ 是不可观测的随机向量，$E(F) = 0, D(F) = I_m$，即 F 的各分量的方差为 1，且互不相关；又设 $\varepsilon = (\varepsilon_1, \cdots, \varepsilon_p)'$ 与 F 互不相关，且 $E(\varepsilon) = 0, D(\varepsilon) = \mathrm{diag}(\sigma_1^2, \cdots, \sigma_p^2) \triangleq D$（对角矩阵）. 假定随机向量 X 满足以下模型：

$$\begin{cases} X_1 - \mu_1 = a_{11}F_1 + a_{12}F_2 + \cdots + a_{1m}F_m + \varepsilon_1, \\ X_2 - \mu_2 = a_{21}F_1 + a_{22}F_2 + \cdots + a_{2m}F_m + \varepsilon_2, \\ \cdots\cdots\cdots\cdots \\ X_p - \mu_p = a_{p1}F_1 + a_{p2}F_2 + \cdots + a_{pm}F_m + \varepsilon_p, \end{cases}$$

则称此模型为**正交因子模型**，用矩阵表示为

$$X = \mu + AF + \varepsilon,$$

其中 $F_1, \cdots, F_m$ 称为 X 的公共因子，$\varepsilon_1, \cdots, \varepsilon_p$ 称为 X 的特殊因子. $F_1, \cdots, F_m$ 一般对 X 的每个分量 X_i 都有作用，而 ε_i 只对 X_i 起作用，且特殊因子之间以及特殊因子与公共因子之间都是互不相关的. 模型中的矩阵 $A = (a_{ij})_{p \times m}$ 是待估的系数矩阵，称为**因子载荷矩阵**；$a_{ij}, i = 1, \cdots, p$，$j = 1, \cdots, m$ 称为第 i 个变量在第 j 个因子上的载荷，简称**因子载荷**.

在正交因子模型中，$\Sigma = AA' + D$，因子分析的目的首先是由样本协方差阵 $\hat{\Sigma}$ 估计 Σ，然后由分解式求得 A, D.

可证得 $\mathrm{cov}(X_i, F_j) = a_{ij}$. 如果 X_i 是标准化向量，则 $\rho_{ij} = \dfrac{\mathrm{cov}(X_i, F_j)}{\sqrt{\mathrm{var}(X_i)\,\mathrm{var}(F_j)}} = a_{ij}$，这时因子载荷 a_{ij} 就是第 i 个变量和第 j 个公共因子的相关系数. 系数 $a_{i1}, \cdots, a_{im}$ 是用来度量 X_i 和 $F_1, \cdots, F_m$ 线性组合表示之程度的，用统计学术语说叫作"权重". a_{ij} 表示 X_i 依赖 F_j 的比重. 由于历史的原因，在心理上它称为"载荷"，反映了第 i 个变量在第 j 个公共因子的相对重要程度.

因子载荷矩阵 A 中各行元素的平方和 $h_i^2 = \sum\limits_{j=1}^{m} a_{ij}^2 \,(i = 1, 2, \cdots, p)$ 称为变量 X_i 的**共同度**. 由于 $\mathrm{var}(X_i) = h_i^2 + \sigma_i^2$，所以 h_i^2 是全部公共因子对变量 X_i 的总方差所作的贡献，称为**公因子方差**；σ_i^2 是由特定因子 ε_i 产生的方差，它仅与变量 X_i 有关，也称为**剩余方差**. 因子载荷矩阵 A 中各列元素的平方和 $q_j^2 = \sum\limits_{i=1}^{p} a_{ij}^2 \,(j = 1, \cdots, m)$ 表示第 j 个公共因子 F_j 对 X 的所有分量 $X_1, \cdots, X_p$ 的总影响，称为 F_j 对 X 的贡献.

对于正交因子模型，有两点需要引起读者注意：① 模型不受量纲影响；② 因子载荷矩阵不唯一.

常用的参数估计方法有三种：主成分法、主因子解和极大似然法.

主成分估计法的具体步骤如下：

（1）由样本数据 X 计算样本均值、样本离差阵及样本相关系数矩阵 $R = (r_{ij})_{p \times p}$，其中

$$r_{ij} = \frac{\sum\limits_{\alpha=1}^{n}(x_{\alpha i}-\bar{x}_i)(x_{\alpha j}-\bar{x}_j)}{\sqrt{\sum\limits_{\alpha=1}^{n}(x_{\alpha i}-\bar{x}_i)^2}\sqrt{\sum\limits_{\alpha=1}^{n}(x_{\alpha j}-\bar{x}_j)^2}}.$$

（2）求 R 的特征根及相应的单位正交特征向量，分别记为 $\lambda_1 \geqslant \lambda_2 \geqslant \cdots \geqslant \lambda_p > 0$ 和 $u_1, u_2, \cdots, u_p$，其中 $u_i = (u_{i1}, \cdots, u_{ip})$.

（3）根据累计贡献率的要求比 $\dfrac{\sum\limits_{i=1}^{m}\lambda_i}{\sum\limits_{i=1}^{p}\lambda_i} \geqslant 85\%$，取前 m 个特征根及相应的特征向量写出因子载荷阵：$A = (a_1, \cdots, a_m), a_i = \sqrt{\lambda_i} u_i$.

（4）求特殊因子方差 $\hat{\sigma}_i^2 = 1 - \sum\limits_{t=1}^{m} a_{it}^2$，$X_i$ 的共同度 $\hat{h}_i^2 = \sum\limits_{t=1}^{m} a_{it}^2$.

（5）结合专业知识对 m 个公共因子做解释.

因子分析的目的不仅是求出公共因子，更主要的是应该知道每个公共因子的实际意义. 但由于上述估计方法所求出的公因子解，各个公共因子的典型代表性不很突出，容易使公共因子的实际意义含糊不清，不利于解释，为此必须对因子载荷矩阵 A 施行旋转变换（如方差最大正交旋转），使得各因子载荷矩阵的每一列各元素的平方按列向 0 或 1 两极转化，达到其结构简化的目的.

有时要求把公共因子表示成变量的线性组合，或反过来对每一个样品计算公共因子估计值，即所谓因子得分. 因子得分可用于模型诊断，也可作为进一步分析的原始数据，它的计算并不是通常意义下的参数估计，而是对不可观测的随机向量 F 取值的估计. 根据因子得分，可以对样本进行分类、排序.

因子分析的一般步骤如下：

（1）将原始数据标准化；

（2）计算变量之间的相关系数矩阵或协方差阵；

（3）指定提取公因子的方法，根据累计方差贡献率明确提取公因子的数目；

（4）进行因子旋转，使公因子更具有可解释性；

（5）计算各观测在各公因子上的得分；

（6）用各公因子的方差贡献率作为权数，对因子得分进行加权，得到一个综合评价指标；

（7）根据公因子、综合指标的得分，对原始数据进行描述和解释.

9.3.2　主成分分析与因子分析的比较研究

因子分析是主成分分析的推广和发展，二者之间势必有许多共同之处，致使一些应用者在使用这两种方法时，常常会出现一些混淆性错误，这难免会使人们对分析结果产生质疑. 因此，有必要将这两种方法加以严格区分，并针对实际问题选择正确的方法.

1）主成分分析与因子分析之间的主要联系

两种方法的出发点都是变量的协方差阵、相关系数矩阵（或相似系数矩阵），在损失较少信息的前提下，把多个变量（这些变量之间要求存在较强的相关性，以保证能从原始变量中提取主成分）综合成少数几个综合变量来研究总体各方面信息的多元统计方法，且这少数几个综合变量所代表的信息不能重叠，即变量间不相关．它们都属于多元分析中处理降维的统计方法．

2）主成分分析与因子分析之间的主要区别

（1）从概念上看．

主成分分析是将多个指标化为少数互相无关的综合指标的统计方法．

因子分析是主成分分析的推广和发展，它也是将具有错综复杂关系的变量（或样品）综合为数量较少的几个因子，以再现原始变量与因子之间的相互关系，同时根据不同因子还可以对变量进行分类．

（2）从基本思想上看．

主成分分析是设法将原来众多具有一定相关性的指标重新组合成一组新的相互无关的综合指标来代替原来指标．

因子分析通过变量（或样品）的相关系数矩阵（对样品是相似系数矩阵）内部结构的研究，找出能控制所有变量（或样品）的少数几个随机变量去描述多个变量（或样品）之间的相关（相似）关系，这少数几个因子是不可观测的，然后根据相关性（或相似性）大小将变量分组，使得同组内的变量（或样品）之间相关性（或相似性）较高，但不同组内相关性（或相似性）较低．相对于主成分分析，因子分析更倾向于描述原始变量之间的相关关系，以再现原始变量和因子之间的相关关系．

（3）从数学模型上看．

① 主成分分析的数学模型实质上是一种变换，通过变量变换把注意力集中在具有较大变差的那些主成分上，而舍弃那些变差小的主成分；因子分析是把注意力集中在少数不可观测的潜在变量（即公共因子）上，而舍弃特殊因子．

② 主成分分析是将主成分表示为原观测变量的线性组合

$$F_i = a_{1i}X_1 + a_{2i}X_2 + \cdots + a_{pi}X_p, \ i = 1, \cdots, p ,$$

其实质是 p 维空间的坐标变换，不改变原始数据的结构．

因子分析则是描述原指标 X 协方差阵结构的一种模型．对原观测变量分解成公共因子和特殊因子两部分．

$$X_j = b_{j1}Z_1 + b_{j2}Z_2 + \cdots + b_{jm}Z_m + \varepsilon_j, j = 1, \cdots, p .$$

当公共因子的个数 m＝原变量的个数 p 时，就不能考虑 ε，此时因子分析也对应于一种变量变换．但在实际应用中 m 都小于 p，且为经济起见总是越小越好．

③ 主成分的各系数 a_{ij} 是唯一确定的、正交的．不可以对系数矩阵进行任何的旋转，且系数大小并不代表原变量与主成分的相关程度；而因子模型的系数矩阵是不唯一的，且该矩阵表明了原变量和公共因子的相关程度．

（4）从计算过程看．

主成分分析中可以通过可观测的原变量 X 直接求得主成分 F，并具有可逆性，其中 a_{ij} 是

X 的协差阵的特征值所对应的特征量. 因子分析中的载荷矩阵是不可逆的, 只能通过可观测的原变量去估计不可观测的公共因子, b_{ij} 是因子载荷矩阵中的元素, 是第 i 变量 X_i 与第 j 个公共因子 Z_j 的相关系数, 即表示 X_i 依赖 Z_j 的份量, 是第 i 变量在第 j 个公共因子上的负荷, 它反映了第 i 变量在第 j 个公共因子上的相对重要性. ε_j 是第 j 个原观测变量的特殊因子, 且此处 X_i 与 Z_j 的均值都为 0, 方差都为 1. 值得注意的是: 对照 9.2 节介绍的主成分分析, 可以看到, 用主成分法计算的因子载荷 $a_i = \sqrt{\lambda_i} u_i$ 与主成分系数 u_i 相差一个常数 $\sqrt{\lambda_i}$, 用 SPSS 软件做主成分分析时正是利用这一关系.

主成分得分是将原始变量的标准化值, 代入主成分表达式中计算得到. 公共因子得分的估计值等于因子得分系数矩阵与原观测变量标准化后的矩阵相乘的结果. 主成分分析一般依据第一主成分的得分排名, 若第一主成分不能完全代替原始变量, 则需要继续选择第二个主成分、第三个主成分等, 此时

$$综合得分 = \sum (各主成分得分 \times 各主成分所对应的方差贡献率),$$

而

$$因子分析的综合得分 = \sum (各因子得分 \times 各因子所对应的方差贡献率).$$

值得注意的是, 在实际应用中, 用第一个主成分或综合主成分得分排序经常得不到理想的结果, 主要原因是产生主成分的特征向量的各分量符号不一致, 即主成分与原始变量中有一部分正相关, 而另一部分为负相关或不相关, 这时主成分值可能是无序指数.

9.3.3　实例分析

例 9.3.1 （例 9.1.1 续）试对 1996 年《中国统计年鉴》中 "全国 30 个省市自治区经济发展基本情况的八项指标" 的原始数据进行主成分分析和因子分析.

（1）**利用 SAS 软件进行因子分析**.

SAS 程序如下, 程序中的 D911 仍为 9.1.1 节中数据集 D911, 这里不再重新建立数据集.

```
proc factor data=d911 rotate=v simple;
var x1-x8;
run;
proc factor data=d911 rotate=v n=3 score out=o931;
var x1-x8;
run;
options ps=40 ls=80;
proc plot data=o931;
plot factor2*factor1 $ n='*' /href=0 vref=0;
run;
data C931;
set o931;
F=0.4694*factor1+0.2746*factor2+0.1519*factor3;
```

```
proc print data=C931;
var factor1 factor2 factor3 F;
proc sort data=C931;
by F;
run;
```

其部分输出结果如下所示.

输出 9.3.1　相关阵的特征值、相邻特征值之差、贡献率和累计贡献率

The FACTOR Procedure
Initial Factor Method: Principal Components
Prior Communality Estimates: ONE
Eigenvalues of the Correlation Matrix: Total = 8 Average = 1

	Eigenvalue	Difference	Proportion	Cumulative
1	3.75510489	1.55833627	0.4694	0.4694
2	2.19676862	0.98188786	0.2746	0.7440
3	1.21488076	0.81248139	0.1519	0.8958
4	0.40239937	0.18959917	0.0503	0.9461
5	0.21280019	0.07484229	0.0266	0.9727
6	0.13795790	0.07249482	0.0172	0.9900
7	0.06546308	0.05083789	0.0082	0.9982
8	0.01462519		0.0018	1.0000

从输出 9.3.1 可知，前三个公因子的累计贡献率为 89.58%，说明前三个公共因子已经反映了原始变量的绝大多数信息，这里提取三个公因子.

输出 9.3.2　因子载荷矩阵 $A(m=3)$ 及每个公共因子解释的方差

3 factors will be retained by the PROPORTION criterion.
Factor Pattern

	Factor1	Factor2	Factor3
x1	0.88490	0.38362	0.12087
x2	0.60672	-0.59819	0.27133
x3	0.91170	0.16112	0.21197
x4	0.46623	-0.72240	0.36794
x5	0.48580	0.73831	-0.27523
x6	-0.50856	0.25192	0.79664
x7	-0.61959	0.59438	0.43756
x8	0.82273	0.42672	0.21097

由输出 9.3.2，查看第一行，可以得出：

$$X_1 = 0.88490F_1 + 0.38362F_2 + 0.12087F_3 + \varepsilon_1.$$

它给出了变量 X_1 与公共因子 F_1, F_2, F_3 及特殊因子 ε_1 关系，其他行类似.

输出 9.3.3　最终公因子方差（即 $m=3$ 时各变量的共同度）的估计

Final Communality Estimates: Total = 7.166754

x1	x2	x3	x4	x5	x6	x7	x8
0.94483	0.79955	0.90208	0.87461	0.85686	0.95672	0.92863	0.90348

由输出 9.3.3 可以得出各变量共同度的估计，从而给出了特殊方差的估计，如
$$\hat{\sigma}_1^2 = 1 - \hat{h}_1^2 = 1 - 0.94483 = 0.05517.$$

在输出 9.3.2 的第一列中负荷率有在 0.5 附近的，容易使得公共因子的含义不清. 为此，我们可以求因子旋转后的因子载荷矩阵，使其实际意义更加明显.

输出 9.3.4　方差最大正交旋转的结果

```
The FACTOR Procedure
Rotation Method: Varimax
Orthogonal Transformation Matrix
               1           2           3
1         0.81731     0.40776    -0.40710
2         0.54776    -0.76907     0.32939
3         0.17878     0.49221     0.85192
         Rotated Factor Pattern
         Factor1     Factor2     Factor3
x1       0.95498     0.12529    -0.13091
x2       0.21672     0.84099    -0.21288
x3       0.87129     0.35218    -0.13750
x4       0.05113     0.92679    -0.11430
x5       0.75226    -0.50519    -0.18905
x6      -0.13524    -0.00900     0.96868
x7      -0.10259    -0.49439     0.82078
x8       0.94388     0.11114    -0.01464
     Variance Explained by Each Factor
     Factor1        Factor2        Factor3
    3.2063528      2.2179926      1.7424088
```

由输出 9.3.4 可知，经方差最大正交旋转后，实际意义更加明显，负荷率基本上没有在 0.5 附近的.

下面求经方差最大正交旋转后得因子得分及排名（见表 9.3.1）.

表 9.3.1　因子得分排名

省市自治区	Factor1	Factor2	Factor3	综合得分	综合得分排名
上海	0.604852	3.66086	0.828287	1.415007	1
江苏	2.034333	0.268668	-0.17228	1.002524	2
广东	1.482326	1.68543	-1.18365	0.978827	3
山东	2.117736	-0.19758	0.251172	0.977963	4
四川	1.108642	-0.52548	0.977918	0.524646	5
浙江	0.651543	0.748941	-0.32933	0.461469	6
湖北	0.601639	-0.29999	1.266	0.392339	7
辽宁	0.959451	-0.43273	-0.61495	0.238127	8
北京	-0.39735	1.587	-0.2581	0.210067	9
云南	-0.27806	0.044113	2.04593	0.19237	10
河南	1.071361	-1.31828	-0.46509	0.070251	11
湖南	0.260845	-0.52385	0.51916	0.057453	12

续表 9.3.1

省市自治区	Factor1	Factor2	Factor3	综合得分	综合得分排名
河北	1.228426	−1.52118	−0.77827	0.040688	13
新疆	−0.57723	0.115256	1.140434	−0.06607	14
黑龙江	0.233632	−0.38076	−0.58367	−0.08355	15
广西	−0.28373	−0.27435	0.612482	−0.11548	16
福建	−0.26961	0.271841	−0.79964	−0.17337	17
贵州	−0.76673	−0.34942	1.66323	−0.20321	18
陕西	−0.41402	−0.53521	0.885634	−0.20678	19
甘肃	−0.7181	−0.2218	1.018266	−0.24331	20
山西	−0.36589	−0.66515	−0.14734	−0.37678	21
天津	−0.88763	0.984268	−1.62975	−0.39393	22
内蒙古	−0.47822	−0.88692	0.206728	−0.43662	23
江西	−0.56146	−0.68365	−0.05008	−0.45888	24
安徽	−0.07044	−0.79933	−1.50597	−0.48132	25
吉林	−0.51601	−0.40157	−0.94793	−0.49648	26
青海	−1.34461	0.182003	0.457759	−0.51165	27
西藏	−1.59336	0.63022	−0.0124	−0.57675	28
宁夏	−1.35843	−0.15566	−0.14351	−0.70219	29
海南	−1.47391	−0.0057	−2.25106	−1.03535	30

利用 SAS 软件进行主成分分析可仿照例 9.2.1，这里不再赘述.

（2）利用 SPSS 软件做主成分分析和因子分析，并进行比较研究.

① 变量相关性检验.

这里 KMO 统计量是 0.618，且 Bartlett 球体检验值为 231.670，卡方统计值的显著性水平为 0.000 小于 0.01，都说明各指标之间具有较高相关性，此数据适用于作主成分分析和因子分析.

② 将原始数据标准化.

对原始数据进行标准化处理，这是两种方法所共有的. SPSS 在调用因子分析（Factor Analyze）过程进行分析时，会自动对原始数据进行标准化处理（默认从相关阵出发），所以在得到计算结果后指的变量都是指经过标准化处理后的变量，但不会直接给出标准化后的数据，如需要得到标准化数据，则需调用描述（Descriptive）过程进行计算，我们可以通过分析（Analyze）|描述统计（Descriptive Statistics）|描述（Descriptive）对话框来实现：弹出描述（Descriptive）对话框后，把 x1 ~ x8 选入"变量（Variables）"框，再将标准化得分另存为变量（Save standardized values as variables）前的方框打上钩，单击"OK"，经标准化的数据会自动填入数据窗口中，并以 Z 开头命名.

③ 提取主成分、公因子，计算主成分值、因子得分.

SAS 软件做主成分分析和因子分析时都有专门的过程，做主成分分析用 princomp 过程，因子分析用 factor 过程，一般不会混淆. 而在 SPSS 软件中，主成分分析与因子分析均在因子

分析（Factor Analysis）模块中完成，即都点选分析（Analyze）| 降维（Data Reduction）| 因子（Factor），进入因子分析（Factor Analysis）对话框，完成相应设置. 只是主成分分析与因子分析（采用主成分法进行参数估计）是从初始因子载荷阵处分开的，表现为主成分分析是通过初始因子载荷阵列向量除相应特征值的平方根得到主成分系数矩阵、主成分及其值等；而因子分析是直接通过初始因子载荷阵或者对其旋转得到因子载荷阵，再通过回归方法得到因子得分及其值等.

　　进入 SPSS 软件，打开数据集例 9.3.1.sav. 依次点选分析（Analyze）降维（Data Reduction）|因子（Factor），进入因子分析（Factor Analysis）对话框. 此时，数据集例 9.3.1.sav 中的变量名均已显示在左边的窗口中，依次选中变量 x1 ~ x8，并点向右的箭头按钮，这 8 个变量便进入"变量（variables）"窗口（此时若选中 variables 窗口中的变量，则窗口左侧的箭头按钮即转向左侧，点此按钮即可剔除所选中变量），并完成以下设置：打开右侧"描述"对话框，在"KMO 和 Bartlett 球形度"等前面打钩；打开"抽取"对话框，设置"方法"为"主成分"，并选择"相关性矩阵"，在"未旋转的因子解"等前面打钩；打开"旋转"对话框，选择"最大方差法"，在"旋转解"前面打钩；打开"得分"对话框，在"保存为变量"和"显示因子得分系数矩阵"前面打钩，点击 OK 按钮，即可得到如下输出结果（见输出 9.3.5 ~ 输出 9.3.7）.

输出 9.3.5　相关阵的特征值、贡献率和累计贡献率

Total Variance Explained						
Compo-nent	Extraction Sums of Squared Loadings			Rotation Sums of Squared Loadings		
	Total	% of Variance	Cumulative %	Total	% of Variance	Cumulative %
1	3.755	46.939	46.939	3.206	40.080	40.080
2	2.197	27.459	74.398	2.218	27.725	67.804
3	1.215	15.186	89.584	1.742	21.780	89.584
Extraction Method: Principal Component Analysis.						

输出 9.3.6　因子载荷矩阵和旋转后的因子载荷矩阵

	Component Matrix[a]				Rotated Component Matrix[a]		
	Component				Component		
	1	2	3		1	2	3
x1	.885	.384	.121	x1	.955	.125	−.131
x2	.607	−.598	.271	x2	.217	.841	−.213
x3	.912	.161	.212	x3	.871	.352	−.137
x4	.466	−.722	.368	x4	.051	.927	−.114
x5	.486	.738	−.275	x5	.752	−.505	−.189
x6	−.509	.252	.797	x6	−.135	−.009	.969
x7	−.620	.594	.438	x7	−.103	−.494	.821
x8	.823	.427	.211	x8	.944	.111	−.015

输出 9.3.7　因子得分系数矩阵

Component Score Coefficient Matrix				Component Score Coefficient Matrix			
	Component				Component		
	1	2	3		1	2	3
x1	.306	.011	.046	x5	.249	−.317	−.135
x2	.023	.385	.035	x6	.069	.179	.652
x3	.270	.128	.074	x7	.078	−.098	.463
x4	−.025	.453	.099	x8	.317	.025	.123

从 "Total Variance Explained" 看，前三个特征值累积方差贡献率已达 89.584%，说明前 3 个主成分包含了原指标的绝大部分信息，因此这 3 个主成分、公因子可以代替原来 8 个变量对经济发展水平现状进行衡量.

为了得到主成分的表达式，还需进一步操作：先需求主成分的系数：将表 "Component Matrix" 中的第 i 列向量除以第 i 个特征根的平方根就得到第 i 个主成分 F_i 的系数向量，（将 Component Matrix 中前三个列向量输入到数据编辑窗口，记为 B1，B2，B3，然后利用 "转换（transform）|计算变量（compute）" 在对话框中输入 A1=B1/SQRT（3.755））得第一主成分的系数，同样计算第二、三主成分的系数（见表 9.3.2）.

表 9.3.2　主成分系数

	主成分系数（即前三个特征值所对应的特征向量）		
	1	2	3
X1	0.456708	0.259069	0.109773
X2	0.313245	−0.403447	0.245856
X3	0.470641	0.108620	0.192330
X4	0.240481	−0.487105	0.333856
X5	0.250802	0.497899	−0.249485
X6	−0.262671	0.170014	0.723053
X7	−0.319953	0.400748	0.397362
X8	0.424712	0.288080	0.191423

$$F_1 = 0.456708*ZX_1 + 0.313245*ZX_2 + 0.470641*ZX_3 + 0.240481*ZX_4 + 0.250802*ZX_5 - 0.262671*ZX_6 - 0.319953*ZX_7 + 0.424712*ZX_8,$$

$$F_2 = 0.259069*ZX_1 - 0.403447*ZX_2 + 0.108620*ZX_3 - 0.487105*ZX_4 + 0.497899*ZX_5 + 0.170014*ZX_6 + 0.400748*ZX_7 + 0.288080*ZX_8,$$

$$F_3 = 0.109773*ZX_1 - 0.245856*ZX_2 + 0.192330*ZX_3 + 0.333856*ZX_4 - 0.249485*ZX_5 + 0.723053*ZX_6 + 0.397362*ZX_7 + 0.191423*ZX_8,$$

$$F_{综} = \sum_{i=1}^{3} \left(\frac{\lambda_i}{p} \right) F_i = 0.46939 * F_1 + 0.27459 F_2 + 0.15186 * F_3,$$

其中 $\dfrac{\lambda_i}{p}$ 在 SPSS 软件中为 "Total Variance Explained" 下 "Extraction Sums of Squared Loadings" 栏的 "% of Variance（方差贡献率）".

由此可以求得各个省市自治区经济发展的前三个主成分值及综合主成分值.

由旋转后的因子载荷阵得因子模型：

$$X_1 = 0.955 * Z_1 + 0.125 * Z_2 - 0.131 * Z_3,$$

$$X_2 = 0.217 * Z_1 + 0.841 * Z_2 - 0.213 * Z_3,$$

$$\cdots\cdots\cdots\cdots$$

$$X_8 = 0.944 * Z_1 + 0.111 * Z_2 - 0.015 * Z_3.$$

因子得分函数 Z_i 表达式

$$Z_i = b_i^{\mathrm{T}} X.$$

这里 b_i 是 SPSS 软件中表 "Component Score Coefficient Matrix（因子得分系数矩阵）" 的第 i 列向量.

$$Z_1 = 0.306 * ZX_1 + 0.023 * ZX_2 + \cdots + 0.317 * ZX_8,$$

$$Z_2 = 0.011 * ZX_1 + 0.385 * ZX_2 + \cdots + 0.025 * ZX_8,$$

$$Z_3 = 0.046 * ZX_1 + 0.035 * ZX_2 + \cdots + 0.123 * ZX_8,$$

$$Z_{综} = \sum_{i=1}^{3} \left(\frac{v_i}{p} \right) Z_i = 0.40080 * Z_1 + 0.27725 * Z_2 + 0.21780 * Z_3,$$

其中 $\dfrac{v_i}{p}$ 为 SPSS 软件中表 "Total Variance Explained" 下 "Rotation Sums of Squared Loadings" 中的 "% of Variance".

由于前面用 SPSS 操作时已经把 "因子得分" 保存为变量，这里不必另外计算，只需在例 9.3.1 数据集中查看.

④ 结果分析.

主成分分析：第一主成分表达式中第一、三、八项指标的系数较大，而且数值上相差不大，因而可以认为这三个指标起主要作用，我们可以把第一主成分看成是由国民生产总值、固定资产投资和工业总产值反映经济发展状况的综合指标.

在第二主成分中，第二、四、五、七项指标的影响大，且第四、五项指标的影响尤其大，可将之看成是反映职工工资和货物周转量的综合指标.

在第三主成分中，第六项指数影响最大，远超过其他指标的影响，可单独看成是居民消费价格指数的影响.

因子分析：从旋转后的因子载荷阵看，每个因子只有少数几个指标的因子载荷较大，因此可进行分类，将八个指标按高载荷分成三类.

第一个因子在指标 X_1, X_3, X_8 有较大的载荷，这些是从 GDP、固定资产投资、工业总生产值三个方面反映经济发展状况的，因此命名为总量因子.

第二个因子在指标 X_2, X_4, X_5 有较大载荷，这些是从居民消费水平、职工平均工资、货物周转量这三个方面反映经济发展状况的，因此命名为消费因子.

第三个因子在指标 X_6, X_7 有较大的载荷，因此命名为价格因子.

从主成分得分与因子得分值看出：按单个主成分和单个因子排名，30 个省市自治区的排名是不同的；按综合得分值排名也有较大差异（具体得分值略）. 例如：上海的综合因子得分排名第 1 位，而综合主成分值排名第 5 位；河北综合因子得分排名 16 位，而综合主成分值排名第 4 位；北京综合因子得分排名第 9 位，而综合主成分值排名第 14 位……这种分析结果差异，势必会对最终有关部门提出的政策、建议等产生较大影响，因此不能混用.

使用主成分分析和因子分析进行综合评价时，可以通过不同的统计软件来完成数据分析，除 SPSS 软件外，其他软件都分别设有两种方法的过程命令，使用者可以根据需要采用其中一种来分析问题，一般不会混淆. 而正是因为 SPSS 没有直接进行主成分分析的命令，才使得那些本身尚未清楚区分这两种方法的使用者更加迷惑，不慎便会出现混淆性错误.

本例题详细地从理论和实证角度，分析了这两种方法的异同及如何运用 SPSS 软件进行分析. 从实证结果看，运用主成分分析和因子分析进行综合定量分析时，不但综合排名存在差异，而且定量值也存在较大差异，这必然会影响后面的综合定性分析结果. 因此，我们应正确理解和运用这两种方法，使其发挥出各自最大的优势，以便更好地服务于社会！

9.4　土壤重金属污染状况的综合分析

随着城市经济的快速发展和人口膨胀，人类活动对城市土壤的影响日显突出，土壤表面的重金属会对土壤性质和植被等产生严重危害. 更重要的是通过食物链和地下水，以及地面扬尘等途径输入人体，并在人体中长期积累，引起各种疾病症状，对人体健康产生危害，因此研究和评价城市土壤重金属污染程度、污染特征、污染来源以及在环境中迁移、转化机理具有重要的现实意义. 评价城市土壤重金属污染的常用方法有单因子指数方法、内梅罗指数法、模糊综合评判法、灰色关联分析、人工神经网络法及地统计学方法等，这些方法各有优缺点，目前仍没有找到一种具有显著优势的方法. 本节把内梅罗指数法、因子分析和聚类分析相结合，并通过等值线图对某城市土壤重金属污染作综合评价.

1）土壤重金属污染数据的收集及整理

按照功能划分，城区一般可分为生活区、工业区、山区、主干道路区及公园绿地区等，分别记为 1 类区、2 类区、……、5 类区，不同的区域环境受人类活动影响的程度不同.

现对某城市城区土壤地质环境进行调查. 为此，将所考察的城区划分为间距 1 公里左右的网格子区域，按照每平方公里 1 个采样点对表层土（0~10 厘米深度）进行取样、编号，并用 GPS 记录采样点的位置. 应用专门仪器测试分析，获得了每个样本所含的多种化学元素的浓度数据. 另一方面，按照 2 公里的间距在那些远离人群及工业活动的自然区取样，将其作为该城区表层土壤中元素的背景值.

我们得到 319 个采样点的位置、海拔高度及其所属功能区信息,并得到 As(砷)、Cd(镉)、Cr(铬)、Cu(铜)、Hg(汞)、Ni(镍)、Pb(铅)、Zn(锌)8 种主要重金属元素在采样点处的浓度及其背景值.

把 319 个样本按功能区分类,得到生活区、工业区、山区、交通区、公园绿地区的样本数目分别为 44 个、36 个、66 个、138 个、35 个. 然后对五个功能区用 SAS 软件在同一坐标系上用不同符号绘制散点图(见图 9.4.1). 图中符号表示如下:＊表示生活区,◇表示工业区,○表示山区,●表示交通区,＋表示公园绿地区.

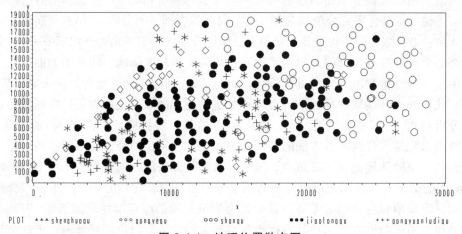

图 9.4.1　地理位置散点图

由图 9.4.1 可以大致了解各功能区的地理位置. 山区主要位于城市东北部,工业区主要集中在西部郊区,生活区在主要位于中部、西南部,交通区基本遍布在整个城市,在个别区域,生活区、工业区、交通区三者相互重合,如在坐标(4000,4000)附近.

图 9.4.1 是城区平面分布图,为了进一步了解地理位置的高低,给出地理位置等值线图.等值线图又称等量线图,是以相等数值点的连线表示连续分布且逐渐变化的数量特征的一种图形,它用数值相等各点连成的曲线(即等值线)在平面上的投影来表示被摄物体的外形和大小的图,如等高线图、等温线图等.

该城区地理位置等值线图(见图 9.4.2),利用颜色表示海拔.

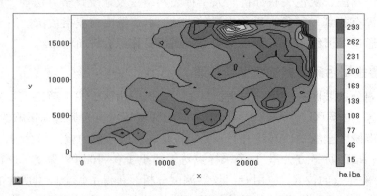

图 9.4.2　地理位置等值线图

从图 9.4.2 看，城市东北角山区海拔最高，工业区、生活区、交通区海拔相对较低.

2）土壤重金属污染的内梅罗指数评价

下面给出内梅罗指数计算公式：

$$P = \sqrt{\frac{\left(\frac{1}{n}\sum_{i=1}^{n} P_i\right)^2 + (\max(P_i))^2}{2}},$$

其中 $P_i = \dfrac{C_i}{S_i}$，C_i 为污染物 i 的实测浓度；S_i 为污染物 i 的评价标准；$\max(P_i)$ 为 P_i 的最大值.

由内梅罗指数得到的土壤质量分级见表 9.4.1.

表 9.4.1　基于内梅罗指数的土壤质量分级

质量分级	未污染	轻度污染	中度污染	严重污染
内梅罗指数	$P \leqslant 1$	$1 < P \leqslant 2$	$2 < P \leqslant 3$	$P > 3$

对 319 个样本计算内梅罗指数，并对样本土壤质量分级，结果如表 9.4.2 所示.

表 9.4.2　五个功能区各级污染样本个数

污染程度	生活	工业	山区	交通	公园
未污染	1	0	9	1	2
轻度污染	17	6	43	34	11
中度污染	8	10	11	25	10
重度污染	18	20	3	78	12

考虑到五个功能区样本个数不同，进一步给出各功能区各级污染百分比（见图 9.4.3).

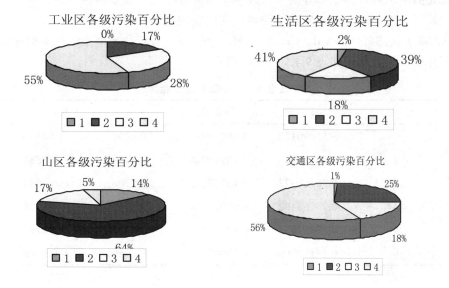

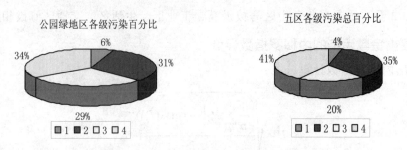

图 9.4.3　五个功能区各级污染百分比

由内梅罗指数评价标准可知,污染比较严重的是工业区和交通区,两区重度污染样本均在一半以上,中重度污染样本分别占本区样本的 83%,74%,整体可认为是重度污染,生活区、公园绿地区好于工业区和交通区,整体上可认为是中度污染,而山区污染最轻,基本上属于轻度污染.

内梅罗指数法考虑了各采样点不同重金属元素的平均污染程度,同时又兼顾极值,突出了污染最严重元素的作用,综合了各指标信息,明确给出了各采样点的污染级别,更能客观地反映污染水平.

3）土壤重金属污染的因子分析

内梅罗指数法虽然综合了各指标信息,但无法找出各指标的内在联系.为了进一步查找重金属污染的主要原因及确定污染源,下面对土壤重金属污染样本作因子分析.因子分析的基本思想是把联系比较紧密的变量归为一类,而不同类的变量之间相关性较低.在同一类中的变量,可以想象是受到了某个共同因素的影响才彼此高度相关的,这个共同因素称为公共因子,它是潜在的不可观测的,它能够提取出多个变量间的因果关系,更能反映事物的本质,因此因子分析在事物成因、来源问题研究上是一种非常有效的数学方法,可以解决很多环境问题.例如,污染来源的判别、环境样本点的分类、监测点的优化、重金属间的相关性等.因子分析也是数学上处理降维的方法,通过降维将高度相关的变量聚在一起,不仅便于提取容易解释的特征,而且降低了分析变量的数目和问题的复杂性.

用 SAS8.2 软件对 As、Cd、Cr、Cu、Hg、Ni、Pb、Zn 共 8 个土壤污染指标 319 个样本进行因子分析,输出结果如表 9.4.3 ~ 9.4.5 所示.

表 9.4.3　特征值与贡献率

公因子	特征向量	特征值	贡献率	累计贡献率
1	3.55999128	2.40979982	0.4450	0.4450
2	1.15019146	0.18512769	0.1438	0.5888
3	0.96506377	0.19737975	0.1206	0.7094
4	0.76768402	0.19010781	0.0960	0.8054
5	0.57757621	0.14562522	0.0722	0.8776
6	0.43195099	0.13045600	0.0540	0.9316

表 9.4.4　旋转后的因子载荷矩阵

评价指标	第一因子	第二因子	第三因子	第四因子	第五因子
As	0.13059	0.15404	0.02316	0.97047	0.07626
Cd	0.17016	0.87704	0.08175	0.10176	0.13162
Cr	0.88214	0.20920	0.00188	0.01408	0.14642
Cu	0.61372	0.36165	0.50503	−0.02232	0.02943
Hg	0.01275	0.13447	0.95276	0.03003	0.08351
Ni	0.86387	0.08876	0.01926	0.22153	0.19641
Pb	0.19514	0.83212	0.19127	0.12137	0.20784
Zn	0.27076	0.28466	0.10097	0.09119	0.90425

表 9.4.5　因子得分系数矩阵

评价指标	第一因子	第二因子	第三因子	第四因子	第五因子
As	0.11959	−0.17356	0.70568	0.71746	−0.04547
Cd	0.19965	0.24466	0.29264	−0.41958	−0.44030
Cr	0.20645	−0.38606	−0.31446	−0.06017	0.18974
Hg	0.11473	0.58547	0.30827	0.58453	0.26676
Ni	0.20304	−0.44740	−0.19663	0.17813	−0.02409
Pb	0.21462	0.27323	0.24579	−0.32279	−0.27292
Zn	0.19629	−0.03251	0.12770	−0.31388	1.13209

　　如表 9.4.3 所示，前五个特征值的累计贡献率为 87.76%（大于 85%），能够反映原始数据的绝大部分信息，所以选择前五个因子进行分析.

　　为了更好地解释各公因子的实际意义，对因子载荷矩阵进行方差最大正交旋转，从旋转后的因子载荷矩阵看（见表 9.4.4），每个因子只有少数几个指标载荷较大，因此可进行分类. 将 8 个指标按高载荷分成五类. 为更直观地了解各因子在该城市的空间分布，给出五个单因子得分和综合因子得分的等值线图（见图 9.4.4）.

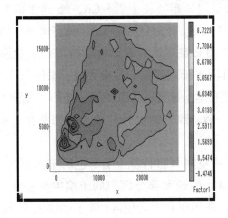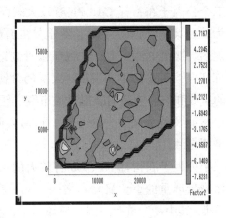

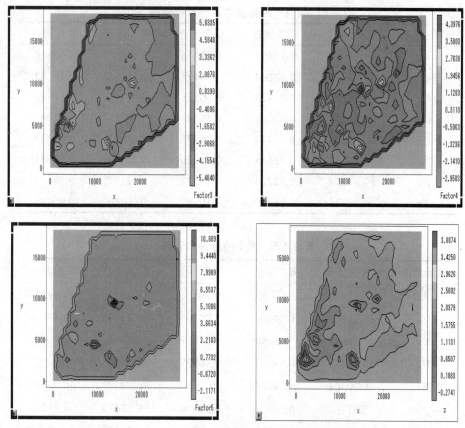

图 9.4.4　因子得分等值线图

　　第一个公因子在指标 Cr、Ni 有较大的载荷. 从空间分布特征上看（见图 9.4.4），可认为是一个点污染源. Cr、Ni 主要分布在西部工业区和西南部的工业区、生活区、交通区的混合地带，主要为城市污水、工矿企业污染. 这是因为 Cr 污染主要来自于电镀、制革废水、铬渣等，金属 Ni 主要用于电镀工业. 镀镍的物品美观、干净、又不易锈蚀. 极细的镍粉，在化学工业上常用作催化剂. Cr 和 Ni 大量用于制造合金. 由于二者具有较大的相关性，可能是同一污染源导致.

　　第二个公因子在指标 Cd、Pb 有较大载荷. 从空间分布特征上看，Cd、Pb 属于面源污染. 这是因为，土壤镉、铅的污染主要分布在工业发达地区、公路铁路两侧. 镉在电镀、颜料、塑料稳定剂、镍镉电池工业、电视显像管制造中应用日益广泛，而铅也常被用作工业原材料. 随着冶炼和电镀工业的不断发展，大量的含镉、铅废水排入河流，污染大气、水体和土壤. 汽车尾气的排放和汽车轮胎的磨损是城市镉、铅污染的基本来源. 从该城区分布图（见图 9.4.1）来看，交通遍及整个城区，这与镉、铅污染面相一致. 镉、铅也具有较大的相关性，可能是同一污染源导致.

　　第三个公因子在指标 Hg、Cu 有较大的载荷. 从空间分布特征上看，也属于面源污染. Hg是城市污染最严重的重金属元素之一，几乎在主城区的绝大部分面积的土壤中都存在一定程度的汞污染. 其中一个重要原因是燃煤污染，包括工业用煤和生活用煤. 除了燃煤来源外，工业排放是土壤 Hg 污染的另一个重要来源. 电子设备荧光灯泡、温度计、电池及其他一些化学试剂的丢弃，也是城市 Hg 污染的重要来源. Cu 主要来源于化工行业、塑料、橡胶和印染行业的三废排放，以及交通来源，交通边缘地带机动车辆 Cu 零件的磨损是土壤中 Cu 含量增多的原因之一. 另外，8 种重金属中 Hg 的变异系数最高，Cu 次之. 工业区 Hg、Cu 的变异系数分别为 349.35，325.35，交通区 Hg、Cu 的变异系数分别为 487.95、193.24，这说明不同地点 Hg、Cu 污染有较大的差异. 由异常值可看出，样本点 8、9、41、182、257 处 Hg 金属严重超标，达到了 10000 ng/g 以上，很可能当地具有与 Hg 有关的化工厂、冶炼厂等，造成了严重的 Hg 污染. 尤其采样点 8 处，各重金属都严重超标，且其处于工业区，很可能是大型高污染企业所在地.

第四个公因子在指标 As 有较大的载荷. 元素 As 主要集中在工业区，主要来源于化工行业、塑料、橡胶和印染行业的三废排放. 第五个公因子在指标 Zn 有较大的载荷，污染相对较轻. 汽车轮胎添加剂秩含有 Zn，轮胎磨损产生的粉尘，是路边 Zn 污染的重要来源.

根据综合因子得分，得到该城区的五个功能区的土壤金属污染综合评价图（见图 9.4.5 ~ 9.4.6）.

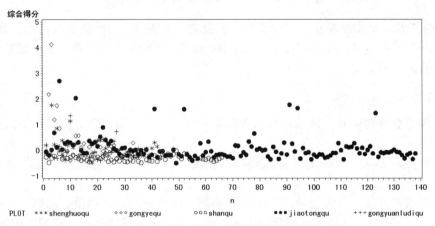

图 9.4.5　五个功能区综合因子得分散点图

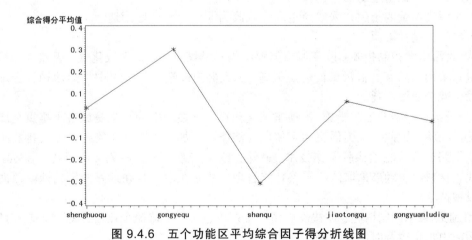

图 9.4.6　五个功能区平均综合因子得分折线图

从图 9.4.5 上看，工业区中有的地方污染十分严重，就综合因子平均得分而言（见图 9.4.6），工业区污染最严重，山区最轻.

4）城市土壤重金属污染的聚类分析

为了进一步找出重金属之间的内在联系，对 8 种土壤重金属元素作聚类分析，结果见图 9.4.7.

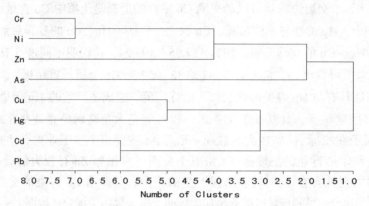

图 9.4.7　土壤重金属元素聚类分析图

由图 9.4.7 知，城市土壤重金属元素组合特征为：元素 Cr、Ni 联系最密切，其次是 Cd 与 Pb. Zn 与 Cr、Ni 及 As 属于一大类，Cu、Hg 和 Cd、Pb 属于一大类，这一结果与因子分析结果相吻合.

5）结束语

城市土壤重金属污染对人体及环境的危害非常大，针对污染现状，提出以下几点防治措施供大家参考：

（1）生物治理方法：根据土壤特点和污染状况，合理种植绿化植物，提高城市绿地覆盖率.

（2）化学治理方法：投入土壤改良剂、抑制剂，增加土壤有机物质、阳离子代换量和黏粒的含量，改变 pH 值、电导等物理化学性质，使土壤重金属发生氧化、还原、沉淀、吸附、抑制等作用，以降低重金属的生物作用.

（3）对污染严重的土壤，采取换土绿化或改为非绿化永久性用地.

（4）严格控制污染源.

① 燃煤污染源控制措施：改变城市能源结构和燃煤方式，扩大液化气、天然气等清洁燃料使用量，采用高效率、低污染的燃烧设施. 加大棚户改造，扩大集中供热面积，合理优化供热布局，减少能源消耗.

② 交通运输污染源控制措施：机动车尾气和轮胎磨损产生的粉尘是城市土壤重金属污染的主要面污染源，因此应该提倡机动车使用清洁能源，加强报废汽车管理，尾气排放不达标汽车禁止上路，改善轮胎橡胶制作技术. 另外，改善交通系统，避免交通阻塞. 对运输固体废物及建筑材料等车辆应采取限时限路特殊管理，防止撒落，且在道路两侧的裸露地面上铺设方砖或种植草坪.

③ 工业污染源控制措施：加快发展清洁生产工艺，严格监控企业"三废"排放，对废气、废渣和污泥中重金属及时回收处理.

（5）加强宣传教育，增强公众的环保意识.

环境与人类共存，开发与保护同步，保护生态环境共建美好家园！

习题 9

1. 表 9.1 是我国 16 个地区农民 1982 年支出情况的抽样调查资料，每个地区都调查了反映每人平均生活消费支出情况的六个指标．

（1）试利用调查资料对 16 个地区进行分类（聚类分析）；

（2）试对 16 个地区农民生活水平的调查数据进行主成分分析，并利用前两个主成分对 16 个地区农民生活水平进行分类，与聚类分析的分类结果进行比较；

（3）试对 16 个地区农民生活水平的调查数据进行因子分析．

表 9.1　16 个地区农民生活水平的调查数据　　　单位：元

地区	食品 x_1	衣服 x_2	燃料 x_3	住房 x_4	生活 x_5	文化 x_6
北京	190.33	43.77	9.73	60.54	49.01	9.04
天津	135.2	36.4	10.47	44.16	36.49	3.94
河北	95.21	22.83	9.3	22.44	22.81	2.8
山西	104.78	25.11	6.4	9.89	18.17	3.25
内蒙古	128.41	27.63	8.94	12.58	23.99	3.27
辽宁	145.68	32.83	17.79	27.29	39.09	3.47
吉林	159.37	33.38	18.37	11.81	25.29	5.22
黑龙江	116.22	29.57	13.24	13.76	21.75	6.04
上海	221.11	38.64	12.53	115.65	50.82	5.89
江苏	144.98	29.12	11.67	42.6	27.3	5.74
浙江	169.92	32.75	12.72	47.12	34.35	5
安徽	153.11	23.09	15.62	23.54	18.18	6.39
福建	144.92	21.26	16.96	19.52	21.75	6.73
江西	140.54	21.5	17.64	19.19	15.97	4.94
山东	115.84	30.26	12.2	33.61	33.77	3.85
河南	101.18	23.26	8.46	20.2	20.5	4.3

2. 有 6 个铅弹头，测得 7 种微量元素的含量数据，见表 9.2．

表 9.2　微量元素含量数据

样品号 元素	Ag（银） （X_1）	AL（铝） （X_2）	Cu（铜） （X_3）	Ca（钙） （X_4）	Sb（锑） （X_5）	Bi（铋） （X_6）	Sn（锡） （X_7）
1	0.05789	5.5150	347.10	21.910	8586	1742	61.69
2	0.08441	3.9700	347.20	19.710	7947	2000	2440
3	0.07217	1.1530	54.85	3.052	3860	1445	9497
4	0.15010	1.7020	307.50	15.030	12290	1461	6380
5	5.74400	2.8540	229.60	9.657	8099	1266	12520
6	0.21300	0.7058	240.30	13.910	8980	2820	4135

（1）试用多种系统聚类法对 6 个弹头进行分类，并比较分类结果；

（2）试用多种方法对 7 种微量元素进行分类．

3. 调查高中某班期末考试成绩，运用主成分分析和因子分析方法进行分析．

10　图论模型

10.1　图论相关知识

10.1.1　图论的基本概念

在现实世界中，许多现象都体现着事物与事物之间的某种联系，如球队间的比赛，两座城市之间的交通线路等. 对于这些现象，在数学中通常把球队、城市等抽象成点，而把进行过的比赛或铁路、公路用连接两点的连线表示，就形成了图. 哥尼斯堡七桥问题就是用图解决问题的第一个例子. 18 世纪时，欧洲有一个风景秀丽的小城哥尼斯堡（今俄罗斯加里宁格勒），那里的普莱格尔河上有七座桥，将河中的两个岛和河岸连接，城中的居民经常沿河过桥散步，于是，爱动脑筋的人提出了一个问题：一个人怎样才能一次走遍七座桥，每座桥只走过一次，最后回到出发点？大家都试图找出问题的答案，但是谁也解决不了这个问题. 于是，人们向住在圣彼得堡的瑞士数学家欧拉请教. 欧拉将图 10.1.1 中的河流的两岸和小岛看成点，将桥看成连接两点的连线，从而将图 10.1.1 简化为图 10.1.2 所示的图，哥尼斯堡七桥问题就转化为图 10.1.2 的类似于"一笔画"的问题. 在此基础上，欧拉进一步研究，发现了"握手定理"，从而最终解决了哥尼斯堡七桥问题.

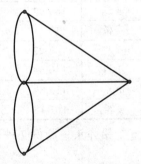

图 10.1.1　哥尼斯堡七桥示意图　　　　图 10.1.2　哥尼斯堡七桥问题模型图

在图论这门数学学科中，描述上述问题中的河岸、小岛等的点称为**顶点**，通常记作 v_i；连接两个顶点之间的连线称为**边**，通常记作 e_i；由若干个顶点和边组成的图形称为**图**. 由顶点组成的集合称为顶点集，记作 V，由边组成的集合称为边集，记作 E. 这样，图就是由顶点集 V 和边集 E 组成的，记作 $G = (V, E)$. 由此，给定一个图 G，则它的顶点集表示为 $V(G)$，它的边集表示为 $E(G)$. 如果图 G 中的每一条边 e 都对应一个实数 $F(e)$，则称 $F(e)$ 为这条边的**权重**，并称图 G 为赋权图（**网络**），记作 $G = (V, E, F)$.

由图的概念可知，一个图仅与它所包含的顶点数、边数以及点和边的关系有关，而与它的位置、大小、形状无关. 因此，为了方便或者根据需要，一个图可以画成多种形式. 例如，图 10.1.3 中的三个图被认为是同一个图.

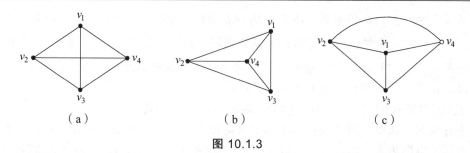

图 10.1.3

在图中，任意一条边都有两个点与之连接，因此，任何一条边也可以用它所连接的点表示．例如，在图 10.1.4 中，记 $e_1 = (v_1, v_2)$，$e_2 = (v_1, v_1)$，$e_3 = (v_1, v_3)$ 等．一般地，与边相连接的点称为边的**端点**，边与它的端点**关联**，与同一条边关联的两个端点称为**相邻**．如果两条边有公共端点，则称这两条边**邻接**．两个端点重合的边称为**环**（例如图 10.1.4 中的 e_2）．如果两条边具有两个相同的端点，则称这两条边为**平行边**（例如图 10.1.4 中的 e_5 和 e_6）．不与任何边关联的顶点称为**孤立点**（例如图 10.1.4 中的 v_5）．既没有平行边也没有孤立点的图称为**简单图**．含有平行边并且不含有环的图称为**多重图**．在图中，所有与顶点 v 关联的边的条数称为 v 的**度数**，简称**度**，记作 $d(v)$．

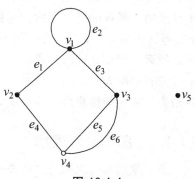

图 10.1.4

在一些实际问题（例如某个旅游景点的旅游路线）的图模型中（见图 10.1.5），需要对边赋予方向，这样的边称为**有向边**，所有的边均为有向边的图称为**有向图**．与之相对应，如果边没有被赋予方向，这样的边称为**无向边**，所有的边均为无向边的图称为**无向图**．与有向边关联的、处于箭尾的端点称为有向边的**始点**，而处于箭头的端点称为有向边的**终点**．与顶点 v 关联并且以 v 为始点的有向边的条数称为 v 的**出度**，记作 $d^+(v)$；与顶点 v 关联并且以 v 为终点的有向边的条数称为 v 的**入度**，记作 $d^-(v)$；顶点 v 的出度与入度之和称为 v 的**度数**，简称**度**．

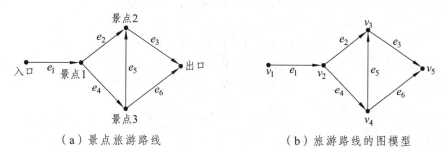

（a）景点旅游路线　　　　　　　　（b）旅游路线的图模型

图 10.1.5

设 G 为无向图，G 中顶点与边的交替次序 $\Gamma = v_{t_0} e_{f_1} v_{t_1} e_{f_2} \cdots e_{f_l} v_{t_l}$ 称为顶点 v_{t_0} 到顶点 v_{t_l} 的**通路**，其中 $v_{t_{r-1}}$ 和 v_{t_r} 为 e_{f_r} 的端点 $(r = 1, 2, \cdots, l)$，v_{t_0} 和 v_{t_l} 分别称为 Γ 的**始点**和**终点**，Γ 中的边数 l 称为 Γ 的**长度**．若 $v_{t_0} = v_{t_l}$，则称通路 Γ 为**回路**．若 Γ 的所有边各异，则称 Γ 为**简单通路**，此时，又若 $v_{t_0} = v_{t_l}$，则称 Γ 为**简单回路**．若 Γ 的所有顶点（除 v_{t_0} 和 v_{t_l} 可能相同外）各异，所

有边也各异，则称 Γ 为**初级通路**，或称 Γ 为一条**路径**，此时，又若 $v_{t_0}=v_{t_l}$，则称 Γ 为**初级回路**或**圈**．若 Γ 中有边重复出现，则称 Γ 为**复杂通路**，此时，又若 $v_{t_0}=v_{t_l}$，则称 Γ 为**复杂回路**．通过图中所有边一次且仅一次行遍所有顶点的通路称为**欧拉通路**．通过图中所有边一次且仅一次行遍所有顶点的回路称为**欧拉回路**．经过图中所有顶点一次且仅一次的通路称为**哈密顿通路**．经过图中所有顶点一次且仅一次的回路称为**哈密顿回路**．

对于有向图中通路、回路及其分类的定义与以上定义非常相似，但需注意，在有向图中通路与回路的有向边方向的一致性，即在 $\Gamma=v_{t_0}e_{f_1}v_{t_1}e_{f_2}\cdots e_{f_l}v_{t_l}$ 中，$v_{t_{r-1}}$ 必须是 e_{f_r} 的始点，而 v_{t_r} 必须是 e_{f_r} 的终点 $(r=1,2,\cdots,l)$．

设无向图 $G=<V,E>$，$\forall u,v\in V$，若 u，v 之间存在通路，则称 u，v 是**连通的**，若图 G 中任意两个顶点都是连通的，则称图 G 是**连通图**．设 u，v 为图 G 中的任意两个顶点，若 u，v 连通，则称 u，v 之间长度最短的通路为 u，v 之间的**短程线**，短程线的长度称为 u，v 之间的**距离**，记作 $d(u,v)$，当 u，v 不连通时，规定 $d(u,v)=\infty$．

在有向图 D 中，若从顶点 v_i 到 v_j 存在通路，则称 v_i **可达** v_j，并且称 v_i 到 v_j 的长度最短的通路为 v_i 到 v_j 的**短程线**，其长度称为 v_i 到 v_j 的**距离**，记作 $d(v_i,v_j)$．

10.1.2　图的矩阵表示

图中顶点与边之间的关联关系、顶点与顶点之间的相邻关系或者邻接关系、连通或者可达关系等都可以用矩阵描述，通过图的矩阵表示，可以清楚地观察到图的性质，能准确地计算出图中任意两个顶点之间不同长度的通路（或者回路）数．

设 $G=<V,E>$ 为无环无向图，$V=\{v_1,v_2,\cdots,v_n\}$，$E=\{e_1,e_2,\cdots,e_m\}$，令

$$m_{ij}=\begin{cases}1, & v_i \text{ 与 } e_j \text{ 关联,}\\ 0, & v_i \text{ 与 } e_j \text{ 不关联,}\end{cases}$$

称 $[m_{ij}]_{n\times m}$ 为 G 的关联矩阵，记作 $M(G)$．如图 10.1.6 所示的有向图的关联矩阵为

$$M(G)=\begin{array}{c}v_1\\v_2\\v_3\\v_4\end{array}\begin{pmatrix}\begin{array}{cccccc}e_1 & e_2 & e_3 & e_4 & e_5 & e_6\end{array}\\ \begin{array}{cccccc}1 & 1 & 1 & 1 & 0 & 0\\ 1 & 1 & 0 & 0 & 0 & 0\\ 0 & 0 & 0 & 1 & 1 & 1\\ 0 & 0 & 1 & 0 & 0 & 1\end{array}\end{pmatrix}.$$

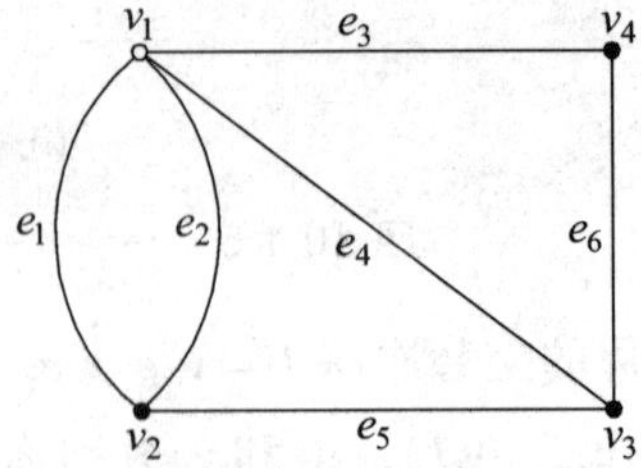

图 10.1.6

设 $D=<V,E>$ 为无环有向图，$V=\{v_1,v_2,\cdots,v_n\}$，$E=\{e_1,e_2,\cdots,e_m\}$，令

$$m_{ij} = \begin{cases} 1, & v_i \text{ 是 } e_j \text{ 的始点,} \\ 0, & v_i \text{ 与 } e_j \text{ 不关联,} \\ -1, & v_i \text{ 是 } e_j \text{ 的终点.} \end{cases}$$

称 $[m_{ij}]_{n \times m}$ 为 D 的关联矩阵, 记作 $M(D)$. 如图 10.1.5（b）所示的有向图的关联矩阵为

$$M(D) = \begin{array}{c} \\ v_1 \\ v_2 \\ v_3 \\ v_4 \\ v_5 \end{array} \begin{array}{c} e_1 \ \ e_2 \ \ e_3 \ \ e_4 \ \ e_5 \ \ e_6 \\ \begin{pmatrix} 1 & 0 & 0 & 0 & 0 & 0 \\ -1 & 1 & 0 & 1 & 0 & 0 \\ 0 & -1 & 1 & 0 & -1 & 0 \\ 0 & 0 & 0 & -1 & 1 & 1 \\ 0 & 0 & -1 & 0 & 0 & -1 \end{pmatrix} \end{array}.$$

设 $G = <V, E>$ 为简单无向图, $V = \{v_1, v_2, \cdots, v_n\}$, $E = \{e_1, e_2, \cdots, e_m\}$, 令 $a_{ii}^{(1)} = 0, i = 1, 2, \cdots, n$,

$$a_{ij}^{(1)} = \begin{cases} 1, & v_i \text{ 与 } v_j \text{ 相邻}, i \neq j, \\ 0, & \text{否则}, \end{cases}$$

称 $[a_{ij}^{(1)}]_{n \times m}$ 为 G 的相邻矩阵, 记作 $A(G)$, 简记为 A. 如图 10.1.7 所示简单无向图的相邻矩阵为

$$A(G) = \begin{array}{c} \\ v_1 \\ v_2 \\ v_3 \\ v_4 \end{array} \begin{array}{c} v_1 \ \ v_2 \ \ v_3 \ \ v_4 \\ \begin{pmatrix} 0 & 1 & 0 & 1 \\ 1 & 0 & 1 & 1 \\ 0 & 1 & 0 & 0 \\ 1 & 1 & 0 & 0 \end{pmatrix} \end{array}.$$

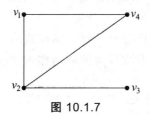

图 10.1.7

设 $A^k = A^{k-1} \cdot A = [a_{ij}^{(k)}]_{n \times n}$, $k = 2, 3, \cdots$, 有如下结果.

定理 10.1.1 设 G 为简单无向图, $V = \{v_1, v_2, \cdots, v_n\}$, A 是 G 的相邻矩阵, A^k 中的元素 $a_{ij}^{(k)} (= a_{ji}^{(k)}) (i \neq j)$ 为 G 中 v_i 到 v_j（v_j 到 v_i）长度为 k 的通路数, 而 $a_{ii}^{(k)}$ 为 v_i 到 v_i 的回路数.

设 $D = <V, E>$ 为有向图, $V = \{v_1, v_2, \cdots, v_n\}$, 令 $a_{ij}^{(1)}$ 为 v_i 邻接到 v_j 的边的条数, 称 $[a_{ij}^{(1)}]_{n \times n}$ 为 D 的邻接矩阵, 记作 $A(D)$, 简记为 A. 如图 10.1.8 所示, 它的邻接矩阵为

$$A = \begin{array}{c} \\ v_1 \\ v_2 \\ v_3 \\ v_4 \end{array} \begin{array}{c} v_1 \ \ v_2 \ \ v_3 \ \ v_4 \\ \begin{pmatrix} 0 & 2 & 1 & 0 \\ 0 & 0 & 1 & 0 \\ 0 & 0 & 0 & 1 \\ 0 & 0 & 1 & 1 \end{pmatrix} \end{array}.$$

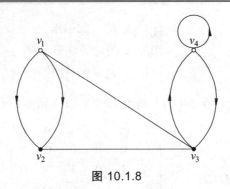

图 10.1.8

定理 10.1.2　设 A 是有向图的邻接矩阵，A 的 l $(l \geqslant 2)$ 次幂 $A^l = A^{l-1} \cdot A$ 中元素 $a_{ij}^{(l)}$ 为 v_i 到 v_j 的长度为 l 的通路数，$\sum_i \sum_j a_{ij}^{(l)}$ 为 D 中长度为 l 的通路总数，而 $\sum_i a_{ii}^{(l)}$ 为 D 中长度为 l 的回路总数.

10.2　最短路径问题及其算法

考虑网络中两个节点之间距离最短的通路，这类问题可以用赋权图来建模. 例如，关于航线系统问题. 用顶点表示城市，用边来表示航班，给边赋予城市之间的距离，就可以为涉及距离的问题建模；给边赋予飞行时间，就可以为涉及时间的问题建模；给边赋予票价，就可以为涉及票价的问题建模. 关于这些问题，我们通常考虑两个城市之间距离最短、飞行时间最少、票价最省等. 这类问题就是求赋权图中每个顶点总权重最小的通路. 这是图论中讨论的最短路径问题.

在赋权图中，如果两个顶点之间存在通路，则称通路所含所有的边的权重之和为这条通路的**长度**，两个顶点的所有通路中长度最短的通路称为这两个顶点的**最短路径**.

10.2.1　始点固定的最短路径与 Dijkstra 算法

设给定赋权图 $G = (V, E, W)$，$V = \{v_1, v_2, \cdots, v_n\}$，$E = \{(v_i, v_j)\}$，$\omega(v_i, v_j) = \omega_{ij}$，找出从一个顶点 v_1 到另一个顶点 v_k 的路径，使其长度之和为最短.

截至目前，人们已经给出了求最短路径的几种算法，Dijkstra 算法是其中较为有效的算法之一. 这种算法的基本思想是动态规划的最优化原理：若 $v_1, v_2, \cdots, v_k$ 是 v_1 到 v_k 的最短路径，即

$$d(v_1, v_k) = \omega_{12} + \omega_{23} + \cdots \omega_{(k-1)k} = \min ,$$

则 $v_1, v_2, \cdots, v_{k-1}$ 是 v_1 到 v_{k-1} 的最短路径，即

$$d(v_1, v_k) = \omega_{12} + \omega_{23} + \cdots \omega_{(k-2)(k-1)} = \min .$$

事实上，如果这个结论不成立，便可以找到从 v_1 到 v_{k-1} 的更短的路径，从而将原来的路径替换而得到从 v_1 到 v_k 的更短的路径. 因而产生矛盾.

Dijkstra 算法是一种标号法，适用于所有权重大于零的情形. Dijkstra 算法的具体步骤如下：

（1）给始点 v_1 标上永久标号 $p(v_1) = 0$，给其余各顶点标上临时标号 $t(v_j)$，$j = 1, 2, \cdots, n$. 其

中，若 v_j 与 v_1 相邻，记 $t(v_j) = \omega_{1j}$，否则，记 $t(v_j) = \infty$. 这里，$t(v_j)$ 表示从 v_1 到 v_j 的长度. 令 $S = \{v_1\}$，$S^c = \{v_2, v_3, \cdots, v_n\}$.

（2）寻找从 v_1 到 S^c 的长度最短的顶点 v_{j1}，做永久标号 $p(v_{j1}) = \min\limits_{v_j \in S^c}\{t(v_j)\}$，令 $S = \{v_1, v_{j1}\}$，$S^c = V - S$，修改 S^c 中各顶点的临时标号，对于 $v_j \in S^c$，记

$$t(v_j) = \min\{t(v_j), p(v_{j1}) + \omega(v_{j1}, v_j)\}.$$

新的 $t(v_j)$ 是 v_j 一步到 v_1，或者经过 v_{j1} 到达 v_1 的最短长度.

（3）重复步骤（2），直到 v_k 进入 S 时停止，就求出了最短路径及其长度.

例 10.2.1 某公司在六个城市 $c_1, c_2, \cdots, c_6$ 设有分公司，从 c_i 到 c_j 的直航票价为如下矩阵的元素 a_{ij}（∞ 表示 c_i 到 c_j 无直航）. 请帮助该公司设计一张从 c_1 与其他城市之间的票价最便宜的路线图与票价表.

$$
\begin{array}{c}
\quad\quad c_1 \quad c_2 \quad c_3 \quad c_4 \quad c_5 \quad c_6 \\
\begin{array}{c} c_1 \\ c_2 \\ c_3 \\ c_4 \\ c_5 \\ c_6 \end{array}
\begin{pmatrix}
0 & 50 & \infty & 40 & 25 & 10 \\
50 & 0 & 15 & 20 & \infty & 25 \\
\infty & 15 & 0 & 10 & 20 & \infty \\
40 & 20 & 10 & 0 & 10 & 25 \\
25 & \infty & 20 & 10 & 0 & 55 \\
10 & 25 & \infty & 25 & 55 & 0
\end{pmatrix}
\end{array}
$$

解 用 pb 表示 P 标号的信息，index_1 表示标号顶点的顺序，index_2 表示标号顶点索引，d 表示最短路径的长度. 其中

$$\text{pb}(i) = \begin{cases} 1 & \text{第 } i \text{ 顶点已标记} \\ 0 & \text{第 } i \text{ 顶点未标记} \end{cases};$$

$\text{index}_2(i)$：存放始点到第 i 顶点的最短路径中第 i 顶点的前一个顶点的序号；

$d(i)$：存放由始点到第 i 顶点的最短路径的长度.

求第一个城市到其他城市的最短路径的 MATLAB 程序如下：

```
clc,clear
a=zeros(6);
a(1,2)=50;
a(1,4)=40;
a(1,5)=25;
a(1,6)=10;
a(2,3)=15;
a(2,4)=20;
a(2,6)=25;
a(3,4)=10;
```

```
        a(3,5)=20;

        a(4,5)=10;

        a(4,6)=25;

        a(5,6)=55;

        a=a+a';

        a(find(a==0))=inf;

        pb(1:length(a))=0;

        pb(1)=1;

        index1=1;

        index2=ones(1,length(a));

        d(1:length(a))=inf;

        d(1)=0;

        temp=1;

        while sum(pb)<length(a)

              tb=find(pb==0);

              d(tb)=min(d(tb),d(temp)+a(temp,tb));

              tmpb=find(d(tb)==min(d(tb)));

              temp=tb(tmpb(1));

              pb(temp)=1;

              index1=[index1,temp];

              temp2=find(d(index1)==d(temp)-a(temp,index1));

              index2(temp)=index1(temp2(1));

        end

              d, index1, index2
```

程序运行结果如下:

```
        d =

            0     35     45     35     25     10

        index1 =

            1      6      5      2      4      3

        index2 =

            1      6      5      6      1      1
```

由运行结果可得表 10.2.1.

表 10.2.1

迭代次数	$t(v_1)$	$t(v_2)$	$t(v_3)$	$t(v_4)$	$t(v_5)$	$t(v_6)$	记录 u
1	⓪	50	∞	40	25	10	v_1
2		50	∞	40	25	⑩	v_6
3		50	45	40	㉕		v_5
4		㉟	45	35			v_2
5			45	㉟			v_4
6			㊺				v_3
最短路径的长度	0	35	45	35	25	10	
父点	v_1	v_6	v_5	v_6	v_1	v_1	

由表 10.2.1 可得从 v_1 到其他城市的最便宜的路线及其票价. 例如：从 v_1 到 v_3 的最便宜的路线为 $v_1-v_5-v_3$，票价为 45.

例 10.2.2（设备更新问题）某企业使用一台设备. 每年年初，企业都要作出决定，继续使用旧的，还是购买新的. 如果继续使用旧的，就要付维修费；如果购买新的，就要付购置费. 试制订一个五年的设备更新计划，使五年内总的支付费用为最少.

已知该设备在每年年初的价格为：

第一年	第二年	第三年	第四年	第五年
11	11	12	12	13

使用不同时间设备所需的维修费为：

使用年限	0~1	1~2	2~3	3~4	4~5
	5	6	8	11	18

解 设 b_i 表示第 i 年年初的购置费，c_i 表示使用 i 年后的维修费. 将这个问题化为求有向赋权图的最短路径问题.

令 $V=\{v_1,v_2,\cdots,v_6\}$，v_i 表示第 i 年年初购进新设备. 其中 v_6 表示第 5 年年底.

$$E=\{v_i v_j \mid 1 \leqslant i \leqslant j \leqslant 6\},$$

$$W=\left\{\omega(v_i v_j) \mid \omega(v_i v_j)=b_i+\sum_{k=1}^{j-i} c_k, 1 \leqslant i \leqslant j \leqslant 6\right\}.$$

有向赋权图 $G=<V,E,W>$ 如图 10.2.1 所示，则上述问题化为求从 v_1 到 v_6 的最短路径. 用 Dijkstra 算法求解. 计算结果表明：$v_1 v_3 v_6$ 和 $v_1 v_4 v_6$ 为两条最短路径，长度均为 53，即在第 1 年和第 3 年年初各买一台新设备，或者在第 1 年和第 4 年年初各买一台新设备为最优决策，这时 5 年总费用为 53.

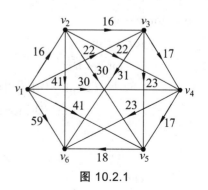

图 10.2.1

10.2.2　每对顶点的最短路径与 Floyd 算法

计算赋权图中各对顶点之间的最短路径，显然可以使用 Dijkstra 算法. 具体方法是：每次以不同的顶点作为起点，用 Dijkstra 算法求出从该起点到其余顶点的最短路径，反复执行 $n-1$ 次这样的操作，就可得到从每一个顶点到其他顶点的最短路径. 这种算法的时间复杂度为 $O(n^3)$. 第二种解决这一问题的方法是由 Floyd R W 提出的算法，称之为 Floyd 算法. 这种方法可以一次性地求出任意两个顶点之间的最短路径与长度.

Floyd 算法的基本思想是：从图的带权邻接矩阵开始，递归地进行 n 次更新，即由矩阵 $D^{(0)} = A$，按照迭代公式：

$$D^{(k)} = [d_{ij}^{(k)}]_{n \times n},$$

其中 $d_{ij}^{(k)} = \min\{d_{ij}^{(k)}, d_{ik}^{(k)} + d_{kj}^{(k)}\}$, $i, j, k = 1, 2, \cdots, n$ 表示中间只允许经过第 $1, 2, \cdots, k$ 顶点，从第 i 顶点到第 j 顶点的路径中的最短路径的长度. 经过 k 次迭代，构造出矩阵 $D^{(k)}$, $D^{(k)}$ 的第 i 行第 j 列元素就是第 i 顶点到第 j 顶点的最短路径的长度，称 $D^{(k)}$ 为图的距离矩阵.

例 10.2.3　用 Floyd 算法求解图 10.2.2 所示赋权有向图中任意两个顶点的最短路径及其长度.

解　用带权邻接矩阵 $[a(i, j)]$ 表示图 10.2.2 的结构及权重，用矩阵 path 表示两点间的最短路径.

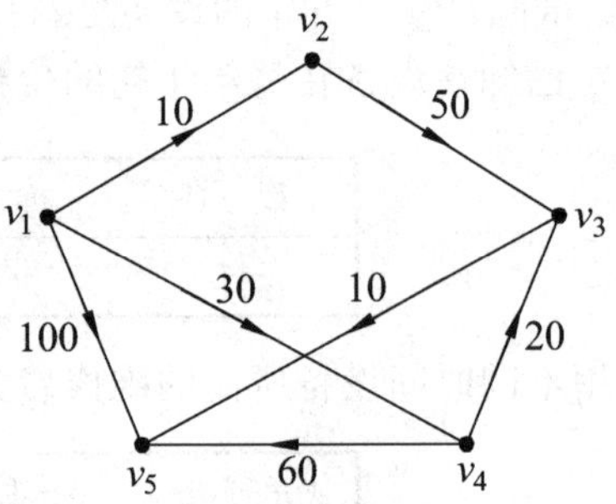

用 Floyd 算法求解. 名为 floyd.m 的程序文件为

图 10.2.2

```
function[D,path]=floyd(a)
 n=size(a,1);
D=a
for i=1:n
    for j=1:n
        path(i,j)=j;
    end
end
path
for k=1:n
    for i=1:n
        for j=1:n
            if D(i,k)+D(k,j)<D(i,j)
                D(i,j)=D(i,k)+D(k,j);path(i,j)=path(i,k);
            end
        end
    end
end
k
```

    D

    path

  end

在MATLAB命令窗口输入

    a=[0 50 inf inf inf;inf 0 inf inf 80;inf 30 0 20 inf;inf inf inf 0 70;65 inf 100 inf 0];

    [D,path]=floyd(a)

最终运行结果为

    D =

0	50	230	250	130
145	0	180	200	80
155	30	0	20	90
135	185	170	0	70
65	115	100	120	0

    path =

1	2	2	2	2
5	2	5	5	5
4	2	3	4	4
5	5	5	4	5
1	1	3	3	5

    由矩阵 D 可知任意两个顶点之间的最短路径的长度，例如，$D(1,3) = 230$ 表示从 v_1 到 v_3 的最短路径的长度为 230. 由矩阵 path 可以得出任意两个顶点之间的最短路径，如要求从 v_1 到 v_3 的最短路径，则由

$$\text{path}(1, 3) = 2, \quad \text{path}(2, 3) = 5, \quad \text{path}(5, 3) = 3$$

可知，从 v_1 到 v_3 的最短路径为 $v_1 - v_2 - v_5 - v_3$.

10.2.3 最短路径的规划方法求解

    最短路径问题也是最优化问题，可以用最优化方法求解. 假设有向图 $D = <V, E>$ 有 n 个顶点，现在要求从顶点 1 到顶点 n 的最短路径. 设 $W = (w_{ij})_{n \times n}$ 为带权邻接矩阵，元素为

$$w_{ij} = \begin{cases} w(v_i v_j), & v_i v_j \in E, \\ \infty, & \text{其他,} \end{cases}$$

x_{ij} 为决策变量，当 $x_{ij} = 1$ 时，表明边 $v_i v_j$ 在顶点 1 到顶点 n 的通路上；否则 $x_{ij} = 0$. 其数学规划表达式为

$$\min \sum_{v_i v_j} x_{ij},$$

$$\text{s.t.} \sum_{\substack{j=1 \\ v_i v_j \in E}}^{n} x_{ij} - \sum_{\substack{j=1 \\ v_i v_j \in E}}^{n} x_{ji} = \begin{cases} 1, & i = 1, \\ -1, & i = n, \\ 0, & i \neq 1, n, \end{cases}$$

$$x_{ij} = 0 \text{ 或 } 1.$$

例 10.2.4　现有 $A, B_1, B_2, C_1, C_2, C_3, D$ 等 7 座城市. 现计划从城市 A 到城市 D 铺设一条天然气管道，请设计出最小价格管道铺设方案. 7 座城市的道路如图 10.2.3 所示. 点与点之间的连线表示城市之间有道路相连. 连线旁的数字表示道路的长度.

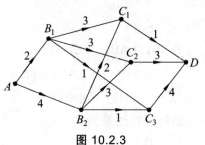

图 10.2.3

编写 LINGO 程序如下：

```
model:
sets:
cities/A,B1,B2,C1,C2,C3,D/;
roads(cities,cities)/A B1, A B2,B1 C1,B1 C2,B1
C3,B2 C1, B2 C2,B2 C3,C1 D,C2 D,C3 D/:w,x;
Endsets
data:
w=2 4 3 3 1 2 3 1 1 3 4;
enddata
n=@size(cities); !城市的个数;
min=@sum(roads:w*x);
@for(cities(i)|i #ne#1 #and# i #ne#n:
@sum(roads(i,j):x(i,j))=@sum(roads(j,i):x(j,i)));
@sum(roads(i,j)|i #eq#1:x(i,j))=1;
@sum(roads(i,j)|j #eq#n:x(i,j))=1;
End
```

程序运行结果如下：

Global optimal solution found.

Objective value:		6.000000
Infeasibilities:		0.000000
Total solver iterations:		0
Model Class:		LP
Total variables:	11	
Nonlinear variables:	0	
Integer variables:	0	
Total constraints:	8	
Nonlinear constraints:	0	
Total nonzeros:	33	
Nonlinear nonzeros:	0	

Variable	Value	Reduced Cost

N	7.000000	0.000000
W(A, B1)	2.000000	0.000000
W(A, B2)	4.000000	0.000000
W(B1, C1)	3.000000	0.000000
W(B1, C2)	3.000000	0.000000
W(B1, C3)	1.000000	0.000000
W(B2, C1)	2.000000	0.000000
W(B2, C2)	3.000000	0.000000
W(B2, C3)	1.000000	0.000000
W(C1, D)	1.000000	0.000000
W(C2, D)	3.000000	0.000000
W(C3, D)	4.000000	0.000000
X(A, B1)	1.000000	0.000000
X(A, B2)	0.000000	0.000000
X(B1, C1)	1.000000	0.000000
X(B1, C2)	0.000000	2.000000
X(B1, C3)	0.000000	1.000000
X(B2, C1)	0.000000	1.000000
X(B2, C2)	0.000000	4.000000
X(B2, C3)	0.000000	3.000000
X(C1, D)	1.000000	0.000000
X(C2, D)	0.000000	0.000000
X(C3, D)	0.000000	0.000000

Row	Slack or Surplus	Dual Price
1	0.000000	0.000000
2	6.000000	−1.000000
3	0.000000	−4.000000
4	0.000000	−2.000000
5	0.000000	0.000000
6	0.000000	1.000000
7	0.000000	−1.000000
8	0.000000	−2.000000
9	0.000000	−2.000000

由运行结果中的"Objective value"为 6 可知,最低价格为 6. 再由 X(B1, C1)、X(B1, C1)、X(C1, D)的"Value"为 1 可知,最低价格的铺设方案为 $A \rightarrow B_1 \rightarrow C_1 \rightarrow D$.

10.3　最优截断切割问题

1）问题的提出

某些工业部门（如贵重石材加工等）采用截断切割的加工方式，这里"截断切割"是指将物体沿某个切割平面分成两部分。从一个长方体中加工出一个已知尺寸、位置预定的长方体（这两个长方体的对应表面是平行的），通常要经过 6 次截断切割。

设水平切割单位面积的费用是垂直切割单位面积费用的 r 倍，且当先后两次垂直切割的平面（不管它们之间是否穿插水平切割）不平行时，因调整刀具需额外费用 e。试为这些部门设计一种安排各面加工的次序（称"切割方式"），使加工费用最少。

2）问题分析

由题目可知，这是一个最优化问题，要求设计一种加工次序，使加工费用为最小。截断切割一次，只能截得长方体的一个平面；加工一个长方体，要经过 6 次截断切割，这 6 次切割，要按照一定的次序进行。按照排列知识，不同方案应该有 $6! = 720$（种）。如果两次相继的加工是切割一对相互平行的平面，那么交换其顺序对整个切割费用将不产生影响。同时，按照经验，在两个平行的待切割面中，边距较大的切割面通常先加工，由此，只需考虑

$$\frac{P_6^6}{2! \times 2! \times 2!} = 90（种）切割方式.$$

因此，用穷举法解决该问题的计算量是比较大的。

考虑到加工过程中的长方体的六个面只有两种状态：未切割和已切割，分别用 0、1 表示，长方体的六个面按照某种次序编号，则长方体的切割状态由一个 6 维向量表示，这个向量表示一个顶点，所有的切割状态构成一个顶点集，从一个切割状态到下一个切割状态构成一条有向边，加工费用作为边的权重，则构成了一个赋权有向图，该问题即转化为求从 $(0,0,0,0,0,0)$ 到 $(1,1,1,1,1,1)$ 的最短路径问题。

3）模型假设

（1）待加工的长方体与成品长方体对应表面平行；
（2）垂直切割单位面积的费用为 1，水平切割单位面积的费用为 r；
（3）当先后两次垂直切割的平面不平行时，调整刀具需要额外费用 e；
（4）每个待加工的长方体都必须经过 6 次截断切割；
（5）第一次切割前，刀具已经调整完毕，即第一次垂直切割不加入刀具调整费用。

4）模型建立与求解

模型一

将长方体的六个面按照前、后、左、右、上、下的次序排列，每个面的切割状态用 0 和 1 分别表示未切割和已切割，则六个面的切割状态构成一个分量为 0 或者 1 的 6 维向量，用来表示长方体的某个切割状态。例如，$(0,0,0,0,0,0)$ 表示长方体还没有被切割，$(1,1,1,1,1,1)$ 表示六个面切割完毕，$(0,1,1,0,0,1)$ 则表示后面、左面与下面已切割，前面、右面和上面未切割。这样形成一个顶点集

$$V_1 = \{(a_1, a_2, a_3, a_4, a_5, a_6) \mid a_i = 0 \text{ 或 } 1, i = 1, 2, \cdots, 6\}.$$

V_1 中共有 $2^6 = 64$（个）顶点. 长方体从某个状态到下一个状态用有向边表示，产生的费用作为边的权重，这样就构成了一个赋权有向图 $D_1 = <V_1, E_1, W_1>$. 图 D_1 中的任意一条从顶点 $(0,0,0,0,0,0)$ 到 $(1,1,1,1,1,1)$ 的路径表示长方体的状态变化过程，对应了一种加工方式，路径的权重就是加工费用. 反之，任意一种加工方式都对应于图 D 的一条有向路径，求最小费用的加工方式就是就图 D_1 中从顶点 $(0,0,0,0,0,0)$ 到 $(1,1,1,1,1,1)$ 的最短路径.

模型二

根据经验，平行切割边距大的先加工. 对两个平行切割只考虑边距大的先切割所导致的长方体的状态，可以用 0,1,2 组成的 3 维向量来表示，(x,y,z) 表示左右、前后、上下分别被切 x,y,z 刀. 例如，$(0,0,0)$ 表示长方体还没有被切割，$(2,2,2)$ 表示六个面切割完毕，$(0,2,1)$ 表示长方体的左右两面没有切割，前后两面已被切割，上下两面中较厚的一块已被切割. 则顶点集变为

$$V_2 = \{(a_1, a_2, a_3) \mid a_i = 0, 1 \text{ 或 } 2, i = 1, 2, \cdots, 6\}.$$

V_2 中共有 $3^3 = 27$（个）顶点. 用有向边表示长方体从一个状态到下一个状态，费用作为这条边的权重，则构成了一个较小的赋权有向图 $D_2 = <V_2, E_2, W_2>$. 问题转化为求有向图 D_2 中从顶点 $(0,0,0)$ 到 $(2,2,2)$ 的最短路径，用 Dijkstra 算法求解.

实例 待加工长方体和产品长方体的长、宽、高分别为 10, 14.5, 19 和 3, 2, 4，二者左侧面、正面、底面之间的距离分别为 6, 7, 9（单位均为厘米）. 垂直切割费用为每平方厘米 1 元，$r = 1.5$，$e = 0$.

结算结果可知，从顶点 $(0,0,0)$ 到 $(2,2,2)$ 有两条最短路径，对应的最优加工方式分别为：前、下、左、后、上、右和前、左、下、后、上、右，其加工费用均为 437.5 元.

模型三

在 $e \neq 0$ 时，两次切割之间可能需要调整刀具，其加工费用与当前最后一次垂直切割的方法有关. $e = 0$ 的情形的结论依然成立，可以构造一个赋权有向图 $D_3 = <V_3, E_3, W_3>$，把数次切割以后待加工长方体的状态和这些切割中最后一次垂直切割的方向合在一起作为一个顶点. 若待加工长方体由顶点 u 所代表的状态，经过一次切割变为顶点 v 所代表的状态，可以从 u 到 v 做一条有向边，同时把该次加工的费用（若需要调整刀具，则包括调整刀具的费用）作为该边的权重. 一个顶点用一个 4 维向量表示，前三个分量取值 0，1 或 2 表示状态，第四分量为 0，1 或 2，分别表示从开始切割到该状态为止，没有垂直切割，最后一次垂直切割的方向为左右或者前后. 例如，$(1,2,0,1)$ 表示待加工长方体被切割左右中的后块、前后两块，并且最后一次垂直切割为左右方向，令

$$V' = \{(0,0,z,0) \mid z = 0,1,2\},$$

$$V'' = \{(x,y,z,1) \mid x = 1,2; y,z = 0,1,2\},$$

$$V''' = \{(x,y,z,2) \mid x,z = 0,1,2; y = 1,2\},$$

设顶点集为 $V_4 = V' \cup V'' \cup V'''$，共有 39 个顶点，则问题转化为求赋权有向图 $D_4 = <V_4, E_4, W_4>$ 中从 $(0,0,0,0)$ 到 $(2,2,2,1)$ 或者 $(2,2,2,2)$ 的所有最短路径.

习题 10

1. 一只狼、一只羊和一筐白菜在河的同一个岸边，一个摆渡人想把它们渡过河去. 但是由于他的船很小，每次只能带走它们中的一个. 由于明显的原因，狼和羊或者羊和白菜在一起需要人看守. 问摆渡人怎样把它们渡过河？

2. 准备在 $v_1, \cdots, v_7$ 七个居民点中设置一个游乐场，各个居民点之间的距离和连接关系如图 10.1 所示，问游乐场应当设在哪一个居民点，使各点到剧场的距离之和为最小？如果要设置两个售票处，问应当设在哪两个点？

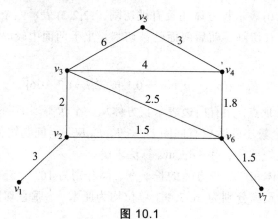

图 10.1

附录 A　MATLAB 简明教程

　　MATLAB(Matrix Laboratory)是美国 Math Works 公司出品的商业数学软件，用于算法开发、数据可视化、数据分析以及数值计算的高级技术计算语言和交互式环境，主要包括 MATLAB 和仿真工具 Simulink 两大部分. 随着计算机的广泛发展，很多重复烦琐的计算可以交给 MATLAB 来完成，但需要计算机编程. 目前 MATLAB 已经成为国际、国内最流行的数学软件，也是理工科研究人员应该掌握的技术工具，故现在高校的很多专业都必修或选修 MATLAB，因此建议理工科大学生都应尽量掌握它.

1　MATLAB 概况

　　20 世纪 70 年代，美国新墨西哥大学计算机科学系主任 Clever Moler 为了减轻学生编程负担，用 Fortran 编写了最早的 MATLAB，即矩阵实验室. 1984 年，Moler 等一批数学家与软件专家合作成立了的 Math Works 公司，推出了第一个 MATLAB 的商业版本，其核心用 C 语言编写. 到 20 世纪 90 年代，MATLAB 已成为国际控制界的标准计算软件.

1.1　MATLAB 的优缺点

　　MATLAB 目前可以在各种类型的计算机上运行，如 PC、Sun Space 工作站、惠普工作站. MATLAB 语言具有较高的运算精度，一般情况下，矩阵的运算可以达到 10^{-15} 数量级的精度，符合一般科学和工程运算的要求，优点主要有：

　　（1）容易使用，允许用户以数学形式的语言编写程序，用户在命令窗口输入命令即可直接得出结果. 由于它是用 C 语言开发的，故初学者只要有 C 语言基础就能很容易掌握 MATLAB 语言.

　　（2）可由多种操作系统支持，比如 Windows 和许多不同版本的 UNIX，而且在一种操作系统下编制的程序转移到其他操作系统下，无需做任何修改.

　　（3）丰富的内部函数，可以解决很多基本问题，除此之外还有各种工具箱，可以解决某些特定领域的复杂问题，比如 Wavelet Toolbox 进行小波理论分析等.

　　（4）强大的图形和符号功能.

　　（5）MATLAB 的许多功能函数都带有算法的自适应能力，可以自动选择算法. 如果矩阵的条件数很大，则矩阵中一个参数的微小变化，就可能导致最终结果发生极大变化，这种现象在数学上称为**坏条件问题**. 对于这类问题，使用 MATLAB 语言一般不会出现这类错误，即 MATLAB 是可靠的、数值稳定的.

　　（6）MATLAB 的容错功能，当非法操作时，给出提示，并不影响其操作，如 1/0，输出结果为：Warning: Divide by zero ans =Inf.

　　（7）与其他软件和语言有良好的对接性，如 Maple, Fortran, C 等，这样可最大限度利用各种资源.

当然 MATLAB 也存在一点缺陷，有待完善，主要有：

（1）运行效率较低，由于 MATLAB 是一种合成语言，因此与一般的高级语言相比，用 MATLAB 编写的程序运行起来时间往往要长一些.

（2）价格比较贵，一般的用户可能支付不起它的高昂费用，但是购买 MATLAB 的昂贵费用在很大程度上可以由使用它所编写的程序价值抵消.

1.2 MATLAB 的开发环境

启动 MATLAB 后，桌面平台默认设置主要包括 4 个窗口：

（1）命令窗口（Command Window）是操作的主要载体，一般而言，所有函数和命令都可以在命令窗口中执行. ">>" 为运算提示符，表示 MATLAB 处于准备状态. 当在提示符后输入一段正确的运算式后，只需按 Enter 键就会直接显示运算结果. 一般来说，一个命令行输入一条命令，命令行以回车结束. 但一个命令行也可以输入若干条命令，各命令之间以逗号分隔，若前一命令后带有分号，则逗号可以省略，若表达式后面是分号，将不显示结果. 如果一个命令行很长，一个物理行之内写不下，可以在第一个物理行之后加上 3 个小黑点并按下回车键，然后接着下一个物理行继续写命令的其他部分. 3 个小黑点称为**续行符**，即把下面的物理行看作该行的逻辑继续.

（2）命令历史窗口（Command History）会自动保留安装时起所有命令记录，并标明使用时间，方便使用者查询，双击某一行命令，即在命令窗口执行该命令. 如果用户需从 "命令历史" 窗口中删除某条执行过的命令，只需选中并右击，弹出快捷菜单，从中选择 Delete Selection 命令即可.

（3）当前目录窗口（Current Directory）可显示或改变当前目录，还可显示当前目录下的文件，包括文件名、文件类型、最后修改时间及该文件的说明信息，并提供搜索功能.

（4）工作空间窗口（Workspace）可显示目前保存在内存中的 MATLAB 变量的变量名、数据结构、字节数，而不同变量类型分别对应不同的变量名图标.

MATLAB 用户界面的主菜单、工具栏的功能请读者在实践中慢慢体会.

MATLAB 帮助系统非常全面，几乎包括了该软件的所有内容，选择主窗口中 Help|MATLAB help 指令可以进入帮助窗口. 虽然 help 可以随时提供帮助，但必须知道准确的函数名称，当不能确定函数名称时，help 就无能为力了. lookfor 函数可提供通过一般的关键词，如搜索出一组与之相关的命令 lookfor fourier 寻找含有傅立叶变换的相关指令. help, lookfor 两个指令构成了相当完善的在线帮助查询系统.

MATLAB 工具箱分为辅助功能性工具箱和专业功能性工具箱. 前者用来扩充 MATLAB 内核的各种功能，后者由不同领域的专家、学者编写针对性很强的专业性函数库，主要有：符号数学工具、SIMULINK 仿真工具箱、控制系统工具箱、信号处理工具箱、图像处理工具箱、通信工具箱、系统辨识工具箱、神经元网络工具箱及金融工具箱.

2　基本使用方法

MATLAB 不仅功能强大，还简单易学. 它最擅长数值运算，用户学习完本节内容后，就可以进行基本的数值运算，解决学习和科研中遇到的计算问题. 由于所有数据都是以数组来表示和存储的，故数组和矩阵是它的核心.

2.1　数据类型

MATLAB 的数据类型包括数字、字符串、矩阵、单元型和结构性变量，主要使用的有常量和变量两类. 在 MATLAB 中有一些特定的变量，它们已经被预订了某个特定的值，因此这些变量被称为**常量**，主要类型见表 A.1.

表 A.1　常用常量及功能

常量	常量的功能	常量	常量的功能
ans	用作结果的默认变量名	nargin	函数的输入参数个数
beep	使计算机发出"嘟嘟"声	nargout	函数的输出参数个数
pi	圆周率	varagin	可变的函数输入参数个数
eps	浮点数相对误差	varagout	可变的函数输出参数个数
inf	无穷大	realmin	最小的正浮点数
NaN 或 nan	不定数 0/0	realmax	最大的正浮点数
i 或 j	复数单位	bitmax	最大的正整数

下面，对其中几个常量的用法进行简单的介绍.

（1）inf 表示无穷大. 如果 MATLAB 中运行的最大数为 a，比如 MATLAB7.0 中 $a = 2^{1024}$，则超过 a 时，系统会视为无穷大，并给出用户警告信息，同时用 inf 代替无穷大，而不会死机，这也是 MATLAB 的优点之一.

（2）eps 用来判断是否为 0 元素的误差限，MATLAB7.0 函数的误差限默认为 eps，它的值大约为 2.2204e-16.

（3）纯虚数用 i 或 j 表示，也就是数学上的 sqrt(-1). 如果在程序中没有专门给这两个变量定义，那么系统默认它们为单位虚数，用户可直接应用；如果用户在程序中有专门定义，则它们保留新定义的值. 当然用户也可以将其他变量直接设定为 sqrt(-1).

数据的显示格式系统默认为短格式，也可定义长格式、银行格式，例如：

```
R=6378.137;
S=4*pi*R^2          %短格式，等价于 format short，S=5.1121e+008
format long,S       %长格式，S=5.112078933958109e+008
format bank,S       %银行格式，S=511207893.40
```

对于简单的数值运算，使用 MATLAB 可以很轻松解决，它就像大型计算器一样，直接输入表达式就可计算，但当需要解决复杂问题时，不宜直接输入，可通过给变量赋予变量名的方法进行操作. 变量无需事先定义，一个程序中的变量以其名称在语句命令中第一次合法出现而定义，其命名规则为：

（1）变量名必须是不含空格的单个词，组成变量的字符长度不超过 31 个；

（2）变量名由英语字母、数字和下划线组成，以英语字母开头变量名中不允许使用标点符号，区分大小写英语字母.

在进行编程的时候，有时需要某个变量既作用在主程序里又作用在调用的子程序中，或需要某个变量作用多个函数中，这时可将该变量设置为**全局变量**. 全局变量必须使用前声明，即这个声明必须放在主程序首行，格式为该变量前添加关键字"global"，并尽量采用大写英语字母.

只要是赋过值的变量，不管是否在屏幕上显示过，都存储在工作空间中，以后可随时显示或调用. 变量名尽可能不要重复，否则会覆盖.

MATLAB 的变量管理：

who——查询 Matlab 内存变量；

whos——查询全部变量详细情况；

clear——清除内存中的全部变量；

save sa X——将 X 变量保存到 sa.mat 文件；

load sa X——调用 sa.mat 文件中变量 X；

what 按扩展名分类列出当前目录上的文件，如 what *.m 列出当前目录中所有 m 文件；

which 列出指定文件所在的目录，如 which test.m 显示 test.m 所在的路径.

2.2　运算符及优先级

在 MATLAB 语言中，标点符号的使用比较灵活，不同的标点符号代表不同的运算，或是被赋予了特定含义，常用的标点符号及含义见表 A.2.

表 A.2　常用标点符号

标点符号	定义	标点符号	定义
分号 ；	区分行，取消运行显示等	小数点 .	小数点以及域访问等
逗号 ，	区分列，函数参数分隔符等	续行符 …	连接语句
冒号 ：	在数组中应用较多	单引号 '	字符串的标识符号
圆括号 ()	指定运算优先级等	等号 =	赋值符号
方括号 []	矩阵定义的标志等	惊叹号 ！	调用操作系统运算
大括号 {}	用于构成单元数组等	百分号 %	注释语句的标识

MATLAB 运算符及优先级见表 A.3.

表 A.3　各种运算符的优先级

优先级	运　算　符
最高	()(小括号)
↓	.'(转置)　'(共轭转置)　.^(数组和数值乘方)　^(矩阵乘方)
↓	+(一元加法)　−(一元减法)　~(取反)
↓	.*(乘法)　*(矩阵乘法)　./(右除)　/(矩阵右除)　.\(左除)　\(矩阵左除)
↓	+(加法)　−(减法)
↓	:(冒号)
↓	<(小于)　<=(小于或等于)　>(大于)　>=(大于或等于)　==(等于)　~=(不等于)
↓	&(逻辑与)
最低	|(逻辑或)

注意，赋值运算为 "="，等于运算是关系运算，为 "=="．对于关系运算法有：

（1）当两个比较量是标量时，直接比较两数的大小，若关系成立，则关系表达式的结果为 1，反之为 0．

（2）当参与比较的量是两个维数相同的矩阵时，比较的元素按标量关系元素规则逐个进行，并给出元素的比较结果．最终关系元素的结果是一个维数与原矩阵相同的矩阵，它的元素由 1 或 0 组成．

（3）当参与比较的一个为标量，另一个为矩阵时，则把标量与矩阵的每一个元素按标量关系元素规则逐个比较，并给出比较的结果．最终的关系运算结果是一个维数与原矩阵相同的矩阵，由 1 或 0 组成．

在大多数情况，MATLAB 语言对空格不予处理．几乎在所有情况下，MATLAB 的数据都是以双精度数值来表示的，这些双精度数在系统内部用二进制来表示．这是计算机通常表示数据的方式，但也带来了一些问题，比如有很多实数不能被精确地表示，并且对能够表示的值也有一个限制，还存在一个浮点相对误差限．所谓**相对误差**限是指 MATLAB 语言能够区分两个不同大小的数时，这两个数之间的最小差值．

例 2.1 下边 2 个式子的计算结果是相同的，但是由于这些数字都是使用二进制存储的，在使用双精度数来表达这些数时，往往就会出现一些误差．

   `>> a=0.33-0.5+0.17`   输出结果：$a = 2.7756\mathrm{e}-017$

   `>> b=0.33+0.17-0.5`   输出结果：$b = 0$

2.3 常用操作命令

在使用 MATLAB 语言编制程序时，掌握一些常用的操作命令和键盘操作技巧，可以起到事半功倍的效果（见表 A.4，表 A.5）．

表 A.4 常用的操作命令

命令	该命令的功能	命令	该命令的功能
cd	显示或改变工作目录	hold	图形保持命令
clc	清除工作窗	load	加载指定文件的变量
clear	清除内存变量	pack	整理内存碎片
clf	清除图形窗口	path	显示搜索目录
diary	日志文件命令	quit	退出 MATLAB7
dir	显示当前目录下文件	save	保存内存变量到指定文件
disp	显示变量或文字内容	type	显示文件内容
echo	工作窗信息显示开关		

表 A.5　常用的键盘操作和快捷键

键盘按钮和快捷键	该操作的功能	键盘按钮和快捷键	该操作的功能
↑(Ctrl + p)	调用上一行	Home(Ctrl + a)	光标置于当前行开头
↓(Ctrl + n)	调用下一行	End(Ctrl + e)	光标置于当前行结尾
←(Ctrl + b)	光标左移一个字符	Esc(Ctrl + u)	清除当前输入行
→(Ctrl + f)	光标右移一个字符	Del(Ctrl + d)	删除光标处字符
Ctrl + ←	光标左移一个单词	Backspace(Ctrl + h)	删除光标前字符
Ctrl + →	光标右移一个单词	Alt + BackSpace	恢复上一次删除

2.4　数学表达式及其书写

MATLAB 的数值计算与数学表达式的正确书写之间有着密切的关系. 数学表达式有两种:

（1）**数字表达式**是由常量、数值变量、数值函数或数值矩阵用运算符号连接而成的数学关系式，主要用来进行数值计算;

（2）**符号表达式**是由符号常量、符号函数用运算符或专有函数连接而成的符号对象，主要用来进行符号运算.

MATLAB 数学表达式的输入格式或书写格式都与其他计算机高级语言几乎相同，但是输入 MATLAB 数学表达式时还会经常出错，应注意以下几点:

（1）表达式必须在同一行内书写，所以水平除号线分式、乘法运算、开根号等纯数学表达式 MATLAB 中是不允许也不能实现的.

（2）数值与变量或变量与变量相乘不能连写，必须用乘号"*"连接.

（3）一般数学表达式可使用大、中、小括号，但在 MATLAB 中只能使用小括号.

（4）分式的分子与分母最好用小括号加以限定（见表 A.6）.

表 A.6　常见数学函数

函数	名称	函数	名称
sin(x)	正弦函数	asin(x)	反正弦函数
cos(x)	余弦函数	acos(x)	反余弦函数
tan(x)	正切函数	atan(x)	反正切函数
atanh(x)	反双曲正切函数	tanh(x)	双曲正切函数
abs(x)	绝对值	max(x)	最大值
min(x)	最小值	median(x)	求数组的中间数
sum(x)	元素的总和	prod(x)	数组元素求积
sort(x)	数组按单增排序	length(x)	数组的长度
sqrt(x)	开平方	exp(x)	以 e 为底的指数
log(x)	自然对数	log10	以 10 为底的对数
sign(x)	符号函数	fix(x)	取整
mod(x,y)	求 x/y 的余数	inline	构造在线函数
round(x)	四舍五入	gcd(x,y)	最大公因数
floor(x)	向负无穷取整	ceil(x)	向正无穷取整

数据的输入:

  A=input(提示信息,选项)

MATLAB 提供的命令窗口输出函数主要有 disp 函数,其格式为:

  disp(输出项).

例 2.2 将下列数学表达式写成 MATLAB 表达式.

(1) $y = \dfrac{1}{a\ln(1-x-a)+c_1}$;   (2) $f = 2\ln(t)\mathrm{e}^t\sqrt{\pi}$.

解 (1) y=1/(a*log(1-x-a)+c1);

(2) f=2*log(t)*exp(t)*sqrt(pi).

2.5 数组的输入与计算

  向量是组成矩阵的基本元素之一,MATLAB 提供了有关向量运算的强大功能.一行多列的数组是**行向量**,矩阵横向行的所有元素依次排列的元素也是行向量.行向量转置为**列向量**.向量的生成主要有以下两种方式:

  (1)**命令窗口直接输入向量**:生成向量最简单的方法就是在命令窗口中按一定格式直接输入.输入的格式要求是,向量元素用"[ ]"括起来,元素之间用空格、逗号或者分号相隔.需要注意的是,用它们相隔生成的向量形式是不相同的:用空格或逗号生成行向量;用分号生成列向量.

  (2)**等差元素向量的生成**:当向量的元素过多,同时向量各元素有等差的规律,此时采用直接输入法将过于烦琐.针对该种情况,可以使用冒号":"和 linspace 函数来生成等差元素向量,一般格式为:

  x=a:inc:b,a,b 分别是生成数组的第一个与最后一个元素,inc 为步长.

  x=linspace(a,b,n),a,b 分别是生成数组的第一个与最后一个元素,n 为分割数.

  x(i)表示向量第 i 个元素,x(a:b:c)表示访问数组 x 的第 a 个元素开始,以步长 b 到第 c 个元素(但不超过 c),b 可以为负数,b 缺省时为 1,即 x(i:j)表示向量第 i 个元素到第 j 个元素.如果访问多个不连续的元素,可使用中括号进行操作,例如,如果需要访问 x 中 1,3,5,6 号元素,可使用 x([1 3 5 6]).

  向量及数组的基本运算主要有:

  (1)向量与数的加减和乘除运算相当于向量的每个元素与此数进行运算.

  (2)向量与向量之间的加减法相当于向量中每个元素与另一个向量中的元素进行加减法运算.

  (3)点积、叉积和混合积:两个向量的**点积**等于其中一个向量的模与另一个向量在这个向量的方向上的投影的乘积;**叉积**的几何意义是指过两个相交向量的交点,并与此两向量所在平面垂直的向量,由几何意义可知,向量的维数只能是 3;向量的**混合积**的几何意义是它的绝对值表示以向量为棱的平行六面体的体积,由几何意义可知,向量的维数只能是 3.

  (4)数组运算符由矩阵运算符前面增加一点"."表示,如".*, ./, .^"等.如果数组 X

和 Y 有相同的维数，则数组乘法运算 X.*Y 表示 X, Y 中单个元素对应的乘积，除法类似.

例 2.3 计算向量 $x_1 = (11, 22, 33, 44)$ 与 $x_2 = (1, 2, 3, 4)$ 的点积、叉积和混合积.

解 在命令窗口输入如下命令，并按 Enter 键确认.

x1=[11,22,33,44];

x2=[1,2,3,4];

b=[2,3,4,5];

a=dot(x1,x2)

a=

    330

x3=cross(x1,x2)

??? Error using ==> cross

A and B must have at least one dimension of length 3.

v=dot(b,cross(x1,x2))

??? Error using ==> cross at 37

A and B must have at least one dimension of length 3.

例 2.4 如果 $x_1 = (5, 6, 7)$，$x_2 = (1, 2, 3)$，$b = (1, 3, 4)$，求 x_1, x_2 的叉积，x_1, x_2, b 的混合积.

x1=[5,6,7];

x2=[1,2,3];

b=[1,3,4];

x3=cross(x1,x2)

x3 =

    4   -8   4

v=dot(b,cross(x1,x2))

v=

    -4

例 2.5 数组 X=(1 4 7), Y=(2 5 8)的加减乘除运算.

X=[1 4 7];

Y=[2 5 8];

Z=X-Y

Z=

    -1   -1   -1

V=X+Y

V =

    3   9   15

Z=X.*Y

Z=

    2   20   56

Z=X./Y

Z=

　　0.5000　　0.8000　　0.8750

Z=X.^Y

Z=

　　1　　　　1024　　　5764801

2.6　多项式及其运算

MATLAB 中采用行向量表示多项式，行向量内存放按降幂排列的多项式系数. $P(x)=a_0x^n+a_1x^{n-1}+\cdots+a_{n-1}x+a_n$ 的系数行向量为 $P=[a_0\ \ a_1\ \ \cdots\ \ a_{n-1}\ \ a_n]$.

表 A.7　多项式元素函数

命令	该命令的功能	命令	该命令的功能
conv	多项式乘法(卷积)	polyval	多项式求值
deconv	多项式除法(解卷)	polyvalm	矩阵多项式求值
poly	由根求多项式	residue	分解多项式的部分分解式展开
polyder	多项式求导	roots	多项式求根
polyfit	多项式曲线拟合		

下面对比较常用的函数进行详细讲解.

poly 产生特征多项式系数向量，特征多项式一定是 $n+1$ 维的，特征多项式第一个元素一定为 1，例：

　　a=[1 2 3;4 5 6;7 8 0];

　　p=poly(a)

输出结果为

　　p=1.00　　−6.00　　−72.00　　−27.00

p 是多项式 $p(x)=x^3-6x^2-72x-27$ 的 MATLAB 描述方法，我们可用：

　　p1=poly2str(p,'x')

函数文件，显示数学多项式的形式：

　　p1=x^3 −6 x^2 −72 x −27.

　　r=roots(p)

输出结果为

　　r=12.12　　−5.73　　　−0.39,

显然 r 是矩阵 a 的特征值.

当然我们可用 poly 令其返回多项式形式：

　　p2=poly(r)

输出结果为

  p2=1.00　　−6.00　　−72.00　　−27.00.

  a=[1 2 3];

  b=[4 5 6];

  c=conv(a,b)=conv([1 2 3],[4 5 6])

输出结果为：

  c=4.00　　13.00　　28.00　　27.00　　18.00

  [d,r]=deconv(c,a)

d 表示 c 除 a 后的整数，r 表示余数.

  polyder(p)：求 p 的微分.

  polyder(a,b)：求多项式 a,b 乘积的微分；

  [p,q]=polyder(a,b)：求多项式 a,b 商的微分；

3　数值计算功能

  MATLAB 具有出色的数值计算能力，占据世界上数值计算软件的主导地位，它提供了丰富的矩阵运算处理功能，是基于矩阵运算的处理工具. 矩阵是 MATLAB 的核心，数组只不过是特殊的矩阵，即使一个常数，Y=5，MATLAB 也看作是一个1×1的矩阵. 如果我们能熟练掌握矩阵操作，则可以简化程序，起到事半功倍的效果.

3.1　矩阵的输入及计算

  矩阵的生成有多种方式，主要有：

  （1）在命令窗口直接输入矩阵，只要遵循矩阵创建原则直接输入即可；

  （2）利用 MATLAB 的内部函数或用户自定义函数创建矩阵；

  （3）从外部数据文件导入矩阵，MATLAB 可以处理的数据包括：文本文件、.mat 数据文件、.xls 文件、图像文件、声音文件.

  当记事本中记录的都是数据时，可用函数 load，其形式为 load('filename.***')，其中，文件扩展名可以是任意记事本文件的扩展名，运行此函数就会把记事本中数据按矩阵的形式放入名为 filename 的变量中.

  当记事本中的数据比较复杂时，此时函数 textread 是最优选择，其规则为

  [A,B,C,…]=textread('filename','fortmat','N')

其中，A,B,C,…为第列数据将要保存的变量名；format 为读取格式；N 为读取次数；括号里面变量的个数必须和 format 中定义的个数相同. 注意，数据保存在当前路径下的 filename.txt. 下面给出函数 textread 的应用示例：

  [x1,x2,y]=textread('d:/王丙参数据.txt','%f%f%f','headerlines',1);

表示从 d 盘根目录下读取文件"王丙参数据.txt"，变量 x1，x2，y 为数字变量，headerlines 表示跳过开始的 1 行，1 可以替换为任意你要跳过的行数.

  数组（矩阵）的输入需要遵循基本原则：

（1）把数组元素列入括号"[ ]"中，每行内的元素间用**逗号**或**空格**分开，行与行之间用**分号**或**回车键**隔开.

（2）输入矩阵时，严格要求所有行有相同的列.

（3）矩阵的尺寸不必预先定义，a=[ ]产生一个空矩阵. 当对一项操作无结果时，返回空矩阵，空矩阵的大小为零，利用连接算子"[ ]"可将小矩阵连接为一个大矩阵.

（4）矩阵元素可以是数值、变量、表达式或函数.

MATLAB 提供了一些常用矩阵的生成函数，见表 A.8.

表 A.8　常用矩阵生成函数

函 数	函数的功能	函 数	函数的功能
zeros(m,n)	元素全为 0 的 m 行 n 列矩阵	diag()	对角矩阵
ones(m,n)	元素全为 1 的 m 行 n 列矩阵	triu()	上三角矩阵
rand(m,n)	m 行 n 列均匀分布随机矩阵	tril()	下三角矩阵
randn(m,n)	m 行 n 列正态分布随机矩阵	size()	返回指定矩阵的行数和列数
magic(n)	n 阶魔方阵	eye(n)	指定行数和列数的单位矩阵

矩阵的基本运算有：

（1）矩阵与常数的四则运算即是矩阵各元素与常数之间的四则运算. 在矩阵与常数进行除法运算时，常数通常只能做除数.

（2）矩阵与矩阵的加减法即是指矩阵内对应各元素之间的加减法元素. 矩阵必须具有相同的维数，才可进行加减法运算.

（3）如果 A 是一个 $m \times s$ 阶矩阵，B 是一个 $s \times n$ 矩阵，那么矩阵 A*B 是一个 $m \times n$ 矩阵.

（4）一般情况下，X=A\B 表示 A*X=B 的解，而 X=A/B 表示 X*A=B 的解. 从 MATLAB6.0 开始，矩阵的左除和右除的区别在逐渐减少.

在计算机编程时，经常需要对矩阵的元素进行操作，主要有以下方法：

（1）矩阵元素的标识是对矩阵的单个或多个元素进行的，它可以实现对矩阵任意元素的定位，进而对其进行有效操作.

对于矩阵 A，要标识其第 i 行和第 j 列元素，可以直接用 A(i,j)命令进行操作.

A(i:j,:)表示矩阵的第 i 行到第 j 行，A(i,:)表示矩阵的第 i 行.

A(:,i:j)表示矩阵的第 i 列到第 j 列，A(:,j)表示矩阵的第 j 列.

A(i:j,[m1 m2 m3···])表示矩阵的第 i 行到第 j 行中的 m1、m2、m3···列元素.

A([m1 m2 m3···],i:j)表示矩阵的第 i 列到第 j 列中的 m1、m2、m3···列元素.

以逆序提取矩阵 A 的第 i1~i2 行，构成新矩阵:A(i2:-1:i1,:)，以逆序提取矩阵 A 的第 j1~j2 列，构成新矩阵:A(:,j2:-1:j1).

（2）矩阵的扩充：使用"[ ]"语言可以对矩阵进行扩充操作，在扩充过程中，要保持生成矩阵的行和列的数据始终一致.

A=[A1 A2]表示矩阵[A1 A2]，A=[A1;A2]表示矩阵 $\begin{bmatrix} A1 \\ A2 \end{bmatrix}$.

（3）矩阵的部分删除:A(i,:)=[]表示删除矩阵 A 的第 i 行.

（4）矩阵的修改：A(i,j)=B(i,j)将矩阵 B 的元素 B(i,j)赋值给 A 的 A(i,j).

（5）矩阵结构的改变：reshape(X,M,N)返回包含矩阵 X 的所有元素的 M×N 阶矩阵，当 X 的元素个数不是 M×N 时，系统提示出错.

（6）矩阵的旋转和翻转：

rot90(A)将矩阵 A 以逆时针方向选择 90 度.

flipir(X)返回的矩阵保留矩阵 X 的行，但将矩阵 X 的列左右翻转.

flipud(X)返回的矩阵保留矩阵 X 的列，但将矩阵 X 的行上下翻转.

例 3.1　矩阵的加减乘除

```
A=[2 1  –1;2 1 0;1  –1 1];
C=eye(3);
B=[1  –1 3;4 3 2];
D=[1, 1, 1, 1; 2, 2, 2, 2, ; 3, 3, 3, 3];
A+C
ans=
    3       1      –1
    2       2       0
    1      –1       2
A –C
ans=
    1       1      –1
    2       0       0
    1      –1       0

B*D
ans=
    8       8       8       8
   16      16      16      16
Y=B/A
Y=
   –2.0000    2.0000     1.0000
   –2.6667    5.0000    –0.6667
X=B\A
??? Error using ==> mldivide
Matrix dimensions must agree
%找出矩阵 A 中原始大于 2 的位置
find(A>2)
```

3.2　MATLAB 与线性代数

线性代数是基于矩阵的运算，而 MATLAB 语言是一门矩阵运算语言，因此 MATLAB 提供了求解线性代数问题强大功能，可方便求解线性代数中复杂问题.

1）矩阵的特征参数运算

在进行科学运算时，需要对矩阵进行大量函数运算，如特征值运算、行列式运算、范数运算等，表 A.9 给出了关于矩阵特征参数的具有代表性函数. 熟练掌握这些函数可以很方便进行矩阵方面的运算.

表 A.9　矩阵特征值函数及其功能

函数	函数的功能	函数	函数的功能
^	矩阵的乘方运算	sqrtm	矩阵的开方运算
expm	矩阵的指数运算	logm	矩阵的对数运算
cond	求矩阵的条件数	condest	求矩阵的 I 范数估计
condeig	求矩阵和特征值有关的条件数	det	求矩阵的行列式
eig 或 eigs	求矩阵的特征值和特征向量	eig	特征值矩阵
funm	矩阵的任意函数	gsvd	广义奇异值
inv	矩阵求逆	norm 或 normest	求矩阵向量范数
null	右 0 空间	pinv	伪逆矩阵
poly	求矩阵的特征多项式	polyvalm	求矩阵多项式的值
rank	求矩阵的秩	trace	求矩阵的迹

下面对比较常用的函数进行详细讲解.

（1）可以使用 A^p 来计算 A 的 p 次方，使用 sqrtm 函数对矩阵进行开方运算，如果 X*X=A，则 sqrtm(A)=X.

（2）expm(X)=V*diag(exp(diag(D)))/V，其中 X 为已知矩阵，[V,D]=eig(X)，对数运算用 logm 函数实现，L=logm(A)，它与矩阵的指数运算互为逆运算.

（3）矩阵可逆的充分必要条件是矩阵的行列式不为 0，所有关于可逆的复杂理论都被简化为一个函数 inv.

（4）E=eig(X)命令生成由矩阵 X 的特征值所组成的一个列向量. [V,D]=eig(X)命令生成两个矩阵，其中 V 是以矩阵 X 的特征向量作为列向量组成的矩阵，D 是由矩阵 X 的特征值作为主对角线元素构成的对角矩阵.

（5）norm(X)与 norm(X,2)的功能相同，都是求 X 的 2 范数；norm(X,1)求 X 的 1 范数；norm(X,inf)求 X 的无穷范数.

2）矩阵的分解运算

矩阵的分解在数值分析科学中占有重要的地位，常用的主要有：

（1）**三角分解（lu）**：对于非奇异矩阵 A(n×n)，如果顺序主子式均不为 0，则存在唯一的下三角 L 矩阵和上三角 U 矩阵，使得 A=L*U.

[L,U]=lu(X)：产生一个下三角 L 矩阵和上三角 U 矩阵，使得 A=L*U，X 可不为方阵；

[L,U,P]=lu(X)：产生一个单位下三角 L 矩阵、上三角 U 矩阵和交换矩阵 P，使得 P*X=L*U；

Y=lu(X)：如果 X 是满矩阵，将产生一个 lapack's 的 dgetrf 或 zgetrf 的输出常式矩阵 Y；

如果 X 是稀疏矩阵,产生的矩阵 Y 将严格包含下三角 L 矩阵和上三角 U 矩阵. 在这两种情况,都不会有交换矩阵 P.

（2）**正交分解（qr）**：对于非奇异矩阵 A(n×n)，则存在正交矩阵 Q 和上三角矩阵 R，使得 A=Q*R，并且当 R 的对角元都为正时，qr 分解是唯一的.

[Q,R]=qr(A)：产生一个与 A 维数相同的上三角矩阵 R 和一个正交矩阵 Q，使得 A=Q*R；

[Q,R,E]=qr(A)：产生一个上三角矩阵 R、一个正交矩阵 Q 和交换矩阵 E，使得 A*E=Q*R；

（3）**特征值分解(eig)**：

[V,D]=eig(X)：产生矩阵 V 和 D，其中 V 是以矩阵 X 的特征向量为列向量组成的矩阵，D 是由矩阵 X 特征值为主对角元素构成的对角阵，使得 X*V=V*D；

[V,D]=eig(A,B)：对矩阵 A,B 做广义特征值分解，使得 A*V=B*V*D.

（4）**Chollesky 分解(chol)**：

对称正定矩阵 A(n×n)，存在唯一的对角元素为正的上三角矩阵 R，使得 A=R*R'，这就是 Chollesky 分解. 当限定 R 的对角元素为正时，这种分解是唯一的.

（5）**奇异值分解(svd)**：

[U,S,V]=svd(X)：产生一个与 X 维数相同的对角矩阵 S、正交矩阵 U 和正交矩阵 V，使得 X=U*S*V.

3.3　数值微分与积分

微积分是大学数学的重要组成部分，也是理工科学生的必修课，它在科学研究和工程实践中都有着广泛的应用.

（1）**数值微分**.

MATLAB 中没有直接提供求数值导数的函数，只有计算向前差分的函数 diff.

① 使用 diff 函数求数值微分

DX=diff(A,n,dim)：计算矩阵 A 的 n 阶差分，dim=1 时(缺省状态)，按列计算差分；dim=2，按行计算差分. DX=diff(X,n)计算 X 的 n 阶向前差分，例如 diff(X,2)=diff(diff(X)).

② 使用 gradient 函数求近似梯度

[fx,fy]=gradient(f)：命令返回矩阵 f 的数值梯度，fx 相当于 $\dfrac{df}{dx}$，即在 x 方向（列）的差分. fy 相当于 $\dfrac{df}{dy}$，即在 y 方向（行）的差分. 各个方向的间隔设为 1.当 f 是一个向量时，df=gradient(f)返回一个一维向量.

[fx,fy]=gradient(f,hx,hy)：命令使用 hx,hy 为指定间距，其中 f 为二维函数，而 hx,hy 可以为向量或数量，但为向量时，它们的维数必须为 f 相匹配.

③ jacobian 函数求多元函数的导数

Jacobian(f,v)：命令是计算向量 f 对向量 v 的 jacobian 矩阵，所得结果的第 i 行、第 j 列的值为 $\dfrac{df(i)}{dv(j)}$. 当 f 为数量时，所得值为 f 的梯度.

（2）**函数的数值积分**.

求解定积分的数值方法多种多样，如简单的梯形法、辛普生(Simpson) 法、牛顿-柯特斯

(Newton-Cotes)法等都是经常采用的方法. 它们的基本思想都是将整个积分区间 $[a,b]$ 分成 n 个子区间 $[x_i, x_{i+1}], i = 1, 2, \cdots, n$，其中 $x_1 = a$，$x_{n+1} = b$. 这样求定积分问题就分解为求和问题.

① 矩形求积

对于向量 x，cumsum(x)命令返回一个向量，该向量的第 N 个元素是 x 的前 n 个元素之和.

对于矩阵 x，cumsum(x)命令返回一个与 x 同型的矩阵，该矩阵的列即为 x 的每一列的累积和.

② trapz 函数(梯形求积)

在 MATLAB 中，对由表格形式定义的函数关系的求定积分问题用 trapz(x,y)函数，即 z=trapz(x,y)命令使用梯形法求解 y 对 x 的积分值，其中向量 x,y 必须具有相同的维数，且 y=f(x)，例如

X=1:0.01:2.5;Y=exp(-X);　%生成函数关系数据向量

trapz(X,Y)

运行结果为：ans =0.285796824163929.

③ 自适应法(Simpson 法)

基于变步长 Simpson 法，MATLAB 给出了 quad 函数来求定积分，调用格式为：[I,n]=quad('fname',a,b,tol,trace)，其中 fname 是被积函数名. a 和 b 分别是定积分的下限和上限. tol 用来控制积分精度，缺省时取 0.001. trace 控制是否展现积分过程，若取非 0 则展现积分过程，取 0 则不展现，缺省时取 trace=0. 返回参数 I 即定积分值，n 为被积函数的调用次数.

④ 高阶自适应法（Newton-Cotes 法）

基于 Newton-Cotes 法，MATLAB 给出了 quadl 函数来求定积分，调用格式为：

[I,n]=quadl('fname',a,b,tol,trace)，其中参数的含义和 quad 函数相似，只是 tol 的缺省值取 10-6. 该函数可以更精确地求出定积分的值，且一般情况下函数调用的步数明显小于 quad 函数，从而保证能以更高的效率求出所需的定积分值.

使用 MATLAB 提供的 dblquad 函数就可以直接求出上述二重定积分的数值解. 该函数的调用格式为：I=dblquad(f,a,b,c,d,tol,trace)，该函数求 f(x,y)在[a,b]×[c,d]区域上的二重定积分. 参数 tol，trace 的用法与函数 quad 完全相同.

在解决实际问题时，如果频繁使用同一个数学表达式，则应该定义一个临时函数以方便操作，定义方法：

函数名= inline('表达式') .

例 3.2　用不同的方法求函数 f(x)的数值导数，并在同一个坐标系中做出 f'(x)的图像. 程序如下：

```
f=inline('sqrt(x.^3+2*x.^2-x+12)+(x+5).^(1/6)+5*x+2');
g=inline('(3*x.^2+4*x-1)./sqrt(x.^3+2*x.^2-x+12)/2+1/6./(x+5).^(5/6)+5');
x=-3:0.01:3;
p=polyfit(x,f(x),5);   %用 5 次多项式 p 拟合 f(x)
dp=polyder(p);   %对拟合多项式 p 求导数 dp
dpx=polyval(dp,x);   %求 dp 在假设点的函数值
dx=diff(f([x,3.01]))/0.01;   %直接对 f(x)求数值导数
gx=g(x);   %求函数 f 的导函数 g 在假设点的导数
plot(x,dpx,x,dx,'.',x,gx,'-');   %作图
```

例 3.3　分别用 quad 函数和 quadl 函数求定积分的近似值，并在相同的积分精度下，比较函数的调用次数.

```
%调用函数 quad 求定积分
format long;
fx=inline('exp(-x)');
[I,n]=quad(fx,1,2.5,1e-10)
I =
    0.285794442547663
n =
   65
%调用 quadl 求定积分
[I,n]=quadl(fx,1,2.5,1e-10)
I =
    0.285794442548811
n =
   18
```

例 3.4　计算二重定积分

（1）建立一个函数文件 fxy.m：

```
function f=fxy(x,y)
global ki;ki=ki+1;   %ki 用于统计被积函数的调用次数
f=exp(-x.^2/2).*sin(x.^2+y);
```

（2）调用 dblquad 函数求解.

```
global ki;ki=0;I=dblquad('fxy',-2,2,-1,1)
```

运行结果为：

I =1.574493189744944　　　　ki =1050

4　符号运算

在数值运算中，必须先对变量赋值，然后才能参与运算，符号运算无须事先对独立变量赋值，运算结果以标准的符号形式表达，符号运算即用字符串进行数学分析，MATLAB 提供了强大的符号运算功能，用于解代数方程、微积分、复合导数、积分、二重积分、有理函数、微分方程、泰乐级数展开、寻优等，可求得解析符号解. MATLAB 提供了专门符号运算的工具箱 Symbolic Math Toolbox，完全可以替代其他的符号运算专用计算语言，如 Maple 和 Mathematic 等.

4.1　字符串、单元数组和结构

本节介绍三种特殊的数据类型，即字符串、单元数组和结构.

（1）字符和字符串

字符和字符串是 MATLAB 语言的重要组成部分. 在 MATLAB 中的字符串一般是 ASCII 值的数值数组，它作为字符串表达式进行显示，对字符串的设定非常简单，只需用单引号(')将需设定的字符串引注即可. 关于字符串的操作，我们主要有：

① 字符串连接可以直接从数组连接中得到.

② 因为字符串是数值数组，可以利用数组操作工具进行读取，用户可以根据需要读取已经读取的字符串中某一个或多个元素.

③ 函数 disp 允许不显示它的变量名，而显示一个字符串.

④ 在字符串里每个字符都是数组中的一个元素，字符串的存储给每个字符分配 8 个字节，这是为了与其他数据类型保持一致. 因为 ASCII 字符只要求一个字节，故这种存储是浪费的. 为了了解字符串的 ASCII 码，最简单且计算最有效的方法是运用函数 abs 求数组的绝对值，且可使用 char 函数进行逆变换.

例 4.1　字符串的读取及操作

```
str='2012 年，天水师院统计专业招生 50 人';
u='我喜欢统计专业';
w=[str u]
w =
2012 年，天水师院统计专业招生 50 人我喜欢统计专业
str(3)
ans =
1
s=str(6:15)
s =
，天水师院统计专业招
a=abs(u)
a=
   25105      21916      27426      32479      35745      19987      19994
b=char(a)
b=
我喜欢统计专业
```

（2）单元数组

单元数据的元素都以单元的形式存在. 在程序中，每一个单元都是一个指向别的数据结构的指针.

用类似矩阵的记号将把复杂的数据结构纳入一个变量之下. 和矩阵中的圆括号表示下标类似，单元数组由大括号表示下标.

（3）结构型变量

结构型变量是另一种可以将不同类型数据组合在一起的数据类型. 采用直接输入时，在

给结构体成员元素直接赋值的同时要定义该元素的名称，并使用"."将结构型变量名和成员元素连接.

4.2　符号表达式和符号矩阵的操作

（1）符号变量、符号表达式、符号方程及符号矩阵的生成

可以使用 sym 或 syms 函数定义符号变量和符号表达式，sym 可以将式中每一个变量定义为符号变量，也可以将整个表达式整体定义，只不过后者虽然也生成了与第一种方式相同的表达式，但是并没有将式中变量也定义为符号变量.

syms 函数的功能比 sym 的更为强大，它可以一次创建任意多个符号变量，而使用格式也很简单，syms var1 var2 var3 ……

A=[a,b;c,d]——不识别，用 MATLAB 函数 sym（symbolic 的缩写）创建矩阵.

命令格式：

A=sym('[ ]'),

但要注意：符号矩阵内容同数值矩阵；需用 sym 指令定义；需用单引号 ' ' 标识.

例 4.2　**sym 与 syms 的用法**

```
%sym 使用方法
a = sym('a');b = sym('b') ;
c = sym('c');x = sym('x');
f=a*x^2 + b*x + c
f =
a*x^2+b*x+c
f=sym('a*x^2 + b*x + c')
f =
a*x^2 + b*x + c
equation1=sym('sin(x)+cos(x)=1')
equation1 =
sin(x)+cos(x)=1
%syms 使用方法
syms a b c x
f = sym('a*x^2 + b*x + c')
f =
a*x^2 + b*x + c
```

（2）符号变量的基本操作

① findsym 函数用于寻找一个表达式中存在的符号变量.

② digits 和 vpa 函数实现任意精度的符号运算：digits(D)设置数值的精确度为 D 位.

（3）符号表达式的操作

① 符号表达式也与通常的算术运算一样，可以进行四则运算.

② 使用 collect(S,v)合并符号矩阵 S 的所有同类项，并以 v 为符号变量输出.

③ 使用 horner 函数进行符号多项式的因式分解.

④ 使用 simplify(S)将符号表达式 S 的每一个元素进行简化.

⑤ 使用 subs(S,old,new)函数将符号表达式 S 中的符号变量 old 用 new 替换.

表 A.10　常见的符号运算函数

函数	函数的功能	函数	函数的功能
symsize	求符号矩阵维数	inverse	逆矩阵
charploy	特征多项式	transpose	矩阵的转置
determ	符号矩阵行列式的值	jordan	约当标准型
eigensys	特征值和特征向量	simple	符号矩阵简化

4.3　符号代数方程求解

（1）符号线性方程组的求解.

X=linsolve(A,B)与 X=sym(A)/sym(B)相同.

（2）使用 fsolve 函数对符号非线性方程组求解.

X=fsolve(fun,X_0)命令以 X_0 为初始矩阵求解方程 fun.

（3）一般符号方程组求解.

solve 将找出表达式的 0 点或方程的解.

例 4.3　使用 fsolve 函数求解 $\begin{cases} 3x_1^2 - x_2^2 = 0 \\ 3x_1 x_2^2 - x_1^2 - 1 = 0 \end{cases}$.

```
%M 文件中的程序段
function y=myfun2(x)
y(1)=3*x(1)^2-x(2)^2；
y(2)=3*x(1)*x(2)^2-x(1)^2-1；
%命令窗口中输入如下命令并按 Enter 键确认
x=[0.8 0.4]
x = fsolve('myfun2',x)
x =
    0.5208    0.9020
```

如果想提高数据精确，可先输出 "format ong".

例 4.4　使用 solve 函数求解一般代数方程组.

```
solve('p*sin(x) = r')
ans =
asin(r/p)
[x,y] = solve('x^2 + x*y + y = 3','x^2 - 4*x + 3 = 0')
x =
```

[1]
[3]
y =
[1]
[-3/2]

5　MATLAB 与概率统计

概率统计是大学数学的重要内容，在科学研究和工程实践中有着非常广泛的应用. 在 MATLAB 中，提供了专用工具箱 Statistics，该工具箱有几百个专门求解概率统计问题的功能函数，使用它们可很方便解决实际问题.

5.1　随机变量的分布函数

下面介绍 MATLAB 软件中的几个与随机变量有关的函数，比如分布函数、密度函数、随机数、分位数.

表 A.11　MATLAB 软件累加分布逆函数命令

分布	累加分布逆函数	注释
二项分布 $B(n, p)$	binoinv(a,n,p)	参数为 n,p 的二项分布 a 分位数
泊松分布 $P(b)$	poissinv(a,b)	参数为 b 的泊松分布 a 分位数
负二项分布 $NB(r, p)$	nbininv(a,r,p)	参数 r,p 的负二项分布 a 分位数
超几何分布 $h(n, N, M)$	hygeinv(a,n,M,N)	参数为 n,M,N 的超几何分布 a 分位数
均匀分布	unidinv,unifinv	离散与连续均匀分布分位数
正态分布 $N(A, B)$	norminv(a,A,B)	参数为 A,B 的正态分布 a 分位数
指数分布 $Exp(b)$	expinv(a,b)	参数为 b 的指数分布 a 分位数
自由度为 n 的卡方分布	chi2inv(a,n)	参数为 n 的卡方分布 a 分位数
f 分布 $F(m, n)$	finv(a,m,n)	参数为 m,n 的 f 分布 a 分位数
学生氏 t 分布 $t(n)$	tinv(a,n)	参数为 n 的 t 分布 a 分位数

注：如果 $P(X \leqslant x) = \alpha$ ，则称 x 为 X 的 α 分位数.

如果将 inv 换为 pdf，则为相应密度函数命令；如果将 inv 换为 cdf，则为相应分布函数命令；如果将 inv 换为 rnd，则为相应随机数命令；如果将 inv 换为 stat，则为相应分布的数学期望与方差命令. 举例如下：

poisscdf(15,10)=0.9513　　　　　　　norminv(0.95,0,1)=1.6449
norminv(0.975,0,1)=1.9600　　　　　　tinv(0.975,11)=2.2010

5.2   统计量的数字特征

刻画随机变量特征的量叫做随机变量的数字特征，这些特征虽不能完整描述随机变量的统计规律，但它们刻画了随机变量在某些方面的重要的特征，因此对数字特征进行随机模拟具有重要现实意义.

上节我们给出了求常见随机变量的数字特征的 MATLAB 命令，故本节主要讲怎样由样本观测值求统计量的数字特征.

（1）**平均值**.

mean 函数用来求样本数据 X 的算术平均值，使用格式如下：mean(X)命令返回 X 的平均值，当 X 为向量时，返回 X 中各元素的算术平均值，当 X 为矩阵时，返回 X 中各列元素的算术平均值构成的向量；nanmean(X)命令返回 X 中除 NaN 外的算数平均值.

geomean(X)与 harmmean(X)函数分别用来求解样本数据的几何平均值$\left(\prod\limits_{i=1}^{n} x_i\right)^{\frac{1}{n}}$与调和平均值$\dfrac{n}{\sum\limits_{i=1}^{n}\dfrac{1}{x_i}}$.

（2）**中位数**.

median(X)命令返回 X 的中位数，当 X 为向量时，返回 X 中各元素的中位数，当 X 为矩阵时，返回 X 中各列元素的中位数构成的向量. nanmedian(X)命令返回 X 中除 NaN 外的算数中位数.

（3）**排序和极值**.

sort(X)命令将 X 的由小到大排序，当 X 为向量时，返回 X 按由小到大排序后的向量，当 X 为矩阵时，按列进行排序. [Y,I]=sort(X)，Y 为排序的结果，I 中元素为 Y 中对应元素在 X 中的位置. sortrows(X)由小到大按行排序.

range(X)命令计算 X 中最大值与最小值的差，如果 X 为矩阵，按列计算.

（4）**方差和标准差**.

var(X)返回样本数据的方差，如果 X 为矩阵，按列计算. var(X,1)返回样本数据的简单方差，即置前因子为$\dfrac{1}{n}$的方差. var(X,W)返回以 W 为权重的样本数据的方差.

std(X)或 std(X,0)返回 X 的样本标准差，置前因子为$\dfrac{1}{n-1}$. std(X,1)返回 X 的样本标准差，置前因子为$\dfrac{1}{n}$. nanstd(X)求忽略 NaN 的标准差.

（5）**协方差和相关系数**.

cov(X)求样本数据 X 的协方差. 当 X 为矩阵时，返回值为 X 的协方差矩阵，该协方差矩阵的对角元素是 X 的各列的方差，即 var(A)=diag(cov(X)).

diag(cov(X))命令等同于 cov([X,Y])，其中 X,Y 为等阶列向量.

corrcoef(X,Y)返回列向量 X,Y 的相关系数. corrcoef(X)返回矩阵 X 的列向量的相关系数矩阵.

5.3　统计作图

在做统计分析时，为了直观表示结果，常需要绘制统计图，如直方图等，表 A.12 给出了关于统计图的具有代表性函数.

表 A.12　统计图的绘制函数

函数	功能描述
tabulate(X)	X 为正整数构成的向量，返回的第 1 列为包含 X 的值，第 2 列为其频数
cdfplot(X)	绘制样本 X 的经验累积分布函数图形
normplot(X)	绘制正态分布概率图形
capaplot(X,Y)	样本数据 X 落在区间 Y 的概率
histfit(X,Y)	绘制 X 的直方图和正态密度曲线，Y 为指定的个数
boxplot(Y)	绘制向量 Y 的箱型图

直方图绘图命令：hist(data,n)，其中 data 是需要处理的数据块，利用 data 中最小数和最大数构成一区间，将区间等分为 n 个小区间，统计落入每个小区间的数据量. 如果省略参数 n，MATLAB 将 n 的默认值取为 10.

直方图也可以用于统计频数：N=hist(data,n)，计算结果 N 是 n 个数的一维数组，分别表示 data 中各个小区间的数据量，这种方式只计算而不绘图.

6　MATLAB 程序设计

MATLAB 提供了两种运行方式：

（1）**命令行方式**：直接在命令窗口输入命令来实现计算或绘图功能.

（2）**M 文件方式**：作为高级语言，它可以进行控制流的程序设计，把程序写成一个由多行命令组成的程序文件，即程序扩展名为.m 的 M 文件，文件形式是存储的，可调试，重复运行，适合求解复杂问题.

6.1　M 文件

MATLAB 语言称为第四代编程语言，程序简洁、可读性强，而且调试十分容易. 在 MATLAB 窗口输入数据和命令进行计算时，当处理复杂问题和大量数据时是不方便的，此时应编辑 M 文件. 将 MATLAB 语句构成的程序存储成以.m 为扩展名的文件，然后再执行该程序文件，这种工作模式称为**程序文件模式**. 程序文件不能在指令窗口下建立，因为指令窗口只允许一次执行一行里的一个或几个语句. M 文件的类型是普通的文本文件，可以使用系统认可的文本文件编辑器来建立 M 文件，如记事本和 word. 值得注意的是，.txt 格式不要设置自动换行，否则，当你粘贴到 MATLAB 中，因为含有换行符，可能无法识别.

在 MATLAB 命令窗口，选择菜单 File|New|M-file，可建立 M 文件. 我们可用 MATLAB 自带的编辑器编制 M 文件，也可用 word、txt 编辑，最后复制到 M 文件. M 文件的语法类似

于 C 语言，又有自身特点，它只是一个简单的 ASCII 码文本文件，执行程序时逐行解释运行程序，MATLAB 是解释性的编程语言. M 文件有两类：

（1）**独立 M 文件**，又称为命令文件. 实际上是一串指令的集合，与在命令窗口逐行执行文件中的所有指令，其结果是一样的，没有输入和输出参数. 它包含两部分：注解和指令. 注解部分开头必须用百分比符号"%"注明，命令文件中的语句可以访问 MATLAB 工作空间中的所有数据，运行过程中所有变量都是全局变量.

（2）**可调用 M 文件**，又称为函数文件，它就像库函数一样方便的调用，格式为：

function　输出变量=函数名（输入变量）

函数体语句；

函数文件必须遵循的规则如下：函数名必须与文件名相同；函数文件有输入和输出参数；可以有零个或多个输入变量，也可以有零个或多个输出变量，当函数有一个以上的输出变量时，输出变量必须包含在方括号内；所有变量除了事先特别声明外，都是局部变量，为避免出错，最好少用或不用全局变量.

6.2　控制流

要想编写好的程序，就必须学好控制语句. MATLAB 语言的程序结构与其他高级语言是一致的.

（1）顺序结构：依次顺序执行程序的各条语句.

（2）分支结构：根据一定条件选择执行不同的语句.

if 语句用来检查逻辑运算、逻辑函数、逻辑变量值等逻辑表达式的真假，若为真则执行 if 和 else 之间的执行语句，否则，转去执行另一分支. 这种三种以上选择的 if-else-end 形式，依次检查各个表达式，只执行第一个表达式为真的命令串，接下来的表达式不检查，跳过其余的 if-else-end 结构，而且，最后的 else 命令可有可无.

如果一个程序中，必须针对某个变量值进行多种不同的执行，switch 语句更方便，且可读性更强. 当某个条件语句的内容与开关语句内容相匹配时，系统将执行其后的语句，如果所有的条件语句与开关语句都需相符时，系统将执行 otherwise 后边的语句.

```
%只有一个判断语句，当表达式为真时就执行 if 和 end 之间的语句，否则不执行
if 逻辑表达式
    执行语句
end
if 逻辑表达式
    执行语句 1
else
    执行语句 2
end
switch
    case 条件语句 1
    执行语句 1
    case 条件语句 2
```

    执行语句 2
    ……
    otherwise
    执行语句 n
   end
  if 逻辑表达式
   执行语句 1
   elseif 逻辑表达式 2
   执行语句 2
   elseif 逻辑表达式 3
   执行语句 3
   ……
  else
   执行语句 n
  end

（3）选择结构.

  try-catch 模块给用户提供了一种错误捕获机制. 一般来说，执行语句 1 没有错误出现，那么执行完语句 1 后，控制程序就直接跳到 end 语句；但是，如果在运行执行语句 1 的过程中，出现错误，那么控制程序立即转移到 catch 语句，然后执行语句 2.在 catch 模块中，函数 lasterr 包含了在 try 模块中遇到的错误生成的字符串.

   try
    执行语句 1
   catch
    执行语句 2
   end

   try 语句先试探性执行语句组 1，如果语句组 1 在执行过程中出现错误，则将错误
     信息赋给保留的 lasterr 变量，并转去执行语句组 2.

  （4）循环结构：重复执行一组语句，它是计算机解决问题的主要手段.

  ① for 循环语句会依照计数器的值来决定运算指令的循环次数，for 循环内不能对循环变量重新赋值，可以按需要嵌套，它的循环判断条件就是对循环次数的判断，也就是说，循环次数是预先设定好的.

  ② while 循环语句的判断控制可以是逻辑判断语句，只要"循环条件"里的所有元素为真，就执行 while 和 end 语句之间的命令串，因此它的循环次数可以是一个不定数. 这样就赋予了它比 for 循环更广泛的用途.

   for 计数器=初值:增量:终止值
    执行语句，……，执行语句
   end
   while 循环条件
    执行语句
   end

如果一个循环结构的循环体又包括一个循环结构，就称为**循环的嵌套**，或称为**多重循环结构**，这种结构比较复杂，我们一定要分清层次.

MATLAB 的控制语句同 C 语言有相似之处，但没有 C 语杂、灵活和多变. 因而语法比较简单，容易掌握. 除了上述程序控制语句外，它还提供了一些特殊的程序流控制语句.

③ echo 指令用来控制 M 文件在执行过程中是否显示.echo on:打开所有命令文件的显示方式；echo off：关闭所有命令文件的显示方式；echo：在以上两者间切换.

④ input 指令提示用户从键盘输入数值、字符串或表达式，并接收输入. 常用格式有：a=input(‘请输入数字 a:’).

⑤ pause 指令使程序运行暂停，等待用户按任意键继续.

⑥ break 语句导致包含 break 指令的最内层 while、for、if、switch 语句的终止. 通过此语句，可不必等待循环的自然结束，而根据循环内部另设的某种条件是否满足决定是否退出循环、是否结束 if 等语句. 当用户在循环语句以外进行终止操作时，可以使用 return 命令. 执行 return 命令后，进程将返回调用函数或键盘，同时用 return 命令可以终止 keyboard 模式. 通常，程序在 end 处结束，而 return 命令可以提前结束程序.

⑦ continue 语句控制跳过循环体中的某些语句. 当在循环体内执行到该语句时，程序将跳过循环体中所有剩下的语句，继续下一次循环.

⑧ error(‘message’)，显示文本 message，并中断程序执行，如

if 条件表达式, error(‘message’), end

⑨ 如果在调制程序时，想强行终止可以按"ctrl+c".

例 6.1　设银行年利率为 11.25%，将 10000 元存入银行，问多长时间会连本带利翻一番？

由于不知道确定时间，故可采用 while 语句：

```
money=10000;years=0;
while money<20000
    years=years+1;money=money*(1+11.25/100);
end
years,money
```

运行结果为：years =7　　　　money =2.1091e+004

例 6.2　利用函数的递归调用，求 n!

n!本身就是以递归的形式定义的，显然，求 n!需要求(n-1)!，这时可采用递归调用. 递归调用函数文件 factor.m 如下：

```
function f=factor(n)
if n<=1 f=1;
    else f=factor(n-1)*n;   %递归调用求(n-1)!
end
```

7　MATLAB 图形功能

图形可视化技术是数学计算人员追求的更高一级技术，因为对于数值计算和符号计算来

说，不管计算结果多么准确，人们往往很难抽象体会它们的具体含义．而图形处理技术提供了一种直接的表达方式，可以使人们更直接、更清楚地了解实物的结果和本质．MATLAB 语言除了有强大的矩阵处理功能之外，它的绘图功能也是相当强大的．MATLAB 作图是通过描点、连线来实现的，故在画一个曲线图形之前，必须先取得该图形上的一系列的点的坐标（即横坐标和纵坐标），然后将该点集的坐标传给 MATLAB 函数画图．

7.1 二维绘图

二维曲线图在 MATLAB 中的绘制是最为简便的．如果将 X 轴和 Y 轴的数据分别保存在两个向量中，同时向量的长度完全相等，那么可以直接调用函数进行二维图形的绘制．

在 MATLAB 中，使用 plot 函数进行二维曲线图的绘制，根据图形坐标大小自动缩扩坐标轴，将数据标尺及单位标注自动加到两个坐标轴上，也可自定坐标轴，可把 x,y 轴用对数坐标表示．如果已经存在一个图形窗口，plot 命令则清除当前图形，绘制新图形．

基本绘图命令见表 A.13、表 A.14. 绘图的一般步骤见表 A.15.

表 A.13　绘制基本线性图的函数表

函数名	功能描述
fplot ('fun', [a, b])	表示绘制区间 $[a, b]$ 上函数 y=fun 的图形
plot(x,y)	在 x 轴和 y 轴都按线性比例绘制二维图形
plot3(x,y,z)	在 x 轴、y 轴和 z 轴都按线性比例绘制三维图形
loglog	在 x 轴和 y 轴按对数比例绘制二维图形
semilogx	在 x 轴按对数比例，y 轴按线性比例绘制二维图形
semilogy	在 y 轴按对数比例，x 轴按线性比例绘制二维图形
plotyy	绘制双 y 轴图形
hold on,hold off	保持原有图形，刷新原有图形
figure(h)	新建 h 窗口，激活图形使其可见，并把它置于其他图形之上
grid on	在图形上画出坐标网络线
subplot(m,n,p)	将窗口分成 mn 个子图，选择第 p 个子图作为当前图形
title()	图题的标注
xlabel(),ylabel()	x 轴说明，y 轴说明
text(x,y,图形说明)	对图形进行说明
axis	进行坐标控制
axis off	取消坐标轴
axis on	显示坐标轴

表 A.14　曲线的色彩、线型和数据点型

颜色符号	含义	数据点型	含义	线型	含义
b	蓝色	.	点	-	实线
g	绿色	x	X 符号	:	点线
r	红色	+	+号	-.	点画线
c	蓝绿色	h	六角星形	--	虚线
m	紫红色	*	星号	(空白)	不画线
y	黄色	s	方形		
k	黑色	d	菱形		

表 A.15　绘图的一般步骤

步　骤	典　型　代　码
1. 准备绘图数据	x = 0:0.2:12;y1 = bessel(1,x);
2. 选择一个窗口并在窗口中给图形定位	figure(1),subplot(2,2,1)
3. 调用基本的绘图函数	h = plot(x,y1,x,y2,x,y3);
4. 选择线型和标记特性	set(h,'LineWidth',2,{'LineStyle'},{'--';':';'-.'})
5. 设置坐标轴的极限值、标记符号和网格线	axis([0 12 -0.5 1])
6. 使用坐标轴标签、图例和文本对图形进行注释	xlabel('Time')ylabel('Amplitude')
7. 输出图形	print -depsc -tiff -r200 myplot

符号函数(显函数、隐函数和参数方程)画图：

（1）ezplot('f(x)',[a,b]) 表示在 a<x<b 绘制显函数 f=f(x)的函数图.

（2）ezplot('f(x,y)',[xmin,xmax,ymin,ymax])表示在区间 xmin<x<xmax 和 ymin<y<ymax 绘制隐函数 f(x,y)=0 的函数图.

（3）ezplot('x(t)', 'y(t)', [tmin,tmax])表示在区间 tmin<t<tmax 绘制参数方程 x=x(t),y=y(t)的函数图.

例 7.1　利用 ezplot 函数作图.

（1）在 $[0,\pi]$ 上画 $y = \cos(x)$ 的图形：

　　ezplot('cos(x)',[0,pi])

（2）在 $[0,2\pi]$ 上画 $x = (\cos t)^3, y = (\sin t)^3$ 星形图：

　　ezplot('cos(t)^3','sin(t)^3',[0,2*pi])

（3）在 $[-2,0.5]$，$[0,2]$ 上画隐函数 $e^x + \sin(xy) = 0$ 的图：

　　ezplot('exp(x)+sin(x*y)',[-2,0.5,0,2])

例 7.2　利用 fplot('fun',lims)绘制 fun 指定的函数在 lims=[xmin,xmax]的图形.

（1）在 $[-1,2]$ 上画 $y = e^{2x} + \sin(3x^2)$ 的图形.

先建 M 文件 myfun1.m：

　　function y=myfun1(x)

　　y=exp(2*x)+sin(3*x^2)

再输入命令：

```
fplot('myfun1',[-1,2])
```
（2）x,y 的取值范围都在 $[-2\pi,2\pi]$，画函数 $\tanh(x),\sin(x),\cos(x)$ 的图形.
```
fplot('[tanh(x),sin(x),cos(x)]',2*pi*[-1 1 -1 1])
```

注意：fun 必须是 M 文件的函数名或是独立变量为 x 的字符串；fplot 函数不能画参数方程和隐函数图形，但在一个图上可以画多个图形.

在很多工程问题中，通过对数据进行对数转换可以更清晰地看出数据的某些特征，在对数坐标系中描绘数据点的曲线，可以直接地表现对数转换. 对数转换有双对数坐标转换和单轴对数坐标转换两种. 用 loglog 函数可以实现双对数坐标转换，用 semilogx 和 semilogy 函数可以实现单轴对数坐标转换. 其中：

（1）loglog(y)表示 x、y 坐标都是对数坐标系；

（2）semilogx(y)表示 x 坐标轴是对数坐标系；

（3）semilogy(…)表示 y 坐标轴是对数坐标系；

（4）plotyy 有两个 y 坐标轴，一个在左边，一个在右边.

例 7.3　绘制对数坐标系.

（1）用方形标记创建一个简单的 loglog 图.
```
x=logspace(-1,2);loglog(x,exp(x),'-s'),grid on
```
（2）创建一个简单的半对数坐标图：
```
x=0:.1:10;semilogy(x,10.^x)
```

7.2　三维绘图

MATLAB 语言提供了三维图形的处理功能，与二维图形相似，绘制三维图形时可以使用 MATLAB 语言提供的相关函数：

（1）三维线图指令 plot3 与 plot 函数用法十分相似，其调用格式为：
```
plot3(x1,y1,z1,选项 1,x2,y2,z2,选项 2,…,xn,yn,zn,选项 n)
```
其中每一组 x,y,z 组成一组曲线的坐标参数，选项的定义和 plot 函数相同. 当 x,y,z 是同维向量时，则 x,y,z 对应元素构成一条三维曲线. 当 x,y,z 是同维矩阵时，则以 x,y,z 对应列元素绘制三维曲线，曲线条数等于矩阵列数.

（2）利用 meshgrid 函数产生平面区域内的网格坐标矩阵.
```
x=a:d1:b; y=c:d2:d;[X,Y]=meshgrid(x,y);
```
语句执行后，矩阵 X 的每一行都是向量 x，行数等于向量 y 的元素的个数，矩阵 Y 的每一列都是向量 y，列数等于向量 x 的元素的个数.

（3）mesh 函数绘制三维网格图形，其格式为：mesh(x,y,z,c)，一般情况下，x,y,z 是维数相同的矩阵. x,y 是网格坐标矩阵，z 是网格点上的高度矩阵，c 用于指定在不同高度下的颜色范围.

（4）surf(x,y,z)画出数据点(x,y,z)表示的曲面，分别表示数据点的横坐标、纵坐标、函数值.

（5）透视与视角设置：hidden off,可使网状图产生透视效果，view(az,el) 设置三维图形视角，其中 az 是方位角，el 是俯视角，单位均为度.

例 7.4　三维绘图示例.

（1）画函数 $z=(x+y)^2$ 的图形.
```
x=-3:0.1:3;y=1:0.1:5;[X,Y]=meshgrid(x,y);Z=(X+Y).^2;
```

surf(X,Y,Z),shading flat,rotate3d

（2）绘制椭圆表面图.

x=-1.5:0.3:1.5;y=-1:0.2:1;[x,y]=meshgrid(x,y);z=sqrt(4-x.^2/9-y.^2/4);surf(x,y,z)

（3）绘 peaks 的网图.

[X,Y]=meshgrid(-3:.125:3);Z=peaks(X,Y);meshz(X,Y,Z)

7.3 特殊图形的绘制

条形图和面积图用于绘制向量和矩阵数据，这两种图形可以用来比较不同组数据的在总体数据中所占的比例，其中条形图适于表现离散型数据，而面积图适于表现连续型数据. 在统计学中，人们经常要用到饼形图来表示各个统计量占总量的份额，饼形图可以显示向量或矩阵中的元素占所有元素总和的百分比. 特殊图形的绘制函数见表 A.16.

表 A.16　特殊图形的绘制函数

函　数	功能描述
bar(Y)	绘制矩阵 $Y(m \times n)$ 各列的垂直条形图，各条以垂直方向显示
barh(Y)	绘制矩阵 $Y(m \times n)$ 各列的垂直条形图，各条以水平方式显示
bar3(Y)	绘制矩阵 $Y(m \times n)$ 各列的三维垂直条形图，条以垂直方向显示
bar3h(Y)	绘制矩阵 $Y(m \times n)$ 各列的三维垂直条形图，各条以水平方式显示
polar (theta,rho,s)	用角度 theta（弧度表示）和极半径 rho 作极坐标图，用 s 指定线型
fill([x1,x2],[y1,y2])	在区域([x1,x2],[y1,y2])绘制填充图
scatter3(X,Y,Z,S,C)	三维散点图:在向量 X, Y 和 Z 指定的位置上显示彩色圆圈. 向量 X, Y 和 Z 的大小必须相同
area	绘制向量的堆栈面积图
pie	绘制二维饼形图
pie3	绘制三维饼形图
contour3(x,y,z,n)	绘制等高线图形, n 表示等值线数

例 7.5　应用示例.

（1）绘制条形图.

x=linspace(0,pi,10);y=sin(x);
bar(y,'r')　　%绘制二维垂直条形图，垂直方向显示，红色
bar3(y,'r')　　%绘制三维垂直条形图，垂直方向显示，红色

（2）绘制填充图.

x1=0:.01:1;y1=sqrt(x1);x2=1:-.01:0;y2=x2.^2;fill([x1,x2],[y1,y2],'r')

MATLAB 编程简单，容易掌握，值得注意的是不同 MATLAB 版本的函数命令具有细微的区别，本书所用的是 MATLAB7.5，建议大家在学习的时候，借助运行提示仔细体会. 学习编程的一个有效方法就是阅读经典程序，进而改编它，运用它. 读者通过学习，便可以编写简单程序，如果在学习过程中有疑惑，可以利用搜索引擎在互联网上搜索解决方法. 望大家今后多做练习、钻研，尽快成为 MATLAB 高手，适应高科技的需要.

附录 B 2012 年 A 题 葡萄酒的评价

确定葡萄酒质量时一般是通过聘请一批有资质的评酒员进行品评. 每个评酒员在对葡萄酒进行品尝后对其分类指标打分, 然后求和得到其总分, 从而确定葡萄酒的质量. 酿酒葡萄的好坏与所酿葡萄酒的质量有直接的关系, 葡萄酒和酿酒葡萄检测的理化指标会在一定程度上反映葡萄酒和葡萄的质量. 附件 1 给出了某一年份一些葡萄酒的评价结果, 附件 2 和附件 3 分别给出了该年份这些葡萄酒的和酿酒葡萄的成分数据. 请尝试建立数学模型讨论下列问题:

（1）分析附件 1 中两组评酒员的评价结果有无显著性差异, 哪一组结果更可信?

（2）根据酿酒葡萄的理化指标和葡萄酒的质量对这些酿酒葡萄进行分级.

（3）分析酿酒葡萄与葡萄酒的理化指标之间的联系.

（4）分析酿酒葡萄和葡萄酒的理化指标对葡萄酒质量的影响, 并论证能否用葡萄和葡萄酒的理化指标来评价葡萄酒的质量?

2.1 摘 要

由于葡萄酒种类繁多、成分丰富, 因此, 对葡萄酒质量的评价, 目前葡萄酒感官品尝是鉴定葡萄酒质量优劣的主要方法, 但这种方法存在一定的主观性和不确定性. 同时, 随着实验设备和水平的不断提高, 人们已经可以得到十分细致的酿酒葡萄和葡萄酒的理化指标, 如果可以用这些指标确定葡萄酒的质量, 就意味着发现了更为客观、科学的评价方法.

对于问题一, 在对附件 1 提供的数据整理后借助于 SPSS 软件, 进行成对数据的 T 检验, 并计算变异系数和标准差, 得到分析结果为: 第二组评酒员与第一组评酒员对同一组葡萄酒样品的评分准确性具有显著差异, 其中第二组的评分结果更为准确可靠.

对于问题二, 先采用模糊综合评价法, 利用附件 1 中第二组评酒员的打分对葡萄酒样品的质量重新进行了评价和分级, 并利用综合评价值对葡萄酒样品按照由优到劣进行排序. 在假设葡萄的质量决定酒的质量的前提下, 对葡萄的质量进行了分级并对葡萄样品排序. 为了提高检测效率, 我们采用主成分分析和相关性分析筛选红葡萄的 8 个、白葡萄的 6 个理化指标, 分析上述理化指标, 制定了葡萄的分级标准 (见表 B.1) (红葡萄的分级标准见正文).

表 B.1 白葡萄分级标准

	可滴定酸	酒石酸	固酸比	果穗质量	总糖
优	5.53 ~ 5.57	7.1 ~ 7.7	36 ~ 40	165 ~ 196	190 ~ 193
良	3.3 ~ 5.53	7.7 ~ 11.0	22 ~ 36	196 ~ 316	193 ~ 229
合格	5.57 ~ 8	3.3 ~ 7.7	40 ~ 56	92 ~ 165	153 ~ 190
不合格	>8 或 <3.3	>11 或 <3.3	>56 或 <22	>316 或 <92	>229 或 <153

对于问题三, 将附件 2 中的酿酒葡萄与葡萄酒的理化指标做多元回归分析, 运用 SPSS

统计软件，使用逐步回归法得到线性回归方程组 $Y = DX + E$，说明酿酒葡萄与葡萄酒的理化指标存在着线性关系.

由酿酒葡萄的分级标准可知，影响酿酒葡萄品质的理化指标可以分为两类，一类指标的数据越大，葡萄的品质越好，另一类指标距离某个数值越近，葡萄的品质越好；第一类指标的大小确定着酒的品质高低. 第二类指标对酒的品质的影响取决于自身稳定性的大小. 使用公式 $Q = \sum_{i=1}^{n} (c_i - z_i)^2$ 验证了附件 3 提供的数据与评价结果的一致性，结果表明，用酿酒葡萄和葡萄酒酒的理化指标只能部分确定葡萄酒的质量.

关键词：葡萄酒、质量、理化指标、T 检验、模糊综合评价、多元回归分析

2.2 问题重述

确定葡萄酒质量时一般是通过聘请一批有资质的评酒员进行品评. 每个评酒员在对葡萄酒进行品尝后对其分类指标打分，然后求和得到其总分，从而确定葡萄酒的质量. 酿酒葡萄的好坏与所酿葡萄酒的质量有直接的关系，葡萄酒和酿酒葡萄检测的理化指标会在一定程度上反映葡萄酒和葡萄的质量. 附件 1 给出了某一年份一些葡萄酒的评价结果，附件 2 和附件 3 分别给出了该年份这些葡萄酒的和酿酒葡萄的成分数据. 请尝试建立数学模型讨论下列问题：

（1）分析附件 1 中两组评酒员的评价结果有无显著性差异，哪一组结果更可信？

（2）根据酿酒葡萄的理化指标和葡萄酒的质量对这些酿酒葡萄进行分级.

（3）分析酿酒葡萄与葡萄酒的理化指标之间的联系.

（4）分析酿酒葡萄和葡萄酒的理化指标对葡萄酒质量的影响，并论证能否用葡萄和葡萄酒的理化指标来评价葡萄酒的质量？

2.3 问题分析

葡萄是一种营养丰富的水果，在酿制葡萄酒的过程中产生了更多对人们身心健康有益的物质，因此，葡萄酒是人们十分喜爱的一种葡萄"饮料". 葡萄酒的各种成分的含量对葡萄酒的品质有着十分重要的影响，这就是说，葡萄酒的品级综合描述了葡萄酒的各种成分的含量. 所以，如何确定葡萄酒的品级就成为评价葡萄酒质量的重要问题. 然而，由于葡萄酒的种类繁多，所含成分十分丰富，目前主要采用评酒员评价的方法确定葡萄酒的品级. 但是，这种方法受到了评酒员的水平、喜好和一些主观因素的影响，因此，提出更为客观、科学的方法是必要的. 此外，由于酿酒葡萄的品质是影响葡萄酒质量的最为重要的因素之一，酿酒葡萄成分的含量必然影响着葡萄酒的品级，因此，研究酿酒葡萄的理化指标、葡萄酒的理化指标和葡萄酒的质量三者之间的相互影响是可行的.

（1）问题 1 的分析.

两组评酒员对同一组酒进行评价可以看作一个总体的两个独立样本的事件，每组 10 人，样本较小；经验表明，评分近似的服从正态分布. 分析表明，这个事件服从 T 检验.

基于以上分析，我们建模的主要思路是，使用附件 1 提供的数据，对两组评酒员的评价，

借助于统计软件进行 T 检验；根据检验结果分析两组的评价结果有无显著性差异，进一步确定哪一组的结果更可信.

（2）问题 2 的分析.

对酿酒葡萄进行分级，需要先给出一个分级标准. 由于酿酒葡萄理化指标与葡萄酒的质量之间存在着内在联系，酿酒葡萄分级标准要以葡萄酒的质量标准为基础，再分析酿酒葡萄理化指标与葡萄酒的质量之间的数量关系，确定酿酒葡萄的分级标准.

为此，我们先参照国家葡萄酒质量标准，使用附件 1 提供的数据，将可信度更高的小组的评价结果进行分级统计，再采用模糊综合评价法对酒样品按照质量高低排序，在葡萄酒的质量仅由酿酒葡萄的理化指标决定的模型假设之下，利用对应关系，确定酿酒葡萄的理化指标的分级标准.

由于酿酒葡萄的理化指标过多，我们使用相关性分析、主成分分析法和聚类分析法等方法，综合考虑各种因素以简化指标，这样就可以大大减小运算量，提高酿酒葡萄理化指标的分级标准的可操作性.

（3）问题 3 的分析.

由于酿酒葡萄的理化指标影响着葡萄酒的理化指标，我们将酿酒葡萄的理化指标看作自变量，将葡萄酒的理化指标看作因变量，这样，就将问题 3 变成了一个多自变量多因变量的问题，这可以用多元回归分析解决，从而建立描述酿酒葡萄的理化指标与葡萄酒的理化指标之间的关系的数学模型.

（4）问题 4 的分析.

酿酒葡萄的理化指标和葡萄酒的理化指标对葡萄酒的质量的影响，可以通过问题 3 所建立的数学模型和问题 2 所建立的分级标准，对附件 3 提供的数据进行验证.

2.4　模型假设

（1）所有附件数据真实可靠；
（2）只将葡萄酒分为红、白两类，不进一步细分葡萄酒的种类；
（3）不考虑自然环境、酿造工艺及其水平对葡萄酒的质量产生的影响；
（4）评酒员没有受到外界因素的干扰.

2.5　符号说明

S：标准差；CV：变异系数；U：因素集；V：评价集；R：评价矩阵；C：模糊评判向量

2.6　模型的建立与求解

2.6.1　两组评价结果的差异性和可信度的判定

1）确定检验方案

问题 1 是将 20 名评酒员随机分为两组，每组 10 人，共同对 27 种红葡萄酒和 28 种白葡萄酒的感官指标以打分的形式给出了评价结果，要求分析评价结果有无差异及可信度. 经验表明，葡萄酒的质量是近似地呈正态分布的，总体标准差未知，并且这个问题中的样本容量

$n_\text{红} = 27$；$n_\text{白} = 28$．样本均值 $\bar{x}$ 和样本标准差 S 可由附件 1 提供的数据计算得出．

由于在本问题中，两组评酒员分别对同一组葡萄酒（其中：红葡萄酒 27 个酒样，白葡萄酒 28 个酒样）进行感官打分，其实质是评价两组评酒员对同一组葡萄酒打分水平有无本质差异．因此，这个问题满足成对数据的 T 检验要求，若以人为确定的某一概率水平 α 作为两组打分数据显著与否的判断标准，只能够采用成对数据的 T 检验法，而不能采用别的检验方法．

此外，为了进一步证实两组评酒员打分有无区别，还可在成对数据的 T 检验的基础上，计算两组数据标准差 S 和变异系数 CV 进行辅助判断，从而得出科学的结论．

2）检验过程

（1）按照成对数据的 T 检验的要求，分别对附件 1 所列的原始数据进行整理．

（2）借助于 SPSS 统计软件，按照成对数据比较的 T 检验的操作步骤，分别对两组红葡萄酒打分数据和两组白葡萄酒打分数据做了成对数据的 T 检验，得到了以下统计数据，见表 B.2 至表 B.7．

表 B.2　红葡萄酒成对数据的统计

		平均数	N	样本标准差	标准误差
Pair 1	甲组评分	730.56	27	73.426	14.131
	乙组评分	705.19	27	39.757	7.651

表 B.3　红葡萄酒配对样本的相关系数

		N	Correlation	Sig.
Pair 1	甲组评分 & 乙组评分	27	.699	.000

表 B.4　红葡萄酒成对数据的 T 检验

		Paired Differences							
		平均数	标准差	标准误差	95% Confidence Interval of the Difference		t	自由度	Sig. (2-tailed)
					Lower	Upper			
Pair 1	甲组评分 -乙组评分	25.370	53.776	10.349	4.097	46.643	2.451	26	.021

表 B.5　白葡萄酒配对样本统计

		平均数	N	标准差	平均数标准误差
Pair 1	甲组评分	742.61	28	52.012	9.829
	乙组评分	765.32	28	31.709	5.993

表 B.6　白葡萄酒配对样本的相关系数

		N	Correlation	Sig.
Pair 1	甲组评分 & 乙组评分	28	.207	.291

表 B.7　白葡萄酒成对数据的 T 检验

	Paired Differences						
	平均数	标准差	标准误差 Mean	95% Confidence Interval of the Difference Lower	95% Confidence Interval of the Difference Upper	t	自由度	Sig. (2-tailed)
Pair 1　甲组评分-乙组评分	−22.714	55.039	10.401	−44.056	−1.373	−2.184	27	.038

3）结果分析

两组评酒员分别对 27 种红葡萄酒及 28 种白葡萄酒感官品质的打分结果表明：

（1）采用成对数据的 T 检验结果说明，两组评酒员对同一酒样品的感官评分结果的差异达显著水平，其中：红葡萄酒 $P = 0.021$；白葡萄酒 $P = 0.039$；均小于 $\alpha = 0.05$ 的临界概率.

（2）通过对红、白葡萄酒打分数据的变异系数计算结果可知：

两组红葡萄酒打分的变异系数

$$CV_{(红)1} = \frac{S_1}{\bar{x}_1} = \frac{73.426}{730.56} = 0.10051 ; \qquad CV_{(红)2} = \frac{S_2}{\bar{x}_2} = \frac{39.757}{705.19} = 0.05638 .$$

两组白葡萄酒打分的变异系数

$$CV_{(白)1} = \frac{S_1}{\bar{x}_1} = \frac{52.012}{742.61} = 0.07004 ; \qquad CV_{(白)2} = \frac{S_2}{\bar{x}_2} = \frac{31.709}{765.32} = 0.04143 .$$

由两组各 10 位评酒员对红、白葡萄酒样品打分的变异系数，说明第二组评委打分的一致性要优于第一组评委的打分.

（3）样本标准差 S 是反映数据变异度大小的一个重要指标. 在本问题中，两组评酒员对红、白葡萄酒打分数据的标准差分别为

$$S_{(红)1} = 73.426 ; \quad S_{(红)2} = 39.757 ; \quad S_{(白)1} = 52.012 ; \quad S_{(白)2} = 31.709 .$$

两组评酒员打分数据的标准差 S 依然表现为无论红、白葡萄酒，第二组评委评分的标准差均小于第一组的标准差.

综上分析，可以认为第二组评酒员与第一组评酒员对同一组葡萄酒样品的评分准确性具有显著差异，其中以第二组的评分结果更为准确可靠.

2.6.2　酿酒葡萄分级标准的制定

影响葡萄酒质量的因素有很多，如自然环境、酿造工艺和水平、酿酒葡萄的品质等，其中酿酒葡萄的品质是影响葡萄酒质量的最为重要的因素之一. 在不考虑其他因素影响的假设

下，酿酒葡萄的品质就是影响葡萄酒质量的唯一因素，并且酿酒葡萄的品质越高，葡萄酒的质量也就越高。反之，葡萄酒的质量越高，酿酒葡萄的品质也就越高。为此，首先需要确定各葡萄酒的质量品级。

1）葡萄酒质量的分级统计

根据问题 1 的检验结果，我们计算出可信度较高的第二组评酒员对 27 种红葡萄酒样品和 28 种白葡萄酒样品的评价结果的平均分，再依据《葡萄酒》（GB 15037—2006），按照上述平均分，将这 27 个红葡萄酒样品和 28 个白葡萄酒样品分别分级统计，见表 B.8 和表 B.9。

表 B.8　红葡萄酒样品级别统计表

葡萄酒分级 (感官指标标准)	优质 (90 分以上)	良好 (80～89 分)	合格 (70～79 分)	不合格 (65～69 分)	劣质 (64 分以下)
葡萄酒样品编号	无	无	2～5,9,14,16～17, 19～24,26～27	1,6～8,10,12, 13,15,18,25	11

表 B.9　白葡萄酒样品级别统计表

葡萄酒分级 (感官指标标准)	优质 (90 分以上)	良好 (80～89 分)	合格 (70～79 分)	不合格 (65～69 分)	劣质 (64 分以下)
葡萄酒样品编号	无	5,9,17	1 4,6 8, 10～15,18～28	16	无

2）葡萄酒样品的评价

为了制定酿酒葡萄的质量分级标准，我们需要对酿酒葡萄的理化指标进行分析，以确定相邻两个级别的酿酒葡萄的各项理化指标的分界值。根据优质酿酒葡萄决定优质葡萄酒的假设，如果确定了葡萄酒样品的品级，就可以为确定酿酒葡萄的各项理化指标的分界值提供支持。然而，表 1 和表 2 的结果是根据评酒员的打分得到的，考虑到这种感官评价法有一定程度的主观性和不确定性，容易引起打分的不一致和整体数据分析产生误差，使评价结果不够准确，需要对葡萄酒样品采用更具有客观性的方法进行评价。

本问题感官指标多，"优质"、"良好"等边界不清，因此，我们采用模糊综合评价法对葡萄酒样品进行评价。

（1）模糊综合评价模型。

已知因素集 $U = \{u_1, u_2, \cdots, u_n\}$（$u_i$ 表示第 i 项影响因素）和评价集 $V = \{v_1, v_2, \cdots, v_m\}$（$v_j$ 表示各种可能的结果）。设对于各因素间的权数分配为 U 上的模糊子集 $A = \{a_1, a_2, \cdots, a_n\}$，其中 $a_i \geqslant 0$ 为第 i 个因素所对应的权重，且 $\sum\limits_{i=1}^{n} a_i = 1$。

设第 i 个因素的单因素评价为 $R_i = \{r_{i1}, r_{i2}, r_{i3}, \cdots, r_{im}\}$，它可以看作是 U 上的模糊子集，表示第 i 个因素的评价对于第 K 个隶属等级的隶属度，于是得到 n 个因素的总的评价矩阵

$$R = \begin{bmatrix} R_1 \\ R_2 \\ \vdots \\ R_n \end{bmatrix} = \begin{bmatrix} r_{11} & r_{12} & \cdots & r_{1m} \\ r_{21} & r_{22} & \cdots & r_{2m} \\ \vdots & \vdots & & \vdots \\ r_{n1} & r_{n2} & \cdots & r_{nm} \end{bmatrix}.$$

模糊综合评价原理基于模糊变换，模糊合成算子是进行模糊变换的工具和手段，更是建立模糊综合评价模型的关键. 常用的模糊合成算子有以下几种 ： $M(\wedge, \vee)$算子、$M(\cdot, \vee)$算子、$M(\wedge, +)$算子和 $M(\cdot, +)$算子. 本问题是多因素的对多种葡萄酒进行评价并排序，故采用 $M(\cdot, +)$算子来建立模糊综合评价模型，即

$$C = A \circ R = [a_1 \quad a_2 \quad \cdots a_n] \circ \begin{bmatrix} R_1 \\ R_2 \\ \vdots \\ R_n \end{bmatrix}, \tag{1}$$

C 为某因素的模糊评判向量.

（2）模糊综合评价模型的应用.

根据葡萄酒的感官质量指标内容，我们设定因素集 $U =\{$外观，香气，口感，平衡$\}$，评价集 $V =\{$优质，良好，合格，不合格，劣质$\}$. 根据附件 1 的评分比例，设定权重集：$A =\{0.15,0.30,0.44,0.11\}$.

对第二组评酒员的评价结果借助于 MATLAB 按行进行归一化处理，计算出各待评价样品的模糊关系矩阵.

将所得各待评价样品的模糊关系矩阵 R 代入（1）式，得到了各待评价样品的综合评价值.

我们采用秩加权平均原则，用 C 中的对应分量将各等级的秩加权求和，即

$$A_k = \frac{\sum\limits_{j=1}^{m} c_{k_j}^2 \circ j}{\sum\limits_{i=1}^{n} c_{k_j}^2}. \tag{2}$$

当 $m = 5$，$n = 4$时，分别得到了 27 个红葡萄酒样品及 28 个白葡萄酒样品的综合评价值，见表 B.10、表 B.11.

表 B.10　红葡萄酒综合评价表

酒序号	1	2	3	4	5	6	7	8	9
综合评价	3.9697	4.0721	4.1097	4.0599	4.0346	4.3548	3.9332	3.9048	4.3042
酒序号	10	11	12	13	14	15	16	17	18
综合评价	3.9261	3.7582	3.9431	3.986	4.0379	3.9117	4.0152	4.0981	3.8694
酒序号	19	20	21	22	23	24	25	26	27
综合评价	4.0428	4.3438	4.0432	4.0339	4.4049	4.0227	3.9495	4.1752	4.0391

表 B.11　白葡萄酒综合评价表

酒序号	1	2	3	4	5	6	7
综合评价	4.4177	4.237	4.5881	4.5179	4.7662	4.275	4.1187
酒序号	8	9	10	11	12	13	14
综合评价	4.0137	4.8191	4.7124	4.0608	4.1647	4.0817	4.2535

续表 B.11

酒序号	15	16	17	18	19	20	21
综合评价	4.477	3.8851	4.6242	4.2719	4.3383	4.2388	4.7386
酒序号	22	23	24	25	26	27	28
综合评价	4.7646	4.3327	4.3398	4.7643	4.4611	4.4578	4.6373

对 27 个红葡萄酒样品和 28 个白葡萄酒样品按照综合评价值分别按照由大到小（由优到劣）的顺序依次排列的编号为：

红葡萄酒：23,6,20,9,26,3,17,2,4,21,19,27,14,5,22,24,16,13,1,25,12,7,10,15,8,18,11

白葡萄酒 9,5,22,25,21,10,28,17,3,4,15,26,27,1,24,19,23,6,18,14,20,2,12,7,13,11,8,16

分析各葡萄酒样品的综合评价值，我们对 27 个红葡萄酒样品和 28 个白葡萄酒样品的品级重新做了界定，依据是评价值 A. 若 $A > 4.5$，则级别值是 5，若 $4 < A < 4.5$，则级别值是 4，若 $3.5 < A < 4$，则级别为 3，若 $2.5 < A < 3.5$，则级别值是 2，否则为 1，值越高，级别越高，即酒越好. 分级统计结果见表 B.12 和表 B.13.

表 B.12　红葡萄酒样品级别统计表

酒序号	1	2	3	4	5	6	7	8	9
综合评价值	3.9697	4.0721	4.1097	4.0599	4.0346	4.3548	3.9332	3.9048	4.3042
级别	3	4	4	4	4	4	3	3	4
酒序号	10	11	12	13	14	15	16	17	18
综合评价值	3.9261	3.7582	3.9431	3.9860	4.0379	3.9117	4.0152	4.0981	3.8694
级别	3	3	3	3	4	3	4	4	3
酒序号	19	20	21	22	23	24	25	26	27
综合评价值	4.0428	4.3438	4.0432	4.0339	4.4049	4.0227	3.9495	4.1752	4.0391
级别	4	4	4	4	4	4	3	4	4

表 B.13　白葡萄酒样品级别统计表

酒序号	1	2	3	4	5	6	7	8	9
综合评价值	4.4177	4.237	4.5881	4.5179	4.7662	4.275	4.1187	4.0137	4.8191
级别	4	4	5	5	5	4	4	4	5
酒序号	10	11	12	13	14	15	16	17	18
综合评价值	4.7124	4.0608	4.1647	4.0817	4.2535	4.477	3.8851	4.6242	4.2719
级别	5	4	4	4	4	4	3	5	4
酒序号	19	20	21	22	23	24	25	26	27
综合评价值	4.3383	4.2388	4.7386	4.7646	4.3327	4.3398	4.7643	4.4611	4.4578
级别	4	4	5	5	4	4	5	4	4
酒序号	28								
综合评价值	4.6373								
级别	5								

3）理化指标的简化

由表 11 和表 12 的统计结果，假设对应的酿酒葡萄具有相应的品级．由酒样品的排列顺序，依据假设，我们得到了酿酒葡萄的优劣排列次序，进一步可以得到酿酒葡萄的理化指标的优劣集合，从而确定酿酒葡萄的分级标准．然而，由于酿酒葡萄的理化指标有 30 种之多，这就意味着制定的分级标准中考察项目有 30 种，这就降低了分级标准的可操作性和检测效率．

为了提高检测效率，为快速、准确地判断葡萄品质提供理论基础，需要简化酿酒葡萄的理化指标．主成分分析能将许多相关的随机变量压缩成少量的综合指标，同时又能反映原来较多因素的信息．因此，我们采用主成分分析法与相关性分析简化理化指标．

（1）运用主成分分析与相关性分析简化理化指标．

① 对附件 2 中酿酒葡萄的原始数据进行整理，将某些指标的多次实验数据求其均值．

② 借助于 SPSS 统计软件，对上述数据做主成分分析，得到总方差和成分矩阵．

分析结果如下：在红葡萄的指标中提取了八个主成分，第一主成分与蛋白质、花色苷、褐变质、DPPH 自由基、总酚、单宁、总黄酮、黄酮醇、果梗比、出汁率、柠檬酸有极大的正相关性；第二主成分与氨基酸总量、总糖、干物质含量、还原糖、可溶性固形物、可滴定酸有极大的正相关性；第三主成分与白藜芦醇、果皮颜色 2、果皮颜色 3 有极大的正相关性；第四主成分与 pH 值、酒石酸有极大的正相关性；第五主成分与固酸比、果穗质量有极大的正相关性；第六主成分与多酚酶、果皮颜色 1 有极大的正相关性；第七主成分与百粒质量、果皮质量有极大的正相关性；第八主成分与 VC 含量有极大的正相关性．

在白葡萄的指标简化中提取了十个主成分，第一主成分与氨基酸、DPPH 自由基、单宁、还原糖、总糖、可溶性固形物、干物质含量、果皮颜色 1、果皮颜色 3 有极大的正相关性；第二主成分与蛋白质、总酚、总黄酮、果穗质量、百粒质量、果皮质量、出汁率有极大的正相关性；第三主成分与 pH 值、果皮颜色 2、固酸比有极大的正相关性；第四主成分与可滴定酸有极大的正相关性；第五主成分与酒石酸、苹果酸、柠檬酸、多酚酶、黄酮醇有极大的正相关性；第六主成分与褐变质、白藜芦醇有极大的正相关性；第七主成分与 VC 含量有极大的正相关性；第九主成分与果梗比有极大的正相关性；第十主成分与花色苷有极大的正相关性．

③ 再次运用 SPPS 操作软件对上述数据与第二组评酒员的打分分数做相关性分析的结果见附表 17-18．

通过表 17 进一步对红葡萄的指标进行更精确的综合简化，可得 DPPH 自由基、总酚、总黄酮、果皮颜色 2、果皮颜色 3、氨基酸总量、pH 值、固酸比、可滴定酸作为主要的红葡萄综合评价指标．

通过表 18 进一步对白葡萄的指标进行更精确的综合简化，可得总糖、可溶性固形物、果穗质量、固酸比、可滴定酸、酒石酸作为主要的白葡萄综合评价指标．

（2）简化的理化指标的分级标准．

保留简化后的葡萄成分数据，其他在分级中不采用，以此进行理化指标的划分．

葡萄理化指标的划分是按每种指标中数据之间的某种依据所分的．例如，表 13 中 pH 值的划分，由于级值 3 和级值 4 的 pH 值成分接近，存在混合值，这就说明，pH 值越趋于中间越好，所以按照等级值 3 和等级值 4 中平均值以及最值来分，取其两平均值范围为 5，然后再根据级值 3 和级值 4 中的数据划分级值 4 和 3，pH 值太小和太大的酒都不好，所以将其归为等级 2. 而氨基酸总量经过异常数据筛选后其值和对应等级都是按照从小到大排列的, 因此其值越高, 级别值越高. 所以级别值按氨基酸值由高到低排列. 对可溶性固形物不做等级划分, 因为可溶性固形物对酒的影响较大且它在每种酒中的含量很相近 (在数据处理时有些差异太大的将其筛选掉). 举例数据见表 B.14.

表 B.14　理化指标获得举例表

pH	3.56	3.18	2.92	3.65	3.53	3.43	3.86	3.19	3.27	3.38
氨基酸总量	2027.96	2391.16	1950.76	1364.14	2355.69	2556.79	1416.11	2177.91	2398.38	1409.7
酒石酸	6.04	5.42	11.79	6.92	9.2	8.32	4.24	7.59	10.3	7.34
可溶性固形物	199.867	210.267	214.933	209.067	219.567	196.433	174.367	174.8	228.9	219.43

依据以上所采取的方法, 获得葡萄理化指标分级表, 见表 B.15 和表 B.16.

表 B.15　红葡萄理化指标分级表

	DPPH 自由基	总酚	总黄酮	果皮颜色 2	果皮颜色 3	pH	固酸比	可滴定酸	氨基酸总量
优	>0.66	>29	>24	1.3～1.5	～0.5～0.4	3.4～3.6	30～34	6.5～7.0	>3434
良	0.33～0.66	12.0～29	6.5～24	0.78～1.3	～1.51～0.5	3.6～3.9	34～44	7.0～9.3	2054～3434
合格	0.17～0.33	7.0～12.0	2.5～6.5	1.5～2.8	～0.4～0.26	2.9～3.4	22～30	4.3～6.5	1364～2054
不合格	<0.17	<7	<2.5	<0.78 或 >2.8	<～1.51 或 >0.26	<2.9 或 >3.9	<22 或>44	<4.3 或>9.3	<1364

表 B.16　白葡萄理化指标分级表

	可滴定酸	酒石酸	固酸比	果穗质量	总糖
优	5.53～5.57	7.1～7.7	36～40	165～196	190～193
良	3.3～5.53	7.7～11.0	22～36	196～316	193～229
合格	5.57～8	3.3～7.7	40～56	92～165	153～190
不合格	>8 或<3.3	>11 或<3.3	>56 或<22	>316 或<92	>229 或<153

2.6.3　酿酒葡萄与葡萄酒的理化指标之间联系的分析

(1) 对附件 2 中酿酒葡萄与葡萄酒的指标做回归分析.

(2) 运用 SPSS 进行逐步回归得到线性方程组. 红色酿酒葡萄与红葡萄酒指标之间的线性关系 $Y = DX + E$ (注: 关系式中的自变量 $X = (x_1, \cdots, x_{30})'$, x_1 到 x_{30} 分别是氨基酸、蛋白质、VC 含量、花色苷、酒石酸、苹果酸、柠檬酸、多酚酶、褐变质、DPPH 自由基、总酚、单宁、总黄酮、黄酮醇、白藜芦醇、总糖、还原糖、可溶性固形物、pH 值、可滴定酸、固酸比、干物质含量、果穗质量、百粒质量、果梗比、出汁率、果皮质量、果皮颜色 1、果皮颜色 2、果皮颜色 3，$Y = (y_1, \cdots, y_6)'$，y_1 到 y_6 分别是花色苷、单宁、总酚、白藜芦醇、DPPH 半抑制体积、色泽）.

$$D = \begin{bmatrix} D_1 & D_2 & D_3 & D_4 & D_5 \end{bmatrix}.$$

$$D_1 = \begin{bmatrix} 0 & 0 & 0 & 2.656 & 0 & 0 \\ 0 & 0 & 0 & 0 & 0 & 0 \\ 0 & 0 & 0 & 0 & 0 & 0.184 \\ 0 & 0 & 0 & 0 & 0 & 0 \\ 0 & -0.06 & 0 & 0 & 0.359 & -0.543 \\ 0 & 0 & 0 & -0.091 & 0 & 0 \end{bmatrix}, \quad D_2 = \begin{bmatrix} 0 & 0 & 0 & 0 & 0 & 0 \\ 0 & -0.059 & 0.003 & 17.353 & 0 & 0 \\ 0 & 0 & 0 & 0 & 0.327 & 0 \\ 0 & 0 & 0 & 0 & 0.398 & 0 \\ 0 & 0 & 0 & 0 & 0 & 0 \\ 0 & 0 & 0 & 0 & 0.017 & 0 \\ 0 & 0 & 0 & 0 & 0 & 0 \end{bmatrix},$$

$$D_3 = \begin{bmatrix} 0 & 0 & 0 & 0 & 0 & 0 \\ 0 & 0 & 0 & 0 & 0 & 0.06 \\ 0 & 0 & 0 & 0 & 0 & 0 \\ 0 & 0 & 0 & 0 & 0 & 0 \\ 0.529 & 0 & 0 & 0 & 0 & 0 \\ 0 & 0 & 0 & 0 & 0 & 0 \\ 0 & 0 & -0.293 & 0 & 0 & 0 \end{bmatrix}, \quad D_4 = \begin{bmatrix} 0 & 0 & 0 & 0 & 0 & 0 \\ 0 & 0 & 0 & 0 & 0 & 0 \\ 0 & 0 & 0 & 0 & 0 & 0 \\ 0 & 0 & 0 & 0 & 0 & 0 \\ 0 & 0 & 0 & 0 & 0 & 0 \\ 0 & 0 & 0 & 0 & 0 & 0 \\ 0 & 0 & 0 & 0 & 0 & 0 \end{bmatrix},$$

$$D_5 = \begin{bmatrix} 0 & 0.6762 & 0 & 0 & 0 & 0 \\ 0 & 0 & 0 & 0 & 0 & 0 \\ 0 & 0 & 0 & 0 & 0 & 0 \\ 0 & 0 & 0 & 0 & 0 & 0 \\ 0.973 & 0 & 0 & 0 & 0 & 0 \\ 0 & 0 & 0 & 0 & 0 & 0 \\ 0 & 0 & 0 & 0 & 0 & 0 \end{bmatrix}, \quad E = \begin{bmatrix} 438.407 \\ -12.516 \\ 0.590 \\ -0.951 \\ 28.758 \\ -0.024 \\ 48.883 \end{bmatrix}.$$

白色酿酒葡萄与白葡萄酒指标之间的线性关系 $Y = DX + E$（注：关系式中的自变量 $X = (x_1, \cdots, x_{30})'$，$x_1$ 到 x_{30} 分别是氨基酸、蛋白质、VC 含量、花色苷、酒石酸、苹果酸、柠檬酸、多酚酶、褐变质、DPPH 自由基、总酚、单宁、总黄酮、白藜芦醇、黄酮醇、总糖、还原糖、可溶性固形物、pH 值、可滴定酸、固酸比、干物质含量、果穗质量、百粒质量、果梗比、出汁率、果皮质量、果皮颜色 1、果皮颜色 2、果皮颜色 3，$Y = (y_1, \cdots, y_5)'$，y_1 到 y_5 分别是单宁、总酚、白藜芦醇、DPPH 半抑制体积、色泽）.

$$D = \begin{bmatrix} D_1 & D_2 & D_3 & D_4 & D_5 \end{bmatrix}.$$

$$D_1 = \begin{bmatrix} 0 & 0 & 0 & 0 & 0 & 0 \\ 0 & 0 & 0 & 0 & 0 & 0 \\ 0 & 0 & 0 & 0 & 0 & 0 \\ 0 & 0 & 0 & 0 & 0 & -0.04 \\ 0 & 0 & 0.048 & 0 & 0 & 0 \\ 0 & 0 & 0 & 0 & 0 & 0 \end{bmatrix}, \quad D_2 = \begin{bmatrix} 0 & 0 & 0 & 0 & 0 & 0.242 \\ 0 & 0 & 0 & 0 & 0 & 0 \\ 0 & 0 & 0 & 0 & 0.422 & 0 \\ 0 & 0 & 0 & 0 & 0 & 0 \\ 0 & 0 & 0 & 0 & 0 & 0 \\ 0 & 0 & 0 & 0 & 0 & 0 \end{bmatrix},$$

$$
D_3 = \begin{bmatrix} 0 & 0 & 0 & 0 & 0 & 0 \\ 0.173 & 0 & 0 & 0 & 0 & 0.016 \\ 0 & 0 & 0 & 0 & 0 & 0 \\ 0 & 0 & 0 & -0.008 & 0.06 & 0 \\ 0.008 & 0 & 0 & 0.001 & 0 & 0 \\ 0 & 0 & 0 & 0 & 0 & 0 \end{bmatrix}, \quad
D_4 = \begin{bmatrix} 0 & 0 & 0 & 0 & 0 & 0 \\ 0 & 0 & 0 & 0 & 0 & 0 \\ 0 & 0 & 0 & 0 & 0 & 0 \\ 0 & 0 & 0 & 0 & 0 & 0 \\ 0 & 0 & 0 & 0 & 0 & 0 \\ 0 & 0 & 0 & 0.050 & 0 & 0 \end{bmatrix},
$$

$$
D_5 = \begin{bmatrix} 0 & 0 & 4.705 & 0 & 0 & 0 \\ 0 & 0 & 0 & 0 & 0 & 0 \\ 0 & 0 & 0 & 0 & 0 & 0 \\ 0 & 0 & 0 & 0 & 0 & 0 \\ 0 & 0 & 0 & 0 & 0 & 0 \\ 0 & -0.027 & 0 & 0 & 0 & 0 \end{bmatrix}, \quad
E = \begin{bmatrix} -0.011 \\ -2.503 \\ -1.550 \\ 0.711 \\ -0.105 \\ 35.640 \end{bmatrix}.
$$

2.6.4　关于用葡萄和葡萄酒的理化指标评价葡萄酒质量的验证

由我们建立的酿酒葡萄的分级标准可知，影响酿酒葡萄品质的理化指标可以分为两类，一类指标的数据越大，葡萄的品质越好；另一类指标距离某个数值越近，葡萄的品质越好. 由于酿酒葡萄的理化指标和葡萄酒理化指标的紧密联系，可以推知葡萄酒的理化指标具有同样的分类.

很明显，第一类指标的大小确定着酒的品质高低. 第二类指标对酒的品质的影响取决于自身稳定性的大小，指标稳定性的大小可由公式

$$
Q = \sum_{i=1}^{n} (c_i - z_i)^2 \tag{3}
$$

的计算结果确定，（3）式中 c_i 表示选定的最好品质的酒的第 i 个指标，z_i 表示参与比较的酒的第 i 个指标，Q 值越小，酒的品质越好.

根据模糊综合评价的结果，品质最好的分别为 23 号红葡萄酒和 9 号白葡萄酒，使用（3）式对附件 3 提供的数据进行计算,对白葡萄酒进行验证，利用 Matlab 7.0 计算所得结果见表 B.17.

表 B.17

序号	1	2	3	4	5	6	7
Q 值	0.1969	0.1119	0.2939	0.0634	0.8926	0.2146	2.629
感官值	0.783333	0.756667	0.766667	0.736667	0.856667	0.79	0.776667
序号	8	9	10	11	12	13	14
Q 值	0.1662	0	0.1266	1.1984	0.9793	0.7122	0.3896
感官值	0.733333	0.876667	0.85	0.72	0.773333	0.76	0.776667
序号	15	16	17	18	19	20	21
Q 值	1.1381	2.1296	0.2616	1.472	0.5335	0.0805	0.2428
感官值	0.826667	0.636667	0.806667	0.75	0.783333	0.783333	0.793333
序号	22	23	24	25	26	27	28
Q 值	0.0972	0.1969	0.1119	0.2939	0.0634	0.8926	0.2146
感官值	0.853333	0.773333	0.73	0.806667	0.733333	0.793333	0.803333

利用 MATLAB 7.0 实现算法，计算结果与感官评价结果比较，发现两者具有一致性的达 70%，例如 16 号，其值正好符合算法要求，而 7 号不符合. 这就说明可以用葡萄和酒的理化指标在一定程度上确定葡萄酒的质量.

参考文献

[1] 赵静，但琦，严尚安，杨秀文. 数学建模与数学实验[M]. 3 版. 北京：高等教育出版社，2008.

[2] 姜启源，谢金星，叶俊. 数学建模[M]. 3 版. 北京：高等教育出版社，2003.

[3] 魏艳华，王丙参. 概率论与数理统计[M]. 成都：西南交通大学出版社，2013.

[4] 魏艳华，王丙参，郝淑双. 统计预测与决策[M]. 成都：西南交通大学出版社，2014.

[5] [美] Frank R. Giordano，William P. Fox，Steven B. Horton，Maurice D. Weir 著. 数学建模[M]. 4 版. 叶其孝，姜启源，等，译. 北京：机械工业出版社. 2009.

[6] 刘承平. 数学建模方法[M]. 北京：高等教育出版社. 2002.

[7] 汪晓银，周保平. 数学建模与数学实验[M]. 北京：科学出版社. 2010.

[8] 刘来福，曾文艺. 数学模型与数学建模[M]. 北京：北京师范大学出版社. 2002.

[9] 王文波. 数学建模及其基础知识详解[M]. 湖北：武汉大学出版社. 2006.

[10] 司守奎，孙玺菁. 数学建模算法与应用[M]. 北京：国防工业出版社. 2011.

[11] 高惠旋. 应用多元统计分析[M]. 北京：北京大学出版社，2005.

[12] 卓金武，魏永生. MATLAB 在数学建模中的应用[M]. 北京：北京航空航天大学出版社，2011.

[13] 高惠旋. 实用统计方法与 Sas 系统[M]. 北京：北京大学出版社，2001.

[14] 何晓群，刘文卿. 应用回归分析[M]. 北京：中国人民大学出版社，2000.

[15] 王燕编著. 应用时间序列分析[M]. 北京：中国人民大学出版社，2005.

[16] 周华任，马亚平. 随机运筹学[M]. 北京：清华大学出版社，2012.

[17] 刁在筹，刘桂真，宿洁. 运筹学[M]. 北京：高等教育出版社，2007.

[18] 徐国祥. 统计预测与决策[M]. 3 版. 上海：上海财经大学出版社，2008.

[19] 陆传赉. 排队论[M]. 北京：北京邮电大学出版社，2009.

[20] 唐应辉，唐小我. 排队论——基础与分析技术[M]. 北京：科学出版社，2006.

[21] 张波，张景肖. 应用随机过程[M]. 北京：清华大学出版社. 2004.

[22] 李喃喃，吴清，曹辉林. MATLAB 7 简明教程[M]. 北京：清华大学出版社，2006.

[23] 林杰斌，刘明德. Spss 11. 0 与统计模型构建[M]. 北京：清华大学出版社，2004.

[24] 王丙参，魏艳华，宋立新. 带交易费终端资产的效用最优化[J]. 四川师范大学学报：自然科学版，2010，30(1)：45-49.

[25] 王丙参，魏艳华. 保费收取次数为负二项随机过程的风险模型[J]. 江西师范大学学报：自然科学版，2010，34(6)：604-608.

[26] 王丙参，魏艳华，张云. 利用反函数及变换抽样法生成随机数[J]. 重庆文理学院学报：自然科学版，2011，30(5)：9-12.

[27] 王丙参，夏鸿鸣，何万生. 基于 AR(p)模型渭河水质预测[J]. 宜宾学院学报，2011，11(12)：13-15.

[28]　王丙参，夏鸿鸣，魏艳华. 基于 GM(1，1)模型的渭河水质预测[J]. 牡丹江大学学报，2009，21(3)：123-124.

[29]　王丙参，何万生，夏鸿鸣. 基于马尔可夫链的渭河天水段水质预测模型[J]. 高师理科学刊，2012，32(5)：4-7.

[30]　王丙参，李玉玲，魏艳华. M|M|c排队模型及其在超市管理中的应用文山学院[J]. 文山学院学报，2012，27(3)：4-7.

[31]　王丙参，魏艳华，张云. 蒙特卡罗方法与积分的计算[J]. 宁夏师范学院学报，2012，33(3)：24-28.

[32]　王丙参，夏鸿鸣，魏艳华. 普通本科院校的经济统计专业课程改革探讨——以天水师范学院为例[J]. 鸡西大学学报，2012，12(8)：6-7.

[33]　王丙参，魏艳华，戴宁. 停止损失再保险与风险模型的有限时间破产概率[J]. 江西师范大学学报：自然科学版，2013，37(2)：206-209.

[34]　王丙参，魏艳华. 个人投资与消费模型的期望效用最大化[J]. 经济数学，2013，30(3)：68-74.

[35]　王丙参，魏艳华. 利用舍选抽样法生成随机数[J]. 重庆师范大学学报：自然科学版，2013，31(6)：86-91.

[36]　魏艳华，王丙参，田玉柱. 主成分分析与因子分析的比较研究[J]. 天水师范学院报，2009，29(2)：13-15.

[37]　魏艳华，王丙参，李艳颖. 赌博的鞅论模型及随机模拟[J]. 四川理工学院学报：自然科学版，2011，24(6)：715-718.

[38]　魏艳华，王丙参. 增删数据场合最小二乘估计算法的比较研究[J]. 河南师范大学学报：自然科学版，2011，39(1)：30-33.

[39]　魏艳华，王丙参，何万生. 利用样本分位数求逆威布尔分布参数的渐近估计[J]. 统计与决策，2011，27(16)：167-169.

[40]　魏艳华，王丙参，孙永辉. 土壤重金属污染状况的综合分析[J]. 宁夏师范学院学报，2013，34(6)：76-81.

[41]　魏艳华，王丙参，何万生. 利用样本分位数求指数分布参数的渐进估计[J]. 西北师范大学学报，2012，48(2)：15-18.

[42]　魏艳华，王丙参，张盼盼. 回归分析在信用成本模型中的应用[J]. 通化师范学院学报，2012，33(10)：11-13.

[43]　魏艳华，王丙参，王转民. 基于 ARIMA 模型的天水市粮食产量预测与决策[J]. 天水师范学院报，2014，33(2)：17-21.

[44]　谢辉，樊丁宇，张雯，等. 统计方法在葡萄理化指标简化中的应用[J]. 新疆农业科学，2011，48（8）：1434-1437.

[45]　王百姓，冯积社，等. 模糊综合评价在干红葡萄酒感官品评中的应用[J]. 中国食物与营养，2011，17（8）：33-37.

[46]　刘次华，万建平，等. 概率论与数理统计[M]. 北京：高等教育出版社，2008.

[47]　李春喜，邵云，姜丽娜，等. 生物统计学[M]. 北京：科学出版社，2008.

[48]　李海涛，邓樱，等. MATLAB 程序设计教程[M]. 北京：高等教育出版社，2002.